工程造价与管理

杨　峥　沈钦超　陈　乾　主编

吉林科学技术出版社

图书在版编目（CIP）数据

工程造价与管理 / 杨峥，沈钦超，陈乾主编 . --

长春：吉林科学技术出版社，2019.8

ISBN 978-7-5578-5857-5

Ⅰ . ①工… Ⅱ . ①杨… ②沈… ③陈… Ⅲ . ①建筑造价管

理－高等学校－教材 Ⅳ . ① TU723.3

中国版本图书馆 CIP 数据核字（2019）第 167313 号

工程造价与管理

主　　编	杨　峥　沈钦超　陈　乾
出 版 人	李　梁
责任编辑	朱　萌
封面设计	刘　华
制　　版	王　朋
开　　本	185mm×260mm
字　　数	360 千字
印　　张	16
版　　次	2019 年 8 月第 1 版
印　　次	2019 年 8 月第 1 次印刷
出　　版	吉林科学技术出版社
发　　行	吉林科学技术出版社
地　　址	长春市福祉大路 5788 号出版集团 A 座
邮　　编	130118

发行部电话 / 传真　0431—81629529　　81629530　　81629531
　　　　　　　　　　　81629532　　81629533　　81629534

储运部电话　0431—86059116

编辑部电话　0431—81629517

网　　址	www.jlstp.net
印　　刷	北京宝莲鸿图科技有限公司
书　　号	ISBN 978-7-5578-5857-5
定　　价	65.00 元

编委会

前　言

随着市场经济的快速发展，工程项目日益扩大，更多的资金投入到了工程建设当中，工程造价的合理控制对工程项目管理起到了越来越大的作用，加快对项目管理的改善变得更加迫切。在项目的实施过程中，工程造价控制始终贯穿项目的各个阶段，包括项目的决策和设计阶段，项目的招投标阶段，项目的施工阶段和项目的竣工决算阶段。

本文介绍了建筑工程造价管理、公路工程造价管理、电力工程造价管理、机电安装工程造价管理以及基于 BIM 的全过程造价管理，通过各类工程造价管理的描述，从而为广大建筑业从业者提供一本切合实用的教材与参考书，这也是我们编写《工程造价与管理》这本书的意图所在。

由于本书包罗内容较广，涉及知识较烦琐，编写人员较多，各章节内容的格式、深度和广度可能并不一致，且谬误无可避免，敬请读者批评指正。

目 录

第一章 工程造价概况

第一节 工程造价概述

一．工程造价概论

（一）价格原理

工程造价，本质上属于价格范畴，要掌握工程造价的基本理论和方法，必先了解商品价格的基本原理。

（二）价格形成

价格是以货币形式表现的商品价值。在商品交换中，同一商品价格会经常发生变动，不同的商品会有不同的价格。引起商品价格变化的原因固然多样，但影响价格的决定因素是商品内含的价值。尽管在社会经济发展的不同阶段，价值有着不同的转化形态。

1. 价值是价格形成的基础

商品的价值是凝结在商品中的无差别的人类劳动。因此，商品的价值量是由社会必要劳动时间来计量的。商品生产中社会必要劳动时间消耗越多，商品中所含的价值量就越大。反之，商品中凝结的社会必要劳动时间越少，商品的价值量就越低。

商品价值由两部分构成：一是商品生产中消耗掉的生产资料价值，二是生产过程中活劳动所创造出的价值。活劳动所创造的价值又由两部分组成，一部分是补偿劳动力的价值——劳动者为自己创造的价值，另一部分是剩余价值，在社会主义条件下，是劳动者为社会创造的价值。价值构成与价格形成有着内在的联系，同时也存在直接的对应关系。

生产中消耗的生产资料的价值 C，在价格中表现为物质资料耗费的货币支出；劳动者为自己创造的价值 V，表现为价格中的劳动报酬货币支出；劳动者为社会创造的价值 m，在价格中表现为盈利。前两部分货币支出形成商品价格中的成本。可见，价格形成的基础是价值。

价格是随商品生产和商品交换的产生而产生的一个历史范畴，价格的形成基础也随着商品经济条件的变化而改变。在简单商品生产条件下，通过生产者在市场交换中比较和竞争，单位产品平均必要劳动时间为社会所承认，从而由它所决定的平均价值成为价格形成的基础。在资本主义自由竞争阶段，由于社会分工和市场范围的扩大，要求各生产部门所生产的商品总量及为此而付出的劳动时间要符合社会对该商品的需要。因此，部门平均必要劳动时间就成为市场价格摆动的重心，成为价格形成的基础，马克思把这个重心称为"市场价值"。资本主义的进一步发展，使竞争越出部门的界限在部门之间充分展开，结果部门之间利润率趋于平均化，于是，价值转化为生产价格。生产价格（平均成本加上平均利润）成为这个阶段价格形成的基础。在垄断资本主义阶段，由于商品生产集中在少数大企业手中，于是产生了垄断价格，但是垄断价格仍然以价值为基础。从上述价值形态的转化情形，也可以看出价格形成的基础是价值。在社会主义条件下并无例外，价格形成的基础依然是价值。

我国工程造价形成的基础，由于经济体制的变化，也经历了变化发展的过程。新中国成立后的一段时期，在计划经济的体制下，商品经济不发达，工程造价的形成基础是平均先进成本加上按政府法定利润率计算的法定利润，它低于平均成本和平均利润。工程造价的这一形成基础，虽然受经济体制和政府投资政策的影响，但毫无疑问，它也是价值的特殊转化形态。1958年以后的20年期间，为避免"资金空转"，取消了工程造价中的法定利润，使工程造价的形成基础变为成本价格 k，即价格中只反映价值构成中的 C 和 V，而不反映利润 m。这样，劳动者为社会创造的那部分价值，就无偿地转移到国民经济其他部门。这时工程造价虽然仍以价值为基础，但它是不完全的价值。1980 年以后，随着经济体制改革的开始，工程造价中计入了利润，1987 年开始，又计入了税金。同时，利润率水平也与国民经济其他部门逐渐趋于平均化，工程造价的形成基础由价值逐步转化为生产价格。

2．价格形成中的成本

成本的经济性质：成本，是商品在生产和流通中所消耗的各项费用的总和。它属补偿价值的性质是商品价值中 C 和 V 的货币表现。生产领域的成本称生产成本，流通领域成本称流通成本。

价格形成中的成本不同于个别成本。个别企业的成本取决于企业的技术装备和经营管理水平，也取决于劳动者的素质和其他因素。每个企业由于各自拥有的条件不同，成本支出自然也不会相同，所以个别成本不能成为价格形成中的成本。价格形成中的成本是社会平均成本，但企业的个别成本确系形成社会成本的基础。社会成本是反映企业必要的物质消耗支出和工资报酬支出，是各个企业成本开支的加权平均数。企业只能以社会成本作为商品定价的基本依据，以社会成本作为衡量经营管理水平的指标。

3．成本在价格形成中的地位

（1）成本是价格形成中的最重要的因素：成本反映价格中的 C 和 V，在价值构成中占的比例很大。这是因为，一般情况下商品中凝结的劳动，总是转移劳动的价值量较大的，再加劳动者为自己所创造的那部分价值，当然比重很大，迅猛发展的现代科学技术使资本的有机构成和技术构成不断提高，更会增加"C"在价值中的比重。

（2）成本是价格最低的经济界限。C 和 V 货币表现为成本。成本是维持商品简单再生产的最起码条件。如果价格不能补偿 C 和 V 的劳动消耗，商品的简单再生产就会中断，更不要奢谈为保证社会经济的发展而需要进行扩大再生产。就企业来说，如果价格低于社会成本，势必相当一批企业不能维持它的生产经营，而最终会影响供给的不足，社会经济不能协调发展。所以，只有成本作为价格的最低界限，才能满足企业补偿物质资料支出和劳动报酬支出的最起码要求。

（3）成本的变动在很大程度上影响价格。成本是价格中最重要的因素，成本变动必然导致价格变动。成本变动因素首先是受价值变动因素的影响。劳动生产率和经济效益的提高，表明单位商品中凝结的劳动消耗量的减少和价值量的减少，在其他条件不变的情况下，成本也会随之降低。成本和价值变动的方向是一致的，但是成本变动也会受其他因素的影响，由于成本是货币支出，因此生产资料价格的降落和工资的变动都会影响到成本的变动，从而影响价格的变动，此时成本和价值的变动方向就可能不一致。无论是哪种原因引起的成本变动，都会影响到价格的变动。

（4）价格形成中的成本是正常成本。所谓正常成本，从理论上说是反映社会必要劳动时间消耗的成本，也即商品价值中的 C 和 V 的货币表现。社会必要劳动时间是指"在现有的社会正常的生产条件下，在社会平均的劳动熟练程度和劳动强度下制造某种使用价值所需要的劳动时间"。这就要求价格形成中的成本必须是既能较好地补偿企业资金合理耗费，又不能包含由于非正常因素引起的企业成本支出。

在现实经济活动中，正常成本是指新产品正式投产成本，或是新老产品在生产能力正常、效率正常条件下的成本。非正常因素形成的企业成本开支属非正常成本。

非正常成本一般是指新产品试制成本，小批量生产成本，其他非正常因素形成的成本。在价格形成中不能考虑非正常成本的影响。

4. 价格形成中的盈利

价格形成中的盈利是价值构成中的"m"的货币表现，它由企业利润和税率两部分组成。

盈利在价格形成中虽然所占份额不大，远低于成本，但它是社会扩大再生产的资金来源，对社会经济的发展具有十分重要的意义。价格形成中没有盈利，再生产就不可能在扩大的规模上进行，社会也就不可能发展。

价格形成中盈利的多少在理论上取决于劳动者为社会创造的价值量，但要准确地计算是相当困难的。一般说来，在市场经济条件下，盈利是通过竞争形成的。但从宏观调控和微观管理的角度出发，在制定商品价格时要计算平均利润。就我国的情况说，计算盈利可以有多种方法供选择。

（1）按社会平均成本盈利率计算盈利和价格，即按部门平均成本和社会平均成本盈利率计算的盈利和价格，它反映着商品价格中利润和成本之间的数量关系。其计算公式如下：

$$社会平均成本盈利率 = \frac{全社会产品盈利总额}{全社会产品年成本总额} \times 100\%$$

商品价格 = 商品部门平均成本 + 商品部门平均成本 × 社会平均成本盈利率，成本盈利率比较全面地反映了商品价值中活劳动和物化劳动的耗费，特别是成本在价格中比重很大的情况下，它可以使价格不至于严重背离价值，同时计算比较简便。工程造价就是采用成本盈利率计算价格的。但是，由于计算盈利的基础是成本，所以成本中物质消耗和活劳动消耗越多，盈利就越多，在理论上显然是不合理的，在实践上它不利物化劳动和活劳动消耗的节约，也不利物化劳动消耗和活劳动消耗比较低的产业部门的发展。

（2）按社会平均工资盈利率计算盈利和价格，即是按部门平均成本和社会平均工资盈利率计算的盈利和价格，它反映工资报酬和盈利之间的数量关系，直接以价值为基础计算盈利。其计算公式：

$$社会平均工资盈利率 = \frac{全社会商品年盈利总额}{全社会商品年工资总额} \times 100\%$$

商品价格 = 商品部门平均成本 + 商品耗散工资数 × 社会平均工资盈利率

从活劳动创造价值的角度看，按工资盈利率计算盈利和价格，能比较近似地反映社会必要劳动量的消耗。因此，也就能较准确地反映活劳动的效果，也能较准确地反映国民经济各部门的劳动比例和国民收入初次分配中为自己劳动与为社会的扣除之间的关系，在计算盈利时也比较简便。但是，平均工资盈利率忽视了物质技术在生产中的作用，从而使资金密集和技术密集的部门盈利水平不高，处于不利地位，所以它不利于技术进步。尤其是进入知识经济时代，技术迅猛发展，它就更加不适应发展潮流了。

（3）按社会平均资金盈利率计算盈利和价格，即按部门平均成本和社会平均资金盈利率计算盈利和价格，也称它为生产价格。它反映全部资金占用和全年总盈利额之间的数量关系。

按资全盈利率计算盈利和价格，是社会化大生产发展到一定程度的必然要求，它承认物质技术装备和资金占用情况对提高劳动生产率的作用，符合马克思关于生产价格形成的理论，也适应市场经济发展的需要。但是，它不利于劳动密集型部门和生产力水平较低的部门发展，同时在实际中也难以计算。

（4）按综合盈利率计算的盈利和价格。成本盈利率、工资盈利率和资金盈利率是各自以不同的角度计算商品的盈利额，各有利弊。如果能取其利、驱其弊当然是最理想的，这就是提出综合盈利率计算盈利和价格的初衷。所谓综合盈利率，就是按社会平均工资盈利率和社会平均资金盈利率，分别以一定比例分配社会盈利总额，并进而计算价格。

综合盈利率较全面地反映了劳动者和生产资料的作用，但二者各占多大比例则应视各部门和整个国民经济发展水平加以选择。从发展的眼光看，以资金盈利率为主导应是一种趋势，同时在市场经济条件下，盈利最终是由市场竞争决定的。

5.影响价格形成的其他因素

价格的形成除取决于它的价值基础之外，还受到币值和供求的影响。

（1）供求对价格形成的影响

商品供求状况对价格形成的影响，是通过价格波动对生产的调节来实现的。社会必要劳动时间有两重含义：第一种含义是指单个商品的社会必要劳动时间，第二种含义是商品的社会需要总量的社会必要劳动时间。在商品交换不发达的情况下，第一种含义是主要矛盾；在商品经济和市场经济发达的情况下，社会必要劳动时间的第二种含义则成了主要矛盾。但社会必要劳动时间的第一种含义是第二种含义的基础和历史的起点，第二种含义则是第一种含义的逻辑发展和前提。

供求对价格形成的影响与社会必要劳动时间的第二种含义密切相关。市场供求状况取决于社会必要劳动时间在社会总产品中的分配是否和社会需要相一致。如果某种商品供给大于需求，多余的商品在市场上就难以找到买主。此时尽管第一种含义的社会必要劳动时间并没有变化，但商品却要低于其价值出售，价格只能被迫下降。相反，在供不应求的情况下，商品就会高于其价值出卖，价格就会提高。但是，商品价格的降低，会调节生产者减少供应量，价格提高就会调节生产者增加供应量，从而市场供需趋于平衡。这里应该进一步明确的是，价格首先取决于价值，价格作为市场最主要的也是最重要的信号以其波动调节供需，然后供需又影响价格，价格又影响供需。二者是相互影响、相互制约的。从短时期看，供求决定价格，但从长时期看，则是价格通过对生产的调节决定供求，使供求趋于平衡。

（2）币值对价格形成的影响

价格是以货币形式表现的价值。这就决定影响价格变动的内在因素有二：一是商品的价值量，二是货币的价值量。在币值不变的条件下，商品的价值量增加，必导致价格的上升，反之价格就会下降。在价值量不变的条件下，货币的价值量增加，价格就会下降，反之价格则会上升。所以币值稳定，价格也会稳定。

除币值和供求对价格形成产生影响之外，土地的级差收益和汇率等也会在一定的条件下对商品价格的形成产生影响，甚至一定时期的经济政策也会在一定的程度上影响价格的形成。

（三）价格的职能

所谓价格职能，是指在商品经济条件下价格在国民经济中所具有的功能作用。

商品价格职能，就其生成机制来看，可以分为基本职能。

1.价格的基本职能

（1）表价职能：价格的最基本职能就是表现商品价值的职能。表价职能是价格本质的反映，它用货币形式把商品内含的社会价值量表现了出来，从而使交换行为得以顺利地实现，也向商品市场的主体（买者和卖者）提供和传递了信息。商品交换和市场经济越发达，价格的表价职能越能得到充分体现，也越能显示出它的重要性。

表价职能虽然是在商品交换中通过货币媒介产生的，但价格执行表价职能既在商品交换中，又不在商品交换中。表价职能在商品交换中，使价格成为交换双方完成经济行为的主要条件，也可以衡量商品交换经济效果和功能要求的满足程度。在非现实的商品交换中，价格的表价职能则主要是向市场主体传递信息，是提供他们决策的市场行为的主要依据。

价格的表价职能本质上要求价格符合价值基础，只有价格符合其价值时，表价职能才得以实现。所以，表价职能既是价格本质的反映，也是价格本质的要求，但是表价职能要求商品价格符合价值既有其绝对性，也有其相对性。就其绝对性而言，价格在总体上，在长时期中不会也不能脱离价值基础，这是价值规律。违背这一规律就会产生灾难性后果，这已通过经济发展的历史充分证明。就其相对性而言，一定的商品，在一定的时点总是表现为价格与价值不完全一致。在市场经济的条件下，供求状况、新技术和新产品的出现，以及其他经济的和非经济因素的影响，都会使某种商品在一定时期价格脱离其价值。但这种现象并不表明价格表价职能的消失，恰恰是表价职能实现的运动形式，也不表明违背了价值规律，恰恰是价值规律发挥作用的条件。

（2）调节职能：如果说价格的表价职能是价格本质的反映，那就应该说价格的调节职能是价格本质的要求，是价值规律作用的表现。

所谓价格的调节职能，是指它在商品交换中承担着经济调节者的职能。一方面它使生产者确切地而不是模糊地，具体地而不是抽象地了解了自己商品个别价值和社会价值之间的差别，了解了商品价值实现的程度，即商品在市场上的供求状况。当商品生产者的个别价值低于社会价值时，则可以获得补偿其劳动耗费以外的额外收入。反之，生产者的劳动耗费就不能得到完全补偿，甚至会发生亏损。这就促使以追求价值实现和更多利润为目的的生产者去适应科学技术和管理水平的发展，降低自己的个别价值，适应市场的需求，不断调整产品结构、产品规模和投资方向。另一方面，价格的调节职能对消费者既能刺激需求，也能抑制需求。消费者在购买商品时所追求的是其使用价值的高效和多功能，同时也追求价格的低廉，并在商品的功能和价格比较中做出选择。在商品功能一定的条件下，价格则是消费者进行购买决策的主要依据。当然，这里的需求均只指有效需求，在有效需求一定时，价格高则需求降低，价格低则需求增加。由此可见，价格对生产和消费的双向调节的职能的宏观性，而这种调节职能是通过调节收益的分配实现的。价格调节收益分配，从而起调节生产和消费的职能，促使资源的合理配置、经济结构的优化和社会再生产的顺利进行。

2. 商品价格的派生职能

商品价格的派生职能是从上述几项基本职能派生延伸出来的，其中包括价格的核算职能和国民收入再分配的职能。

（1）核算职能：商品价格的核算职能是指通过价格对商品生产中企业乃至部门和整个国民经济的劳动投入进行核算、比较和分析的职能。价格的核算职能是以表价职能为基础的。由于商品内在的价值难以精确计算，它不能不借助于价值的货币形式——价格，来核算、比较和分析商品生产中的劳动投入和产出量。我们知道，具体劳动和不同商品的使用价值是不可能综合的，也不可能进行比较，不同的商品没有可比性。价格所提供的核算职能使我们走出了这一困境，这不仅为企业计算成本和核算盈亏创造了可能，而且也为社会劳动在不同的产业部门、不同产品间进行合理分配，提供了计算工具。

（2）分配职能：价格的分配职能是由价格的表价职能和调节职能所派生延伸的。所谓价格的分配职能是指它对国民收入有再分配的职能。国民收入再分配可以通过税收、保险、国家预算等手段实现，也可以通过价格这一经济杠杆来实现。当价格实现调节职能时，它同时也已承担了国民收入在企业和部门间再次分配的职能。在供求关系的影响下，把低于价值出售商品的企业、部门创造的国民收入，部分地分配给高于价值出售商品的企业和部门。在市场经济的条件下，这一职能是在商品交换中随着供求状况的变化自发地产生，并在分配的方向和数量上不断地调整。显然，价格对国民收入再分配是在分配方向和数量上不断调整中实现的。国民收入的价值形态是 C ＋ V，因此价格的分配职能只能在表价职能的基础上产生。脱离价格的基本职能，价格的分配职能就毫无意义。价格的分配职能虽然决定于基本职能，但是，它对基本职能的实现有积极的促进作用。在商品经济条件下，价格的再分配职能既可以用来发展或抑制某些商品和行业的生产，也可以用来抑制或发展某些商品的消费。在不违背价值规律的前提下，它能加快实现政府在一定时期的社会经济发展目标。如果违背了价值规律，把利用价格分配职能变成主观任意的行为，那就必然事与愿违，对社会经济发展产生负效应。

以上所述，说明了价格的基本职能和派生职能之间的密切关系，也说明了价格职能的客观性质。

3.价格职能的实现

价格职能的实现是发生价格作用的前提，是社会经济发展的客观要求，对此必须有明确认识。但是要使价格职能得以实现，应了解不同价格职能之间的关系，同时也应了解实现价格职能应具备的条件。

（1）不同价格职能的统一性和矛盾性

不同的价格职能是统一于价格之中的，同一商品价格总是同时具有价格的两项基本职能，而且缺一不可。没有表价的职能就不可能有调节的职能，而没有调节职能，表价职能就没有实际意义。所以不存在只有一种基本职能的价格。同时，商品价格的派生职能也共生于同一商品的同一价格之中。只有存在表价职能，才必然派生出核算职能，只有存在表价和调节职能，才必然派生出国民收入再分配的职能。如果没有派生职能，价格的两项基本职能也不能得到充分实现。因此，在认识上不能把价格的职能割裂开来，不能强调某一职能忽视甚至否认另一职能，更不能基于这种认识去指导实践。这在我们过去的经济生活中不乏值得认真总结的许多经验。应该明确的是，商品价格的各项职能是在其相互作用中实现的，但是不同的价格职能之间也存在矛盾。价格职能之间的矛盾首先表现为它们之间的差别性。尽管不同的职能处于同一价格之中，但相互之间差别很大，不可能替代。其次，不同的价格职能实现的条件不同，作用的方向也不同。因此不同的价格职能就存在被割裂的可能。不适当地割裂价格的职能，有意识强化某一职能而削弱另一些职能，其结果就会削弱价值规律和价格的职能作用，造成价格扭曲现象的发生，从而破坏国民经济协调发展的进程。

（2）价格职能实现的条件

实现价格职能需要一个市场机制发育良好的客观条件。一般说来，商品经济的高度发展必然要求全面实现价格的职能，同时商品经济的高度发展也为价格职能的实现创造了条件。

由于社会分工更加细密，每一个商品生产者都是面向市场，努力以更高的价格出售自己的商品；每一个消费者也都是到市场上去购买功能更好、价格更低的商品。在频繁的、规模宏大的商品交换中，商品生产者之间，商品生产者和消费者之间，以及消费者和消费者之间就会展开激烈的竞争，这种竞争关系到每个生产者和消费者的利益和风险，竞争的焦点则往往是集中在价格上。竞争促使价格趋向于价值，使价格的表价职能得以实现。竞争中形成的价格实现对供需的调节，从而也实现了对生产者和消费者的调节。同理，价格的基本职能得以实现，其派生职能也就能够实现。

竞争虽然是价格职能实现的最主要条件，但市场的自发性和盲目性仍然会造成价格扭曲。

（四）价格的作用

实现价格职能对国民经济所产生的效果就是价格的作用，价格作用是指价格职能的外化，它主要表现在以下方面：

1. 价格是实现交换的纽带。价格是伴随商品交换和货币的产生而产生的。商品交换是以不同商品含有的价值量为基础的，但不同商品价值量的比较存在很大的技术障碍，使商品交换难以实现，从而割断生产者和生产者、生产者和消费者之间的联系，导致流通阻断，经济发展停滞。可是，价格以货币形式表现价值使不同商品的价值可以进行量的比较，克服了商品价值量比较的技术性障碍，促使商品交换得以顺利实现。价格的这一作用是随着商品经济的发展而不断得到强化的，也就是说商品经济越发达，价格的这一作用越能得到充分发挥。

2. 价格是衡量商品和货币比值的手段。货币具有价值尺度的职能是由于它作为商品的等价物自身具有价值。在"商品——货币——商品"的公式中，货币在商品交换中起着中间环节的作用。在这里商品首先和货币交换，然后再完成货币和另一种商品的交换，而商品价值量和货币价值量的比较是通过价格表现出来的。价格是衡量商品和货币价值比例关系的手段，是二者交换的比例系数。它随着货币价值和商品价值的变动而变动，并和货币价值成正比变化和商品价值则成正比变化。价格的这一作用既使货币的价值尺度职能、流通手段和支付手段等职能得以实现，也使商品的价值得到了表现。商品和货币比值的确定，为商品与货币的交换创造了现实的可能。

3. 价格是市场信息的感应器和传导器。价格能够最灵敏地反映市场供求状况和动向、现代市场的任何信息，包括经济、社会、心理以至政治因素的变动，都会在价格上反映出来。例如，市场上某种商品供给不足或需求增大，都会引起价格上浮。反之，供给过剩或需求减少，则会引起价格下降。经济发展速度、社会心理状态和政局是否稳定等，也都会在商品价格上反映出来。所以可以说价格是市场的晴雨表和最灵敏的感应器。

价格自身又是市场最重要的信息，是不可缺少的市场要素。价格在作为市场信息感应器发生作用的同时，自身又形成了新的价格信号，新的价格信号通过商品交易活动和某些媒介传导给各个有着切身利益关系的市场主体。商品生产者和消费者、经营者，为自身利益的就会接受这些价格信号作为自己经济行为的决策依据。

4. 价格是调节经济利益和市场供需的经济手段。价格直接关系着交换双方的经济利益，价格水平的任何变动都会引起经济利益的重新分配。价格反映商品价值，反映凝结在商品中的社会必要劳动时间被承认的程度。当价格与其价值基础相符时，就是等价交换，消耗在商品中的社会必要劳动时就被社会承认和接受了。如价格高于价值或低于价值交换，就是不等价交换，低于价值出售的企业和个人所消耗的必要劳动时间就不能完全被社会承认，而高于价值出售的企业和个人则能通过价格无偿地占有一部分他人创造的价值，价格在这里调节着交换双方的经济利益。价格对经济利益的调节就迫使和刺激企业去适应价格调节，并追踪价格信号的变动，研究价格变动趋势。在此基础上决定如何调整自己的生产经营活动，调整商品的供给和需求的数量。这种调整，最终有利于优化资源配置，有利于推动技术进步和提高劳动生产率。

总之，价格在国民经济的发展中起着重要的经济杠杆的作用。

（五）价格构成

1. 价格构成与价值构成的关系

价格构成是指构成商品价格的组成部分及其状况。商品价格一般由几个因素构成，即生产成本、流通费用、利润和税金。但是由于商品价格所处的流通环节和纳税环节不同，其构成因素也不完全相同。比如，工业品出厂价格是由生产成本、税金和利润构成，工业品批发价格是由出厂价格、批发环节流通费用、税金和利润构成，工业品零售价格是由批发价格、零售环节流通费用、税金和利润构成。

价格构成以价值构成为基础，是价值构成的货币表现。价格构成中的成本和流通费用，是价值中 C＋V 的货币表现，价格构成中的税金和利润，是价值中 m 的货币表现。

2. 生产成本

（1）价格构成中成本的内容：生产成本按经济内容主要包括以下几个部分：原材料和资料费；折旧费；工资及工资附加；其他，如利息支出、电信、交通差旅费等。

3. 企业业务成本：它比价格构成中成本内容广泛，包括以下成本开支范围

（1）原材料、辅助材料、备品配件、外购半成品、燃料、动力、低值易耗品的原价和运输、装卸、整理费；

（2）固定资产折旧费，计提的更新改造资金，租赁费和维修费；

（3）科学研究、技术开发和新产品试制，购置样品样机和一般测试仪器的费用；

（4）职工工资、福利和原材料节约、改进技术奖；

（5）工会经费和职工教育经费；

（6）产品包修、包换、包退费用，废品修复或报废损失，停工工资、福利费、设备维护费和管理费，削价损失和坏账损失；

（7）财产和运输保险费，契约、合同公证费和鉴证费，咨询费，专有技术使用费及应列入成本的排污费；

（8）流动资金贷款利息；

（9）商品运输费、包装费、广告费和销售机构管理费；

（10）办公费、差旅费、会议费、劳动保护用品费、供暖费、消防费、检验费、仓库经费、商标注册费、展览费等管理费；

4．影响成本变动的因素、影响成本变动的因素很多，主要有以下几个方面

（1）技术发展水平；

（2）各类物质资源利用状况；

（3）原材料等物质资料的价格水平；

（4）劳动生产率水平；

（5）工资水平；

（6）产品质量；

（7）管理水平等。

5．成本变动对价格的影响

（1）成本变动趋势：从社会经济发展的总趋势看，科学技术的发展促使生产效率的大幅提高，从而降低商品生产中社会必要劳动的消耗，在货币与价值比值不变的条件下，成本必然显现下降的趋势。此时成本与价值变动的方向是一致的，变动的幅度也趋于一致。但由于国民经济各部门或同一部门不同时期，影响成本变动的因素或作用的程度不同，成本变动的情况也会不同。例如工业部门成本下降趋势要比农业部门明显。在工业部门内部，技术和管理水平提高得越快的部门，成本下降越明显，如家用电器行业。有的部门由于资源或原料供应等因素影响，成本也会呈上升趋势，如采用工业和食品加工工业、农业部门由于技术和管理水平相对较低，同时受自然条件的影响，成本下降较慢，甚至在一段时期出现上升。

（2）成本变动对价格的影响：成本的变动会直接影响价格的变动。成本下降速度较快的部门，价格也会有相应的变动。成本是价格的基本组成，但是价格变动和成本变动有时也不一致。这说明价格变动还受其他因素的影响，如市场因素、宏观政策等。

（六）流通费用

流通费用是指商品在流通过程中所发生的费用。它包括生产地到销售地的运输、保管、分类，包装等费用，也包括商品促销和管理费用。它是商品一部分价值的货币表现。

1. 流通费用可以按不同方法分类

（1）按经济性质分类，可分为生产性流通费用和纯粹流通费用。生产性流通费用，是由商品的物理运动引起的费用，如运输费、保管费、包装费等，它们是生产过程在流通领域的延续。纯粹流通费用是与商品的销售活动有关的费用，如广告费、商业人员的工资、销售活动发生的其他一些费用。

（2）按商品流转的关系分类，可分为直接费用和间接费用。直接费用随商品流转额增加而增加，如运输费、保管费等；间接费用的发生与商品流转额没有直接关系，绝对额的发生比较稳定，所以商品流转前上升会使间接费相对下降，反之则会上升。

（3）按计入价格的方式不同分类，可分为从量费用和从值费用。从量费用就是以单位商品的量作为计算流通费用的依据，直接计入价格，如运杂费、包装费等。从值费用就是以单位商品的值，如销售价中的部分金额，作为计算流通费用的依据，计算时一般按规定费率通过一定公式计入价格。

在市场经济条件下，由于竞争的日益激烈和商品流通环节的增加，市场规模的扩大，通流费用在价格中所占份额呈现增加的趋势。

2. 价格构成中的利润和税金

利润：利润是盈利中的一部分，是价格与生产成本、流通费用和税金之间的差额。价格中的利润可分为生产利润和商业利润两部分。

（1）生产利润：生产利润包括工业利润和农业利润两都分。工业利润是工业企业销售价格和除生产成本和税金后的余额。农业利润也称为农业纯收益，是农产品出售价格扣除生产成本和农业税后的余额。

（2）商业利润：商业利润是商业销售价格扣除进货价格、流通费用和税金以后的余额。包括批发价格中的商业利润和零售价格中的商业利润。

（3）税金：税金是国家根据税法向纳税人无偿征收的一部分财政收入，它反映国家对社会剩余产品进行分配的一种特定关系。税金的种类很多，但从它和商品价格的关系来看，可分为价内税和价外税。价外税一般以收益额为课税对象，不计入商品价格，如所得税等。价内税一般以流转额为课税对象，计入商品价格。

（4）价内税是价格构成中的一个独立要素，由于商品的价格种类很多，价内税的种类也很多。

主要有：

产品税，它以生产领域的商品流转额为课税对象。

增值税，它以商品的增值额为课税对象。

营业税，它以营业额为课税对象。

关税，它包括进口税和出口税。它以进出口商品为课税对象。以完税价格为计税依据。

（七）支配价格运动的规律

价格存在于不断运动之中。运动是价格存在的形式，也是价格职能实现的形式。价格运动是由价格形成因素的运动性决定的。价格运动受一定规律支配。支配价格运动的经济规律主要是价值规律、供求规律和纸币流通规律。

1. 价值规律对价格的影响

价值规律是商品经济的一般规律，是社会必要劳动时间决定商品价值量的规律。价值规律要求商品交换必须以等量价值为基础，商品价格必须以价值为基础。但这并不是说，每一次商品交换都是等量价值的交换.也不是说商品价格总是和价值相一致。在现实的经济生活中，价格和价值往往是不一致的。价格通常是或高或低地偏离价值。当商品中所含价值量降低时，价格就会下降；价值的含量高，价格也就会高。价格是价值的表现。在市场经济条件下，当投入某种商品的社会劳动低于社会需求时，它的价格就会因市场供不应求而价格上升。当投入商品的社会劳动多于社会需求时，价格就会因商品供大于求而下降。供给者的趋利行为会不断改变供求状况，使价格时而高于价值，时而低于价值。因此从个别商品和某个时点上看，价格和价值往往是偏离的。但从商品总体上和一定时期看，价格是符合价值的，价格总是通过围绕价值上下波动的形式来实现价值规律，如果价格长期背离价值，脱离价值基础，就反映了价格的扭曲，反映价格违背了价值规律。在这种情况下，价格的职能非但无从实现，还会对经济发展产生负面影响。在我国改革开放前，工程造价就存在严重背离价值的现象，造成了资源浪费、效率低下和建筑业发展滞后等不良后果。

2. 商品供求规律对价格的影响

供求规律是商品供给和需求变化的规律。从价值规律对价格的影响已经可以看出，价值规律和供求规律是共同对价格发生影响的。供求关系的变动影响价格的变动，而价格的变动又影响供求关系的变动，供求规律要求社会总劳动应按社会需求分配于国民经济各部门。如果这一规律不断实现，就会产生供求不平衡。从而就会影响价格、供求关系就是从不平衡到平衡，再到不平衡的运动过程，也就是价格从偏离价值到趋于价值，再到偏离价值的运动过程。

3. 纸币流通规律对价格的影响

纸币流通规律就是流通中所需纸币量的规律。它取决于货币流通规律、货币能够表现价值，是因为作为货币的黄金自身有价值，每单位货币的价值越大，商品的价格就越低，价格与货币是反比关系。在商品价值与货币比值不变的情况下，流通中需要多少货币，是由货币流通规律决定的。

在货币流通速度不变的条件下，商品数量越大则货币需要量越大，商品价格越高则货币需要量也越大。反之，货币需要量则减少。同理，在商品总量不变，价格不变的条件下，货币流通速度越快，货币需要量越小。当流通中的货币多于需要量，作为货币的黄金就会退出流通执行贮藏手段的职能，当流通中的货币不能满足需要时，货币又会从贮藏手段转化为支付手段进入流通。

纸币是由国家发行、强制通用的货币符号，本身没有价值，但可代替货币充当流通手段和支付手段。纸币作为金属货币的符号，它的流通量应等同于金币的流通量。但纸币没有贮藏手段职能，如果纸币流通量超过需要量，纸币就会贬值。此时。它所代表的价值就会低于金属货币的价值量，商品的价格就会随之提高，纸币流通量不能满足需要时，它所代表的价值就会高于金属货币的价值，此时价格就会下降。

（八）价格运动的特点

1. 价格运动的特点

价格运动是价格经济杠杆作用发挥的前提条件。价格运动传递出的信息，是市场最重要的信息，这一信息为市场主体的决策行为提供最重要、最直接的依据。价格运动机制是市场机制的核心，价格运动既是调节生产，也是调节利益分配的重要杠杆。价格运动的状况也能综合地反映经济发展的状况。因此，关注价格运动及其影响在任何时候都是非常必要的。

2. 价格运动的特点主要有以下方面：

（1）运动的绝对性和稳定的相对性。运动是价格的本性，由价格形成因素的运动性所决定。

价格运动是绝对的。但价格运动的绝对性并不说明它无时无刻不在运动，相反，从一个时点和一定时期看，价格是静止的和相对静止的。运动的依存性。价格产生于商品交换，也产生于市场。市场是商品交换的场所，也是价格运动的场所和传递价格信息的场所。所以没有市场就没有价格，价格运动依赖于市场而存在。

（2）价格运动的连锁性。任一种商品价格的变动都使其他商品价格产生连锁性反应，只是有反应明显不明显的区别，这是由于生产的社会化。社会分工的细化，使一种商品价格总是以其他商品价格为组成要素，而自身又成为它种商品价格的组成。

3. 价格变动的影响因素及变动趋势

价格变动是指价格水平的变动。不同商品由于构成因素的变动趋势不同，价格变动趋势也不同。这种情况和成本变动趋势别无二致。但价格变动趋势除在很大程度上受成本影响外，还受历史因素、自然资源、供需变化、税率利率变化和政策因素变化的影响，进口或出口商品的价格，还会受汇率和关税等影响。这些影响因素对不同类和不同种商品，在不同时期有着不同的影响，在影响程度上也有所不同。因此价格的变动趋势也不尽相同。

农产品受历史上长期存在的工农业产品价格巨大剪刀差的影响，价格水平偏低。农业技术发展虽有长足进步，发展仍然滞后于工业，产品中社会必要劳动消耗较多。加之农业受自然条件影响很大，也受土地资源条件的限制，价格背离价值现象十分突出。随着农业现代化进程的加快，化肥、农药的使用使农业生产成本急剧上升，而城乡人口的膨胀又使农产品的需求旺盛，所有这些，就使农产品的价格在相当一段时期里呈上升的趋势。政府为发展农业、缩小剪刀差和缩小城乡差别，对农产品实施保护价格，使价格上升的趋势更加明显，纸币贬值则农产品价格上升速度更快。

工业产品价格变动趋势呈现出较为复杂的情况。工业产品中的原材料工业产品在历史上价格水平偏低，其劳动生产率提高的速度低于加工工业自然条件的恶化、资源的有限性，以及政府支持发展基础工业的政策，加上强劲需求的拉动，价格是上升趋势。加工工业产品由于受原材料价格上升的影响，同时又受技术提高相对快的影响，其变动要视哪个因素影响更大。所以不同产品价格变动方向会有所不同。其中中间产品变动趋势是相对稳定，最终产品变动呈下降趋势。新兴工业产品如电脑、家电、精细化工、新兴材料等产品，由于技术发展快、加工次数多，受自然条件影响少，价格下降速度快，趋势明显。食品工业产品由于直接受农产品价格影响，呈上涨趋势。

综上所述，各类产品价格变动趋势虽不相同，但价格总水平受各类价格构成因素和各类产品价格变动的综合影响。从长期来看，变动趋势是下降的。但不排除在一定时期中相对稳定，甚至上涨。

（九）工程造价的含义

1. 工程造价的含义

工程造价的直意就是工程的建造价格。工程，是泛指一切建设工程，它的范围和内涵具有很大的不确定性。

2. 工程造价有两种含义，但都离不开市场经济的大前提

第一种含义，工程造价是指建设一项工程预期开支或实际开支的全部固定资产投资费用，也就是一项工程通过建设形成相应的固定资产、无形资产所需用一次性费用的总和。显然，这一含义是从投资者——业主的角度来定义的。投资者选定一个投资项目，为了获得预期的效益，就要通过项目评估进行决策，然后进行设计招标、工程招标，直至竣工验收等一系列投资管理活动，在投资活动中所支付的全部费用形成了固定资产和无形资产，所有这些开支就构成了工程造价。从这个意义上说，工程造价就是工程投资费用，建设项目工程造价就是建设项目固定资产投资。

第二种含义，工程造价是指工程价格，即为建成一项工程，预计或实际在土地市场、设备市场、技术劳务市场，以及承包市场等交易活动中所形成的建筑安装工程的价格和建设工程总价格。显然，工程造价的第二种含义是以社会主义商品经济和市场经济为前提的，它以工程这种特定的商品形式作为交易对象，通过招投标、承发包或其他交易方式，在进行多次性预估的基础上，最终由市场形成的价格。在这里，工程的范围和内涵既可以是涵盖范围很大的一个建设项目，也可以是一个单项工程，甚至也可以是整个建设工程中的某个阶段，如土地开发工程、建筑安装工程、装饰工程，或者其中的某个组成部分。随着经

济发展中技术的进步、分工的细化和市场的完善，工程建设中的中间产品也会越来越多，商品交换会更加频繁，工程价格的种类和形式也会更为丰富。尤其应该了解的是，投资体制改革，投资主体的多元格局，资金来源的多种渠道，使相当一部分建设工程的最终产品作为商品进入了流通。如新技术开发区和住宅开发区的普通工业厂房、仓库、写字楼、公寓、商业设施和大批住宅，都是投资者为卖而建的工程，它们的价格是商品交易中现实存在的，是一种有加价的工程价格（通常它们被称为商品房价格）。在市场经济条件下，由于商品的普遍性，即使投资者是为了追求工程的使用功能，如用于生产产品或商业经营，但货币的价值尺度职能，同样也赋予它以价格，一旦投资者不再需要它的使用功能，它就会立即进入流通，成为真实的商品。无论是采取抵押、拍卖、租赁，还是企业兼并其性质都是相同的。

通常是把工程造价的第二种含义只认定为工程承发包价格。应该肯定，承发包价格是工程造价中一种重要的，也是最典型的价格形式。它是在建筑市场通过招投标，由需求主体投资者和供给主体建筑商共同认可的价格。鉴于建筑安装工程价格在项目固定资产中占有 50% ~ 60% 的份额，又是工程建设中最活跃的部分，鉴于建筑企业是建设工程的实施者并处于重要的市场主体地位，工程承发包价格被界定为工程价格的第二种含义，很有现实意义。但是，如上所述，这样界定对工程造价的含义理解较狭窄。

所谓工程造价的两种含义是以不同角度把握同一事物的本质。从建设工程的投资者来说，面对市场经济条件下的工程造价就是项目投资，是"购买"项目要付出的价格，同时也是投资者在作为市场供给主体时"出售"项目时定价的基础；对于承包商来说，对于供应商和规划、设计等机构来说，工程造价是他们作为市场供给主体出售商品和劳务的价格的总和，或是特指范围的工程造价，如建筑安装工程造价。

工程造价的两种含义是对客观存在的概括。它们既是共生于一个统一体，又是相互区别的。最主要的区别在于需求主体和供给主体在市场追求的经济利益不同，因而管理的性质和管理目标不同。从管理性质看，前者属于投资管理范畴，后者属于价格管理范畴，但二者又互相交叉。从管理目标看，作为项目投资或投资费用。投资者在进行项目决策和项目实施中，首先追求的是决策的正确性。投资是一种为实现预期收益而垫付资金的经济行为，项目决策是重要一环。项目决策中投资数额的大小、功能和价格（成本）比是投资决策的最重要的依据。其次，在项目实施中完善项目功能，提高工程质量，降低投资费用。按期或提前交付使用，是投资者始终关注的问题。因此降低工程造价是投资者始终如一的追求。作为工程价格，承包者所关注的是高额利润，为此，他追求的是较高的工程造价。不同的管理目标，反映他们不同的经济利益，但他们都要受支配价格运动的那些经济规律的影响和调节。他们之间的矛盾正是市场的竞争机制和利益风险机制的必然反映。

区别工程造价的两种含义的理论意义在于，为投资者和以承包商为代表的供应商在工程建设领域的市场行为提供理论依据。当政府提出降低工程造价时，是站在投资者的角度充当着市场需求主体的角色。当承包商提出要提高工程造价、提高利润率，并获得更多的实际利润时，他是要实现一个市场供给主体的管理目标。这是市场运行机制的必然。不同的利益主体绝不能混为一谈。同时，两种含义也是对单一计划经济理论的一个否定和反思。区别两重含义的现实意义在于，为实现不同的管理目标，不断充实工程造价的管理内容，完善管理方法，更好地为实现各自的目标服务，从而有利于推动全面的经济增长。

二. 工程造价的构成

（一）建设工程估算概述

建筑业的持久繁荣促使了建筑工程领域的竞争日益激烈。无论是业主还是承包商，都对工程造价十分关心。业主方希望对工程造价的估计尽可能准确，使其有限的资金得到有效、合理的利用。而承包商则希望利用正确的估算方法，能在投标竞争中获胜，并在承包的工程中得到较高的利润。工程建设活动是一项多环节、受多因素影响、涉及面广的复杂活动。工程项目一般都具有体积庞大、结构复杂、个体性强的特点，其生产过程是一个周期长、环节多、耗资大的过程。因而，其估算价值会随项目进行的深度不同而发生变化，即工程估算是一个动态估价过程，也是多次性估算过程。

（二）建设工程投资的构成

1. 建设工程项目总投资

现行建设工程项目总投资包括固定资产投资和流动资产投资两部分。

（1）固定资产投资：设备及工、器具购置费用（由设备原价、设备运杂费组成）、建筑安装工程费用（由直接费、间接费、利润、税金组成）、工程建设其他费用（由土地使用费、与项目建设有关的其他费用、与未来企业生产经营有关的其他费用组成）、预备费（由基本预备费、价差预备费组成）、建设期贷款利息、固定资产投资方向调节税等几项。

（2）流动资产投资：即为流动资金，是指生产经营性项目投产后，为进行正常生产运营，用于购买原材料、燃料，支付工资及其他经营费用等所需的周转资金。

2. 206号文中的建安工程费

建安工程费用也被称为建安工程造价，按照建设部、财政部建标〔2003〕206号文件《关于印发＜建筑安装工程费用项目组成＞的通知》规定：建筑安装工程费用项目由直接费、间接费、利润和税金组成。

（三）直接费

由直接工程费和措施费组成。

1. 直接工程费：是指施工过程中耗费的构成工程实体的各项费用，包括人工费、材料费、施工机械使用费。

2. 人工费：是指直接从事建筑安装工程施工的生产工人开支的各项费用，内容包括：

（1）基本工资：是指发放给生产工人的基本工资。

（2）工资性补贴：是指按规定标准发放的物价补贴，煤、燃气补贴、交通补贴、住房补贴、流动施工津贴等。

（3）生产工人辅助工资：是指生产工人年有效施工天数以外非作业天数的工资，包括职工学习、培训期间的工资，调动工作、探亲、休假期间的工资，因气候影响的停工工资，女工哺乳时间的工资，病假在六个月以内的工资及产、婚、丧假期的工资。

（4）职工福利费：是指按规定标准计提的职工福利费。

（5）生产工人劳动保护费：是指按规定标准发放的劳动保护用品的购置费及修理费，徒工服装补贴，防暑降温费，在有碍身体健康环境中施工的保健费用等。

3. 材料费：是指施工过程中耗费的构成工程实体的原材料、辅助材料、构配件、零件、半成品的费用。内容包括：

（1）材料原价（或供应价格）。

（2）材料运杂费：是指材料自来源地运至工地仓库或指定堆放地点所发生的全部费用。

（3）运输损耗费：是指材料在运输装卸过程中不可避免的损耗。

（4）采购及保管费：是指为组织采购、供应和保管材料过程中所需要的各项费用。

包括：采购费、仓储费、工地保管费、仓储损耗。

（5）检验试验费：是指对建筑材料、构件和建筑安装物进行一般鉴定、检查所发生的费用。包括自设试验室进行试验所耗用的材料和化学药品等费用，不包括新结构、新材料的试验费和建设单位对具有出厂合格证明的材料进行检验，对构件做破坏性试验及其他特殊要求检验试验的费用。

4. 施工机械使用费：是指施工机械作业所发生的机械使用费以及机械安拆费和场外运费。

5. 施工机械台班单价应由下列七项费用组成：

（1）折旧费：是指施工机械在规定的使用年限内，陆续收回其原值及购置资金的时间价值。

（2）大修理费：是指施工机械按规定的大修理间隔台班进行必要的大修理，以恢复其正常功能所需的费用。

（3）经常修理费：是指施工机械除大修理以外的各级保养和临时故障排除所需的费用。包括为保障机械正常运转所需替换设备与随机配备工具附具的摊销和维护费用，机械运转中日常保养所需润滑与擦拭的材料费用及机械停滞期间的维护和保养费用等。

（4）安拆费及场外运费：安拆费是指施工机械在现场进行安装与拆卸所需的人工、材料、机械和试运转费用以及机械辅助设施的折旧、搭设、拆除等费用；场外运费是指施工机械整体或分体自停放地点运至施工现场或由一施工地点运至另一施工地点的运输、装卸、辅助材料及架线等费用。

（5）人工费：是指机上司机（司炉）和其他操作人员的工作日人工费及上述人员在

施工机械规定的年工作台班以外的人工费。

（6）燃料动力费：是指施工机械在运转作业中所消耗的固体燃料（煤、木柴）、液体燃料（汽油、柴油）及水、电等。

（7）养路费及车船使用税：是指施工机械按照国家规定和有关部门规定应缴纳的养路费、车船使用税、保险费及年检费等。

6.措施费：是指为完成工程项目施工，发生于该工程施工前和施工过程中非工程实体项目的费用。

包括内容：

（1）环境保护费：是指施工现场为达到环保部门要求所需要的各项费用。

（2）文明施工费：是指施工现场文明施工所需要的各项费用。

（3）安全施工费：是指施工现场安全施工所需要的各项费用。

（4）临时设施费：是指施工企业为进行建筑工程施工所必须搭设的生活和生产用的临时建筑物、构筑物和其他临时设施费用等。

临时设施包括：临时宿舍、文化福利及公用事业房屋与构筑物，仓库、办公室、加工厂以及规定范围内道路、水、电、管线等临时设施和小型临时设施。

临时设施费用包括：临时设施的搭设、维修、拆除费或摊销费。

（5）夜间施工费：是指因夜间施工所发生的夜班补助费、夜间施工降效、夜间施工照明设备摊销及照明用电等费用。

（6）二次搬运费：是指因施工场地狭小等特殊情况而发生的二次搬运费用。

（7）大型机械设备进出场及安拆费：是指机械整体或分体自停放场地运至施工现场或由一个施工地点运至另一个施工地点，所发生的机械进出场运输及转移费用及机械在施工现场进行安装、拆卸所需的人工费、材料费、机械费、试运转费和安装所需的辅助设施的费用。

⑧混凝土、钢筋混凝土模板及支架费：是指混凝土施工过程中需要的各种钢模板、木模板、支架等的支、拆、运输费用及模板、支架的摊销（或租赁）费用。

（9）脚手架费：是指施工需要的各种脚手架搭、拆、运输费用及脚手架的摊销（或租赁）费用。

（10）已完工程及设备保护费：是指竣工验收前，对已完工程及设备进行保护所需费用。

（四）间接费由规费、企业管理费组成

1.规费：是指政府和有关权力部门规定必须缴纳的费用（简称规费）。包括：

（1）工程排污费：是指施工现场按规定缴纳的工程排污费。

（2）工程定额测定费：是指按规定支付工程造价（定额）管理部门的定额测定费。

（3）社会保障费

养老保险费：是指企业按规定标准为职工缴纳的基本养老保险费。

失业保险费：是指企业按照国家规定标准为职工缴纳的失业保险费。

医疗保险费：是指企业按照规定标准为职工缴纳的基本医疗保险费。

2. 住房公积金：是指企业按规定标准为职工缴纳的住房公积金。

3. 危险作业意外伤害保险：是指按照建筑法规定，企业为从事危险作业的建筑安装施工人员支付的意外伤害保险费。

4. 企业管理费：是指建筑安装企业组织施工生产和经营管理所需费用。

5. 利润：是指施工企业完成所承包工程获得的盈利。

（五）税金

是指国家税法规定的应计入建筑安装工程造价内的营业税、城市维护建设税及教育费附加等。

（六）《建设工程工程量清单计价规范》中的建安工程费

按照 2008 年 12 月 1 日起施行的国家标准《建设工程工程量清单计价规范》（GB50500-2008）的有关规定，实行工程量清单计价，建筑安装工程造价则由分部分项工程费、措施项目费、其他项目费和规费、税金组成，见图 1-1-1：

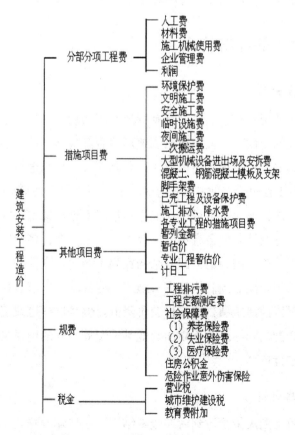

图 1-1-1 工程量清单计价的建筑安装工程造价组成示意图

1. 暂列金额

招标人在工程量清单中暂定并包括在合同价款中的一笔款项。用于施工合同签订时尚未确定或者不可预见的所需材料、设备、服务的采购，施工中可能发生的工程变更、合同约定调整因素出现时的工程价款调整以及发生的索赔、现场签证确认等的费用。

2. 暂估价

招标人在工程量清单中提供的用于支付必然发生，但暂时不能确定价格的材料的单价以及专业工程的金额。

3. 计日工在施工过程中，完成发包人提出的施工图纸以外的零星项目或工作，按合同中约定的综合单价计价。

4. 总承包服务费

总承包人为配合协调发包人进行的工程分包自行采购的设备、材料等进行管理、服务以及施工现场管理、竣工资料汇总整理等服务所需的费用。

《建筑安装工程费用项目组成》（建标〔2003〕206号文）主要表述的是建筑。

安装工程费用项目的组成，而《建设工程工程量清单计价规范》的建筑安装工程造价要求的是建筑安装工程在工程交易，和工程实施阶段工程造价的组价要求。二者在计算建筑安装工程造价的角度上存在差异，应用时应引起注意。

三. 工程造价的计价特点

（一）单件性计价

建筑工程是按照使用者意愿形成的具有特定使用功能、满足特定要求而建造的产品。在不同的地区，不同的气候、水文、地质、地形地貌等自然条件，不同的经济、政治、文化等社会条件及不同的建筑要求、结构形式、装修方式、材料选择、建筑面积、建筑高度等条件影响下，建筑工程也会有非常大的差别。它不可能像普通商品一样按照种类、规格、质量等成批生产，只能根据建设项目所在地区的情况来进行确定。因为建设项目所在地的规定不同，所以对地基及外立面会有不同的要求。但是现在许多地区对于高层住宅项目正在推行预制构件进行施工，因为地上部分结构在满足结构安全性的前提下，可以采用相同的结构。所以可以采用相同的预制构件进行施工，这样既可以节省材料、降低施工难度、加快施工进度，又可以使建筑项目的工程造价降低。但是这样也改变不了建筑工程单件性的特点，因为建筑物的装修标准、外立面及地基情况等不同的项目是不可能相同的，致使建设项目必须单独进行核算。

（二）多次性计价

建筑工程从项目前期决策阶段到后期竣工结算，是伴随着建筑工程工作开展而逐步深入细化并接近实际造价的动态过程。在建设项目推进过程中，先后对应工程造价的工程估算、工程概算、工程预算、工程结算等，建设项目每个阶段工程造价的准确性对建设项目的决策和项目统筹管理都有非常大的联系。在不同的工程造价管理阶段，需要造价管理人员根据所在阶段的造价特点、计价方法、符合该阶段的计价依据和相关计价规则对工程造价进行计算，并对其准确性负责。

（三）按建设项目构成的分部组合计价

建筑工程的组成复杂，直接进行汇总会出现杂乱无章的情况。为了便于建筑工程造价的计算，我们需要按照建设工程的组成特点，对工程项目的各项费用进行按层次分类组合。按照分类汇总的方法对工程造价进行逐层汇总，最终计算得出建筑工程造价。建筑工程一般按照项目构成进行组合计价，按照分项工程、分部工程、单项工程、单位工程由小类到大类的方式进行汇总，最终得到总造价。

（四）计价方法的多样性

建设工程造价按照分部组合进行多层次的多阶段的计价，不同阶段和层次的计价所依据的计价规则和计价方法是不一样的，同一阶段不同工序和不同工作的计价方式也不相同，这就使建设工程造价的计价方法存在多样性。建设工程不同部位的施工方法不同就需要不同的计价方式与之匹配，同一种建筑工作可以通过不同的计价方法体现造价费用。例如在计算桩基础的价格时，可以采用延长米进行计价也可以使用每根来进行计价；设计概算的计价方法可以采用单价法也可以采用实物法等。

四．我国工程造价的发展过程

工程估价是在英国率先出现的，16世纪到18世纪，建筑行业逐渐发展壮大，无论是工程数量还是规模都在不断变化，随之也出现一些对工程测量估算的专业人士，逐渐形成了建筑工程估价这个概念。在市场经济不断变化的情况下，工程估价也随着工程建设的发展日趋完善，由最初只是粗略的估算已完工程量的价格，逐渐发展成在初步设计阶段提出概算，可行性研究阶段提出投资估算。工程造价不仅影响初步设计阶段和可行性研究阶段，同时还影响着施工的全过程，必须事先制订工程建设管理的内容，确保施工的顺利进行，合理安排施工过程的资金分配，使支出不超过所能承受的范围。

新中国成立后，国家开始大规模的提高经济建设，政府投入大量资金促进各行各业的发展，建筑行业的发展受到国家的高度重视。因此，工程造价也出现一些新的变动，并先后经历四个阶段的改进。从建国初期开始，到20世纪50年代中期的这段时间，我国没有形成一套完整的计价方法，为了满足工程大规模发展的需求，只好借鉴苏联的概预算定额管理制度。20世纪50年代中期到90年代初期，主要由政府控制工程造价管理制度，通过不断地完善已有的制度，政府最终制订了一套统一的预算定额与工程量计算规则，工程所需的费用由直接费和间接费构成，计算出工程的直接费，再按照相关规定计算出间接费。

从 20 世纪 90 年代到 2003 年这段时间，我国经济的发展突飞猛进，对工程造价的管理也提出了一些新的建议。因此，在传统造价管理模式的基础上，做了一些调整，提出了"控制量、放开价、引入竞争"的改革方法。根据行业发展变化，及时做出调整，更适应建筑行业的新形势。参与投标必须以定额要求为前提，还要综合考虑市场情况、工程概况以及一些风险因素，必须以统一的工程量计算规则来计算工程量。为了迎合社会的不断发展变化，我国的工程造价管理体系也不断地做出了新的改进，使得建筑工程建设领域更加规范化、系统化，也为国民的经济发展带来一定的收益。

第二节　工程造价管理概述

一．工程造价管理的概念

（一）工程造价管理的概念及其含义

工程造价管理是一门实践性很强的学科。它是研究建设项目的立项、筹建、设计、招投标、施工、竣工交付使用的全过程的工程造价并对其进行合理确定和有效控制。

1. 工程造价管理也有两种管理，一是建设工程投资费用管理，二是工程造价管理。

第一种管理属于工程建设投资管理范畴，建设工程投资费用管理是指为了实现投资的预期目标，在拟定的规划、设计方案的条件下，预测、计算、确定和监控工程造价及其变动的系统活动。第二种管理属于价格管理范畴，又分为宏观造价管理和微观造价管理。宏观造价管理是指国家根据社会经济发展情况，利用法律、法规、经济、行政等手段，对工程价格进行管理和调控的行为；微观造价管理指业主对某一工程项目建设成本管理以及发、承包双方对工程承发包价格的管理。

2. 工程造价管理的核心内容就是合理确定和有效的控制工程造价。其范围涉及工程项目建设的项目建议书和可行性研究、初步设计、技术设计、施工图设计、招投标、合同施工、竣工验收阶段等全过程的工程造价管理。

3. 建设项目决策与工程造价的关系

（1）项目决策的正确性是工程造价合理性的前提；

（2）项目决策的内容是决定工程造价的基础；

（3）造价高低、投资多少也影响着项目决策；

（4）项目决策的深度影响投资估算的精确度，也影响工程造价的控制效果。

二. 工程造价管理对工程的重要性和必要性

（一）工程造价管理的重要性

随着科学技术的进步和工程实践的发展，土木工程这个学科也发展成为内涵、门类众多、结构复杂的综合体系。做好工程造价的控制工作，对项目能否盈利，能否达到预期效果具有重要意义。要发挥不同角色的项目管理者在工程的决策、设计、招投标、施工、结算阶段对工程造价进行控制，防止投资突破限额，并促进建设施工、设计单位加强管理，使人力、物力、财力等有限的资源得到充分的利用，以取得最佳的经济效益和社会效益。

（二）工程造价管理

我国，长期以来一些宜于发挥规模效益的产品生产企业数目过多，生产规模小，集中度低，企业间缺乏合理的专业化分工与协作，使得资源配置长期处于低水平状态。不少地方与企业不顾经济规模和布局的合理性，重复引进，重复建设，使项目投资和资源严重浪费；有些行业众多企业低水平重复建设，低水平竞争，打内战，这极不利于民族工业发展，不利于与国际惯例接轨，不利于参与世界经济大循环。在全球经济一体化，一个建设项目若出现前期决策失误，不管后期建设实施阶段造价管理如何努力，也无法挽回其损失。

在建设项目投资决策阶段，项目的各项技术经济决策，对建设工程造价以及项目建成投产后的经济效益，有着决定性的影响，是建设工程造价控制的重要阶段。

作为工程造价管理人员在决策阶段应编制可行性研究报告，并对拟建项目进行经济评价，选择技术上可行的建设方案，并在优化建设方案的基础上，编制高质量的项目投资估算，使其在项目建设中真正起到控制项目总投资的作用。

1.决策阶段影响工程造价的主要因素有

（1）建设标准水平的确定；

（2）建设地区的选择；

（3）建设地点的选择；

（4）项目的经济规模；

（5）工艺评选；

（6）设备选用。

设计是在技术和经济上对拟建工程的实施进行全面的安排，也是对工程建设进行规划的过程。技术先进、经济合理的设计能使项目建设缩短工期，节省投资，提高效率。据西方一些国家分析，设计费一般只相当于建设工程全寿命费用的 1% 以下，而这 1% 以下的费用对工程造价的影响度却占 75% 以上。因为对于一般建设工程，材料和设备选用占用工程成本的 50% 以上，而在设计阶段建筑形式、结构类别、设备和材料的选用已经确定。在建设后期实施阶段，对工程造价的影响很小（10% 以下）。

同一建设项目，同一单项单位工程，可以有不同的方案，从而用不同的造价。因此，有必要在满足功能的前提下，做多个方案，通过技术比较、经济分析和效益评价，选用技术先进、经济合理的设计方案，即设计方案的优化过程。

设计方案优化常采用价值工程又称价值分析法。即在满足功能的前提下尽可能降低成本，其公式如下：$V=F/C$（式中：V 价值系数；F 功能系数；C 成本系数）。

我国现行的工程造价管理制度是在 20 世纪 50 年代形成，80 年代完善起来的。表现为国家直接参与和管理经济活动。要求在不同设计阶段必须编制概算或预算并对政府负责；制定了概预算编制原则、内容、方法和审批办法；规定了概预算定额、费用定额和设备材料预算价格的编制、审批、管理权限等。从而形成了比较完备的概预算定额管理体系。由于国家控制了构成工程造价主要因素的设备材料价格、人工工资和利税分配等，概预算制度在核定工程造价、帮助政府进行投资计划方面发挥了重大作用。但随着社会主义市场经济体制的建立和发展，现行的工程造价管理制度存在的问题也随之暴露出来。主要表现在如下几个方面：

（三）我国工程管理工作的现况

1.市场供求关系失衡，造成市场竞争不规范，影响了合理定价。近几年来，在宏观政策调控下，固定资产的投资规模不断扩大，同时从事建筑施工的队伍却以更大幅度增加，"僧多粥少"的供求局面使得本已激烈的市场竞争更趋激烈。一些施工企业为争得施工指定分包，面对这些不规范的市场交易，施工企业只有拼老本，保眼前，长此下去，企业缺乏更新改造的后劲，冲击了正常的工程造价管理，而现行的政策缺乏相应的约束机制，这样也就更加助长了建筑市场竞争中的不规范行为。

2.造价控制重施工轻设计。多年来，我国的建设项目普遍忽视了项目建设前期阶段的重要性，造价控制的重点主要放在项目建设的后期阶段甚至在工程决算阶段，因此经常出现投资超限的现象。有些项目甚至在建成后投资大幅超过计划，从而形成了大量效益不好的工程。近些年来，国际上发达国家队工程投资的要求是事先预控、事中控制。而我国传统的做法是把造价控制重点放在施工阶段，在客观上造成轻决策重实施、轻经济重技术、先建设后算账的后果。造价多为事后算账，依附于建筑设计师，被动地反映设计和施工。

3.工程造价咨询机构不健全，但没有充分发挥出工程造价咨询的作用。目前我国的工程造价咨询单位普遍实力薄弱，规模偏小，技术力量不强，改革也没有完全到位，还无法应对市场的变化和竞争。工程造价咨询业发展中存在不少问题，主要表现在：受主管部门的制约，不能公正的进入社会；基础差、素质低、单一从事编制工程预算业务、不适应市场经济发展的要求；行业管理体制尚未理顺，存在行业、地区、部门垄断封锁的现象，严重的阻碍了公平竞争的发展；行业服务规范和制度建设急需与国际接轨。

4.高素质人才的工程造价技术人才严重不足。目前取得工程造价资格的专业人才不多，高级专业人才就更少了。有的虽然已经取得执业资格，耽误工作实践经验和实际工作能力，综合素质不高。在造价师从业实际工作中还存在"在岗无证,有证无岗"的现象。工作内容依然是单一的,多在主管部门及领导的主观意志指令下工作,因而工作服务领域小。在社会主义市场经济体制逐步完善,投资日趋多元化的今天,取得早教工程师资格的人数远远满足不了社会需要,迫切需要一大批为项目投资提供科学决策依据的高素质综合型工程造价人才。

5. 加强工程造价控制与管理的对策

(1)理顺各方关系,加强配合管理。长期以来,我国建设建设工程造价管理部门主要侧重于工程造价计价方法的管理,实现分阶段、分部门的管理,而根据政府部门职能要求,工程造价管理应该是全过程管理。因此,必须理顺关系、各负其责、加强协调。标准的制定应上下衔接,确保稳健的交圈。特别应加强建设项目资金和项目决策的审批关,要建立不同投资主体的资金管理审批制度,对资金不落实无保障的建设项目不予审批立项。各有关部门应严格审查建设项目开工前和年度计划中的建设资金,要把工程造价管理的重点放在工程立项阶段和设计阶段,加强和规范总概算的编制和管理,发挥总概算对工程投资的控制作用。只有抓住了项目决策建设资金落实这一关,才能从源头上控制投资,确保工程项目顺利完成,各个建设施工管理单位都要认真执行造价部门的规定,造价部门应于执行定额的单位进行抽查监督,形成相互约机制。

(2)有效控制工程造价。工程造价控制重点应转移到项目建设前期,即转移到项目决策和设计阶段。工程造价控制贯穿于项目建设全过程,关键在于施工的投资决策设计阶段,而在做出投资决策后,关键在于设计。据有关专家分析:建筑设计方案,在初步设计阶段、技术设计阶段、施工图纸设计阶段对工程的影响分别达 75% ~ 95%、35% ~ 75%、5% ~ 35%;而在施工阶段,通过优化组织施工设计,节约工程造价的可能性只有 5% ~ 10%。所以应该把重点转移到设计阶段,已取得事半功倍的效果。

(3)要坚持深入现场,掌握工程动态。勒戒工程是否按图纸和工程变更施工,工程是否按图纸和工程变更施工,是否有的洽商没有施工,是否已经去掉的部分没有变更通知,是否有在变更的基础上又变更了。因此,在结算时不能只是对图纸和工程变更的计算审核,要深入现场,细致认真的核对,确保工程结算的质量,提高投资效益。应采取二审终审制,第一身为内审,第二审为外审,严格控制每个环节,层层把关,是工程造价经济合理,符合现行的计价规范。

(4)提高企业素质,规范承包行为。实行建设工程招标以来,承包单位承揽施工任务的主要方式是通过投标取得。因此,我们必须规范招标市场。第一,建立联合办公制度,由各级建设行政主管部门造价工程师负责,组成"工程造价审定小组",组织招标投标、标准定额、合同管理部门负责人定期联合办公,参与招标投标评标活动,协调一致,相互配合,各承包单位不得以带资承包作为竞争手段承揽工程,禁止私下授标,层层转包;第二,实行工程量清单报价,规范招标投标行为,做好工程量清单报价与招标文件的衔接;第三,严把概算审核关,加强概算人员的培训考核,把考核与日常管理结合起来,提高概预算人员素质。

总之，建设工程造价管理核心在于合理确定和有效控制工程造价，目标在于提高工程效益。合理确定是有效控制的基础，有效控制是合理确定的保证，两者相辅相成，缺一不可，只有前面两者达到了有效的搭配与补充，才能够抵达最终目标。我们要勇于探索，敢预开拓，主管转变观念，积极创造条件，促进工程造价业的发展，为开创适应社会主义市场经济体制的建设工程造价管理的新局面做出我们应有的贡献。

（四）工程造价在工程项目管理全过程中的实施与控制的作用与必要性

1. 工程造价的发展历程及作用

工程造价涉及国民经济各部门、各行业，涉及社会再生产中的各个环节，也直接关系到人民群众的生活和城镇居民的居住条件。其作用体现在以下几个方面：

（1）工程造价的发展历程

工程造价管理主要包括概、预算定额，预算价格，费用定额及计价办法、规定等有关工程造价计价依据的管理。工程造价管理体制的建立是在五十年代初期，为适应当时大规模基本建设的需要而开始的。自党的十一届三中全会以来，随着国家一系列经济体制改革方针、政策和措施的相继出台，对工程造价管理方面也提出了许多新的问题，特别是党的十四大会议召开，明确了社会主义市场经济的建立之后，特别强调了工程造价管理在工程项目中的必要性，以及它对整个国民经济的影响力度。

从 1949 年建国初期国家开始重视国民经济的发展，投入大量的资金，大规模搞基本建设。鉴于我国当时的实际情况，没有制定出一套比较完整的计价办法。因此便组织学子从苏联学习了一套关于预、决算的计价方法，即工程造价的初生。从此工程造价这一行业便涉入了大大小小的工程项目当中，发挥着举足轻重的作用。

在此之后，国家非常重视造价业的发展，投入了大量的资金，招揽各界资深的专家学者来研究造价体系，终于在 1977 年我国研制出了一套基本完善的造价管理办法。从此我国便有自己的一套计价办法。

（2）工程造价是项目决策的依据

建设工程投资额大、生产和使用周期长等特点决定了项目决策的重要性。工程造价决定着项目的一次费用。投资者是否值得投资、是否有足够的财务能力，是项目决策中要考虑的主要问题。如果建设工程的价格超过投资者的支付能力，就会迫使其放弃拟建的项目；如果项目投资效果达不到预期目标，投资者也会自动放弃拟建工程。因此，建设工程造价是项目决策阶段进行项目财务分析和经济评价的重要依据。

（3）工程造价是制定投资计划和控制投资的依据

投资计划是按照建设工期、工程进度和建设工程价格等逐年分月加以指定的。正确的投资计划有助于合理和有效地使用资金。

工程造价是通过多次预估、最终通过竣工决算确定下来的。每一次预估的过程就是对造价的控制过程，因为每一次估算都不能超过前一次估算的一定幅度。这种控制是在投资者财务能力的限度内为取得既定的投资效益所必需的。此外，投资者利用制定各类定额、标准和参数等控制工程造价的计算依据，也是控制建设工程投资的表现。

（4）工程造价是筹集建设资金的依据

投资体制的改革和市场经济的建立，要求项目投资者必须有很强的筹资能力，以保证工程建设有充足的资金供应。工程造价基本决定了建设资金的需要量，从而为筹集资金提供了比较准确的依据。当建设资金来源于金融机构的贷款时，金融机构在对项目偿贷能力进行评估的基础上，也需要依据工程造价来确定给予投资者的贷款数额。

（5）工程造价是评价投资效果的重要指标

工程造价是一个包含着多层次工程造价的体系。就一个工程项目而言，它既是建设项目的总造价，又包含单项工程的造价和单位工程的造价，同时也包含单位生产能力的造价或单位建筑面积的造价等。工程造价自身形成一个指标体系，能够为评价投资效果提供多种评价指标，并能够形成新的价格信息，为今后类似项目的投资提供参照系。

（6）工程造价是利益合理分配和调节产业结构的手段

工程造价的高低涉及国民经济各部门和企业间的利益分配。在市场经济体制下，工程造价会受供求状况的影响，并在围绕价值的波动中实现对建设规模、产业结构和利益分配的调节。加上政府正确的宏观调控和价格政策导向，工程造价在这方面的作用会充分发挥出来。

2. 工程造价在工程项目管理全过程中的实施与控制的必要性

（1）《计价规范》实施的意义

制定《建设工程工程量清单计价规范》是适应市场机制，深化工程造价管理改革的重要措；在建设工程招标投标中实行工程量清单计价是规范建设市场秩序的治本措施之一；建设工程工程量清单计价是国际上较为通行的做法，是与国际惯例接轨的需要；在我国推行工程量清单计价有利于建立公开、公平的工程造价和竞争定价的市场环境。这一工程计价方式的改革，标志着我国工程造价管理将由传统"量价合一"的计划模式向"量价分离"的市场模式的重大转变，同时也表明，我国招投标制度真正开始进入国际惯例的轨道。

（2）工程造价在工程管理中的必要性

谈到工程造价的管理和控制，就目前的体制和现实来看，工程造价管理和控制工作就是预决算，即预决算人员根据已经确定的施工图计算工程量、套用定额子目、计取费用，或在施工结束后根据图纸和施工组织设计以及现场施工签证记录、图纸变更等资料来编制竣工决算。要全面、有效地控制工程造价，取得最佳的社会效益和经济效益，就必须对工程项目的各个阶段实施全过程的控制。

在社会主义市场经济体制下，施工企业承建任务，尤其是在现行的市场中，必须通过激烈竞争才能获得。施工企业依法取得合理消耗和必要利润愈发显得重要，而施工企业的造价管理就直接关系到企业的盛衰存亡，尤其是对构成工程制造成本的工程直接费的管理体制尤为重要。因为直接费、其他直接费、现场经费，占工程总造价的 80% ~ 90%，因此如何有效的控制工程造价与实施成为工程项目的核心工作。

三. 工程造价管理理论发展

造价管理最先出现在 16 世纪的英国，工业化发展的过程中英国各个行业的发展越来越细化，项目管理便是在专业化分工中划分出来的，项目造价管理开始诞生。到了 19 世纪，英国成立专门的造价管理协会"皇家特许测量师协会"。进入 20 世纪后，随着世界工业不断兴起，项目管理被运用到更多的领域，造价管理也随之被推广。造价管理与各学科不断融合，20 世纪 30 年代人们开始将项目造价管理与经济学结合起来，运用相关的经济理论来指导造价管理。造价管理的快速发展阶段是从 50 年代以后开始，这一时期很多的造价管理协会开始成立。1951 年澳大利亚和 1959 年加拿大都成立了工料测量师协会，1956 年美国成立了第一个真正意义上的造价工程师协会。专业协会的成立对于造价管理的理论研究起到了很大的促进作用，同时也将一些优秀的管理实践进行有效的推广，并培养出了大量的专业人才。20 世纪 80 年代英国学术界提出了新的工程造价管理理论全生命周期造价管理、90 年代美国学术界提出了全面造价管理。

20 世纪 30 年代我国就开始学习苏联工程造价管理的模式，主要采用标准设计和定额管理制度，初步制定了一套符合中国实际的定额标准和概预算制度。到了 60 年代受"文革"影响，我国曾一度取消了定额管理机构和工程概预算制度，工程造价管理工作遭到破坏，70 年代国家恢复重建工程造价管理机构，才开始恢复造价管理工作，并恢复了工程造价管理机构。1988 年在中央建设部设立标准定额司和全国各地设立定额管理站，并推行统一的工程概预算制度。到了 90 年代中国建设工程造价管理协会成立，标志着我国正式开始与世界工程造价管理接轨。

现在造价管理模式追溯到 20 世纪 80 年代，标志性事件是 1984 年日本大成公司以低于标底价 40% 的报价中标云南鲁步革水电站项目，首次提出了全过程工程造价控制，而后全国开始推广这种模式。20 世纪 90 年代初期，依据全过程控制的思路我国对定额管理进行了改革，开始实行"量""价"分离的管理方式，落实项目法人责任制，以市场主导价格，发挥行业协会和市场中介组织的作用。2003 年，制定了我国第一部工程量清单计价法规，《建设工程工程量清单计价规范》（GB50500-2003）标志着从定额计价模式向工程量清单计价模式的转变。随着经济快速的发展，为适应工程造价管理的需要，又相继制定了《建设工程工程量清单计价规范》（GB50500-2008）和《建设工程工程量计算规范》（GB50854-50862-2013）等法规，逐渐完善工程量清单计价相应规范。这些计价规范的出台，尤其是 2013 版计价计量规范的出台，使工程建设的每一计价环节真正做到有规可依，有章可循，也为将来构建清单计价规范体系打下了坚实的基础。使工程造价尤其是政府投资工程的造价的管理思路更加清晰，更加便于操作。

　　经过几十年的改革与发展，我国不断创新提出了一些新的工程造价管理理论，如徐大图提出的全寿命周期费用分析理论、尹贻林等探讨了限额设计的理论和方法、程鸿群等提出了价值工程理论等有影响的理论。另外，我国很多学者对"全过程造价管理理论"进行过探讨。全过程造价管理强调的是过程控制，注重从每一个细节中控制好工程费用支出，这其中很重要的一点就是"预先控制"，把费用的发生控制在计划当中，从工程伊始便进行管理。刘坚在评价"全过程造价管理理论"时指出，项目造价分析应从具体的项目活动入手，将活动进行分解，如此才能减少资源消耗、降低项目成本。李进、陈静江认为要做好全过程造价管理应将以往的"事后控制"转化为"事前控制"和"全过程控制"，这样才能从源头做好工程造价管理。白海峰认为，项目造价控制必须在初步设计、施工图设计审查等各环节，做好方案的比选、科学论证、评审工作，尽量避免项目实施过程中出现工程设计变更和洽商等增加工程投资的现象发生。

　　随着电子信息技术的快速发展，依赖人工处理建筑工程项目信息的传统的工程造价模式耗费大量的人力、物力、财力，并经常出现差错。实践证明，这种人工处理的模式已经无法适应现代化的大型建筑企业的发展。现代企业，建筑工程项目大，所需要处理的数据量大，仅仅依靠人工简单的处理已经远远无法满足企业的需要，大大降低了建筑类企业运行的效率，从而使得其产能下降，效益降低，造成一系列连锁反应。因此，顺着信息化发展的浪潮，设计出一个好的建筑工程项目管理信息系统已经迫在眉睫，而在这其中，造价管理又成为关键的一环，本文旨在设计出一个精简的建筑工程造价管理系统。

　　社会经济的不断发展，使得工程造价管理当中有大量的数据和事务需要处理，这些工作不仅量大而且要求做出快速及时的处理，还要求不出差错。在传统的造价管理当中，项目里的各种数据都以文书和报表的形式呈现，大量的文书、报表都需要人工进行分析和处理，而且员工之间的交流大都通过这些文书和报表进行，有的甚至进行面对面的口头表述，查询一些信息还要依赖于员工查询这些纸质的数据表，工作量大而烦琐。在传统的造价管理当中，从数据的录入、查询、传递到处理都依赖于人工的操作，影响数据处理的速度，而且在数据分析上存在一定的问题。由于数据并没有进行分类，导致历史数据难以寻找，无法与现在的数据形成一个对比，并很难进行借鉴，这就大大影响了工程造价管理的效率。由于建筑工程项目和建筑工程造价项目的要求不断提高，而使用传统的造价管理，不管是数据的处理速度还是处理质量都不尽令人满意，这严重限制了建筑企业的健康可持续发展。再者，传统的数据处理方式，使得参与各方成为一个数据的孤岛，信息得不到共享，致使工作效率低下。

　　同时，各方采用的数据标准不尽相同，这就使得数据分析变得更加困难。加快建筑工程项目的信息化，不仅改变了数据处理的方式，也使得整个系统在各个环节使用统一的数据标准，便于参与各方高效地进行数据分析。开发一个建筑工程造价管理系统，提高了数据在参与各方之间的传输效率，有利于减少大量的重复性工作。同时，系统中大量的共享数据加强了整个工程项目的可控性，便于上级的监督检查，为更好地控制成本打下了坚实的基础。建筑工程造价管理系统的开发大大推动了建筑行业的信息化进程，使得各项工作都能借助计算机的天然的数据处理优势，更加的科学、有效。综上，可见开发建筑工程造价管理系统具有重大的实践意义。

四．国内外研究现状

（一）国内建筑工程造价管理系统的研究现状

20世纪70年代，我国已经出现了初步的建筑管理信息系统。我国的华罗庚教授对建筑管理系统进行了初步的研究，涉及的主要是工程造价。由此开启了我国对于工程造价管理信息化的讨论。现如今，国内工程造价管理采取的模式是：各个地区按照自己的价格编制方法编制工程造价的预算；不同的时间节点按照市场价格来编制工程造价的预算；各个地区按照国家颁布的指导性文件对本地区的价格进行调整。这种模式结合了静态和动态的调整方针，并逐步向工程量清单计价模式过渡。

俨玲、尹贻林认为造价管理在建筑工程项目管理当中占有非常重要的地位，他们提出了工程造价的一些基本概念，并对它们的重要性进行了阐述。他们觉得要着重分析工程造价的合理性，并且根据分析提出合理的造价控制的行之有效的方案。通过这些方案对于资源的合理化配置，使得建筑企业以及社会的效益能够大大提高，实现社会和企业的双赢。

孙艳辉、潘阳研究的主要焦点在工程造价的成本控制问题，他认为一个项目需要从初始的投资决策，到招标，再到实施都应该有严格的成本控制，同时一些材料的花费，人工成本以及一些额外的开销也要考虑在内。与此同时，他还讨论了与建筑工程实施过程中的技术问题。最后他提出，我国的建筑工程应对工程造价引起足够的重视，应严格控制造价，减少一些不必要的支出。

徐传磊、王欣认为随着我国建筑工程行业的不断发展，工程造价已经从单纯地进行各项预算、结算以及竣工决算，发展到对整个工程项目进行严格的成本控制。工程造价在建筑工程项目中有着十分重要的地位，必须对工程的造价有一个准确合理的预估，这样才能对工程的规模和成本进行整体的控制。因此，进行工程造价对于整个建筑工程项目来说必不可少。

高静茹结合中国的国情，分析了中国建筑工程在工程造价上面的特点，并着重分析了其中的不足。他指出建筑工程造价在成本预算、工程的质量方面有着举足轻重的作用。它是建筑工程管理的重要一环，如何解决工程造价当中存在的众多问题，已经成为当今建筑行业的一个很重要的课题。

钟长鸣利用计算机技术对其所在的公司进行建筑工程造价管理信息系统的研究，结合当前流行的B/S模式，以及统一的系统建模语言和相关的系统开发技术开发出了一个规范的建筑工程造价管理信息系统。

张璐重点研究了财政性修缮工程的造价问题，首先分析了财政性修缮工程造价的含义，然后从修缮工程的前期、采购、设计、施工、结算五个环节阐述各自的造价管理，并发现了其中的问题，通过借鉴国内外成熟的造价管理模式，对修缮工程的造价管理提出了改进的建议。

尹力双认为造价管理失控的原因有四方面：缺乏健全的企业管理制度；项目成本难以控制；加强工程变更和索赔管理；加强过程控制。刘社好结合我国的工程造价管理模式特点和国外的工程管理模式提出了 PCM+partnering 组合管理模式。李俊熙采用 UML 建模方法对系统的需求进行了分析，将系统分成六大模块进行开发。

李兴晨指出通过对工程造价过程的控制、对项目投入资金进行合理规划会对建筑工程的全过程有一个很好地推动作用。谢燕欣在需求调研的基础上，用面向对象的方法，开发了工程造价管理系统，包含了工程材料管理、工程设备管理等众多子系统。韩璐基于 C/S模式，配合 Web 架构和 Sql 数据库对系统进行了设计和实现，并对系统进行了测试，各项功能完好。

综上所述，国内对于工程造价的研究越来越多，凸显了工程造价在现代建筑企业当中的重要性，指出工程造价也存在很大的问题，问题主要集中在如何提高工程造价管理的质量，如何通过工程造价有效的控制建筑工程的成本。因此开发一个高效简洁的建筑工程造价管理系统就显得非常重要。

（二）国外建筑工程造价管理系统的研究现状

相比国内建筑工程造价管理系统的发展，国外在建筑行业的信息化程度更高，发展得更快。20 世纪 60 年代，国外的信息化发展非常的迅速，大量的工程造价系统投入到了实践中，20 世纪 80 年代，国外已经利用工程造价系统进行项目的估价。

T.C.Berends，J.S.Dhillon 认为建筑企业的核心管理是造价管理，造价管理可以直接有效地提高建筑企业的经济效益，增强企业的内部管理，并且能够协调各方的工作，提高各方工作的效率。再者，它能使不同企业之间能更加准确的评估自身的实力，防止建筑企业间的盲目竞标，做出不符合自身实力的决策。因此，良好的造价管理能够促进建筑企业之间的良性竞争。

Hubert Missbauer，Wolfgang Hauber 研究的焦点在工程造价的预测，他认为准确的造价预测对于整个建筑工程项目至关重要，准确的造价预测可以更好地为企业的投资决策服务，有利于企业获取更高的经济利益，有利于企业的健康可持续发展。

J Gido，J.P. Clement 认为建筑工程造价是整个建筑工程项目的核心环节。建筑工程项目管理是一个庞大的、系统的工程，需要工程管理的各个方面环环相扣，尤其是要加强工程造价的管理，做到规范化、标准化。

Heravi G，Faeghi S 认为时间、成本、质量是每个工程的三个重要因素，一个良好的工程造价必须要在这三者之间找到一个平衡，并达到最优。Cheng M Y，TranD H 提出了一个二阶段的 DE 模型去解决时间和成本的平衡关系，并找到最优解，为工程造价提供参考。Martinez-Rojas M，Marin N 认为对于工程信息和数据的处理决定了工程管理的质量，同时也对工程造价起着至关重要的作用。

Abdul Rahman I，A H 认为一个工程的好坏往往取决于如何有效的管理好工程的资源流，多种资源流影响着工程造价的成本。Ji.S.H，Park M 指出在工程管理过程中，对于成本的估计是必不可少的，但是耗费了大量的时间、人力和物力，他以韩国的军事工程为例，阐述了基于 CBR 的方法在工程管理上的应用。

Williams T P，Gong J. 提出了一种数据挖掘的算法去预测工程的造价，该种算法能提供最优的工程造价。Liu L 认为工程造价管理主要包括造价预测、造价计划、造价控制，造价预测和造价目标值的设置必须要先于其他项目的进行，并提出了几种造价控制的方法，如使用组织测度、技术测度和经济测度等。

国外的工程造价管理发展迅速，美国的 B echtel 公司建立了自己的完善的用于工程造价的数据库，形成了用于数据分析、判断、估价、预测的完整的科学管理体系。法国的相关建筑协会开发了一个工程造价的系统，在市场的基础上，对人工、材料、设备的单价进行准确的调整，并按照标准的分类进行分类汇总，大大提高了造价预测的准确性。澳大利亚建筑信息服务部也开发了类似的造价管理系统，存储所有的造价管理信息，提供给其他的造价系统和企业使用，并存有大量的询价记录，用户可以随意在互联网上访问这些数据。

五. 中英工程造价管理体系比较

（一）管理主体的比较

1. 中国工程造价管理体系

为了实现工程造价管理目标而进行有效的组织活动，并且考虑到工程造价管理体制的多部门、多层次，中国目前也设置了多部门、多层次的工程造管理机构，规定了各自管理权限和职责范围。

建设部标准定额司目前工程造价管理的归口领导机构是国家建设部标准定额司。标准定额司在工程造价管理工作方面承担的主要职责是：

（1）组织制定工程造价管理有关法规、制度并组织贯彻实施。

（2）组织制定全国统一经济定额和部管行业经济定额的制定、修订计划。

（3）组织制定全国统一经济定额和部管行业经济定额的实施。

（4）监督指导全国统一经济定额和部管行业经济定额。

（5）制定工程造价咨询单位的资质标准并监督执行，提出工程造价专业技术人员执业资格标准。

（6）管理全国工程造价咨询单位资质工作，负责全国甲级工程造价咨询单位的资质审定。

2．各工业部的工程造价管理

各工业部一般在基建计划司或建设协调司中设立处级的标准定额处，也有的成立各专业定额站，一般设在规划设计院中，行使部分行政管理职能，属于事业单位；有的部专业较多，又专门成立定额分站，设在各专业设计院中，如交通部公路工程定额站设在交通部公路规划设计院，交通部水运工程定额部则设在第一航务工程设计院中。各工业部标准定额站的职能主要是制订、修编各类工程建设定额，解释定额的使用；有的定额站还担负本部门大型建设项目的概算审批、概算调整等职能。20世纪90年代我国确立社会主义市场经济体制后，部分工业部的定额站转变了部分职能，把编制工程概算、结算与其他工程造价咨询也纳入了本站工作范围。

综上所述，各工业部定额管理部门主要负责本系统的工程造价管理工作。1998年机构改革后，将大部分工业部改为隶属于国家经贸委的"工业局"，并提倡抓大放小，将大部分原工业部直属企业下放到地方或成为"无主管企业"，强调地方统筹。这样一来就大大弱化了本系统工程造价管理部门的职能。

（1）省、直辖市、自治区工程造价管理部门

省一级政府内建设行政主管部门为"建设委员会"，简称建委，工程造价管理部门一般是隶属于建委的事业单位——工程造价管理站。一般而言，地方建委内工程造价管理的概念形成较早，也较早在实践中施行，因此大部分省市已在90年代我国确立社会主义市场经济后不久就将原标准定额站更名为工程造价管理站，只有少量中国省份还是沿用原名。省一级设有工程造价管理总站，地、市一级设有工程造价管理站，有的建设任务较多的县、区也设有工程造价管理站。这三级工程造价管理部门互不隶属，上一级站一般只对下一级站有业务指导关系，而无行政、人事隶属关系。

（2）地方工程造价管理部门

除了对计价依据——定额、取费标准、计价制度等有直接管理权（如修编、解释定额等）外，有相当部分省级造价站还有价格管理权，如审核招标工程的标底，审核国家投资工程的结算，价格与合同纠纷的仲裁等。

地方工程造价管理部门的行政权力大部分来自地方建委的授权，有相当一部分地方已经通过地方立法保证工程造价管理部门在工程价格管理方面的权威。如厦门市专门由特区人大常委会发布市长令签署的《厦门市工程造价管理条例》，广东省、四川省、河南省等均有省长令签署的相关条例，成为地方法规授权的法定工程造价管理机构。

地方工程造价管理部门的经费来源主要为两种行政收费：一是工程定额编制管理费，二是劳动定额测定费。这两种收费保障了工程造价管理部门的工作职能，并加强了工程造价管理部门的地位。

（3）计划、财政部门的工程造价管理部门

中国各级计划部门同样也参与工程造价的管理。自1977年国家恢复造价管理机构，一直是以国家计委为核心。1983年国家计委成立了基本建设标准定额研究所、基本建设

标准定额局，加强对这项工作的组织领导。这项管理工作至 1988 年才划归建设部，成立标准定额司。由于国家计委承担全社会宏观投资政策的制定和投资调控的职责，因此也是工程造价的管理机构之一。国家计委也曾经多次与建设部联合发文，规范中国的工程造价管理制度。各地的计划部门一般也依法在各自的职责范围内对建设工程造价进行管理。我国实行计划经济以及转入市场经济初期，财政部门对国有投资（包括集体所有制企业投资）的控制与工程造价管理工作都委托中国建设银行的前身——中国人民建设银行执行，即赋予建设银行部分财政职能，当时建设银行与计委投资管理部门、建委造价部门一起享有工程计价依据——定额的发布、编审权，并且有权监督批准工程概算内的每一笔开支以及结算。1996 年中国建设银行正式改为商业银行性质后，其部分财政职能被财政部收回，从而形成对工程结算审核、工程款支付审核的空白。财政部于 1998 年开始介入财政投资项目的工程造价管理，财政部设立基建司，各地财政厅（局）设立基建处，专门管理各级财政性投资项目，重点在工程造价管理。最近财政部把基建司改为经济建设司，旨在进一步强化对政府投资项目的工程造价管理。为了解决专业人才不足的矛盾，财政部招募人才设立了投资评审中心，各地纷纷仿效。同时财政部还同意会计事务所从事基本建设工程预算、结算、决算审核。

（4）其他介入工程造价管理的单位

介入工程造价管理的部门或单位还有审计部门、物价部门、工商部门、监察部门、检查部门等。这些部门分别从不同的角度参与工程造价管理，例如审计部门着眼于经济效果审计和投资控制；物价部门着眼于工程建设中相关价格的确定；工商部门着眼于业主与承包商资格的合法性；监察部门、检查部门主要是防止工程招投标中出现徇私舞弊、违法乱纪和破坏投标中公平、公正、公开原则的现象的发生。此外，施工企业作为政府工程造价管理的客体也包括在现行工程造价管理机构中。

3．工程造价咨询机构

中国工程造价咨询机构不是工程造价管理的主体，但它们却是政府工程造价管理行为的受体，它们参与工程造价活动，是市场中介，是工程造价计价服务的提供者。因此它们在中国工程造价管理活动中扮演了重要角色。

（1）设计院的工程经济处

中国各行业设计院或建筑设计院扮演了提供设计成果的角色，还是业主工程投资确定与控制的重要顾问。中国的设计院在计划经济时代是事业单位，由国家拨款，起着为国家投资项目提供设计成果和投资控制的重要作用，其设计和投资控制的重要依据是设计任务书（后改为可行性研究报告），它是国家控制基本建设的重要一关。现在一般设计院仍然在提供设计成果之后向业主提出一个概算，作为业主投标的标底，作为业主控制投资和评标的重要依据。

（2）建设银行的工程造价咨询处

建设银行为国家控制投资的职能被财政部收回之后，使原有的庞大的工程造价管理业务部门的专业人才闲置，这部分人才被该行组织起来承担社会工程造价咨询业务。一般来说，仍承担着大量工程造价咨询的业务。

（3）一般的工程造价咨询机构

这些机构大多为根据建设部74号令（造价工程师注册管理办法）和75号令（工程造价咨询单位管理办法）这两个文件成立的机构。一部分为地方政府工程造价管理机构利用职权方便而成立的政企不分的机构，一部分为其原造价领域里的退休专家成立的机构，一部分是为市场服务而成立的工程造价中介机构。可以预见，由造价工程师为主体的工程造价咨询机构，将会大量出现并起重要作用。

4. 施工企业

施工企业也是政府工程造价管理的客体，分为两类：一类是国有（或集体的）大中型施工企业，分属于地方政府中的建工局或建筑总公司、工业部中的基建局或工程总公司；一类是乡镇的（或私人的）施工企业。这两类施工企业是中国承包商队伍的主体。

5. 业主

业主也可以认为是政府工程造价管理的客体，接受工程造价管理主体的管理，主要体现在可行性研究报告的审批、设计概算和施工图预算的审查、标底的审查和招标过程的监控，以及工程结算和工程决算的审查等。但由于工程项目可分为政府投资工程和非政府投资工程，因此有时业主与工程造价管理的某个主体重合。这主要是由于我国的工程造价管理体系的不健全和机构的重复交叉设置造成的。

随着2001年大选结束，原来的建设主管部门由环境交通区域部（DETR）转为运输地方政府区域部（DTLR）负责。此外，建筑业的管理还涉及贸工部和劳工部，社会上还有许多政府的代理机构及社会团体组织。建设主管部门设在地方当局的有两级：一是郡级，较少地区设置，对该地区建设宏观协调和控制；一是市镇级，主要职能是依据法规，对建设活动实施具体的管理，确保社会和公众的利益。

6. 英国政府对工程项目的监督与管理

英国政府对政府大型土木工程项目的管理，体现在立项阶段，审批严格。依靠市场机制进行建设中的质量控制。承担大型土木工程设计与施工的大多为权威的咨询公司与承包商，其技术、管理、资历和信誉多是可信赖的。并要求提供履约担保和工程保险，必要时，委托第三方咨询机构进行工程监理，负责技术把关。对工程项目，英国的法律、法规规定了严格、明确、具体的管理与监督程序：通过规划审批、设计（技术）审查、施工（质量）检查、健康安全管理等环节实现。

7. 英国造价管理现状

在英国，政府投资工程和私人投资工程的造价管理方式不同，二者之间有一些相同的做法。政府投资的公共工程项目必须执行统一的设计标准和投资指标，如卫生及社会保健部对国家投资医院的设计，按照不同的医院类型规定了每个病人、每个床位或房间的投资指标，工料测量师要协助建筑师核算和监控。对于私人投资的工程项目，在不违反国家的法律、法规的前提下，政府不干预私人投资的工程项目。价格是通过市场确定，投资者利用已建类似工程的数据资料和近期的价格指数，通过调整确定投资估算作为造价限额。工程造价是通过立项、设计、招标签约、施工过程结算等阶段贯穿全过程。工程造价管理在既定的投资范围内随阶段性的工作的开展而深化，使工期、质量、造价和预算目标得以实现。这和工料测量师在工程建设全过程中的有效工作分不开的。

8. 管理主体不同的比较

英国建设主管部门为运输地方政府区域部（DTLR），管理重点集中在政府投资项目，负责各个领域的建设项目管理。对于政府投资项目和非政府投资项目，实行不同的管理模式。中国的项目，从前都由国家统一安排，投资主体单一，管理方式单一。现在由于投资主体多元化、渠道多样化，管理模式也需相应调整。

对于中介咨询业，英国对工料测量师行的管理是通过专业人士的资格管理和专业人士的责任与自律机制进行。中国也正在逐步建立一套完整的信誉体系和专业人士工作规范，逐步实行签字制度。改革的方向基本与国际惯例是一致的。

（二）中国与英国工程建设管理方式的比较

1. 中国的工程建设管理方式

中国工程建设管理方式经历了几个阶段的发展。在改革开放以前，中国主要采取的是建设单位自管方式和工程指挥部方式。建设单位自管方式即建设单位自己设置工程建设管理机构作为自己的一个职能部门，负责支配建设资金，办理规划手续及准备场地、委托设计、采购材料设备、施工招标、竣工验收等全部工作；有时甚至自己组织设计、施工队伍，直接进行设计和施工。工程指挥部管理方式则是专门为工程建设成立一个由工程建设涉及的各方组成的指挥部，统一指挥工程建设的各种事宜。

改革开放以后，建设领域也进行全方位的改革，先后进行了招标投标制、合同管理制、建设监理制、业主（项目法人）负责制等体制改革。与这些改革相适应，工程建设管理方式也有了重大的改革。目前是以三角管理方式为工程建设的主流管理方式。所谓的三角管理方式是指由建设单位（业主）分别与承包单位（主要是施工单位）和咨询单位（监理单位）签订合同，构成建设项目管理的三角，因此也被称为建设监理管理方式。

虽然中国目前的管理方式是以建设监理管理方式为主的，但是随着社会分工专业化的发展，这一方式仍显不足。以建设单位是否设置建设管理部门为例，彻底的社会分工专业化应当取消这一部门。如学校不应设置专门的建设管理部门或者人员。建设监理管理方式只能弱化这一管理部门，不能取消这一部门。因为在这一管理方式下，仍有许多建设工程项目的前期工作和项目的协调工作需要由建设单位完成。

因此，又出现了一些更能体现社会分工专业化的管理方式，比较重要的是总承包管理方式和 BOT 管理方式。所谓总承包管理方式是指建设单位将工程项目的可行性研究、勘察设计、材料设备采购、施工、验收等全部工作都委托一个承包单位完成的管理方式。中国从 1987 年开始工程建设总承包试点，当时能够进行总承包的单位仅限于设计单位。

到 20 世纪 90 年代初，随着施工管理体制改革的不断深入，又发展了一批工程总承包企业。BOT 方式一般适用于公共工程，即由作为民事主体的法人筹措资金完成项目建设，政府给予该法人一定期限的经营管理权，经营期满后将此项目移交给政府。

（1）建设工程发包与承包

建设工程承包与发包指的是建设单位或者总承包单位（发包方），通过合同委托施工企业、勘察设计单位等（承包方）为其完成某一工程的全部或其中一部分工作的交易方式。双方当事人的权利义务通过合同规定，实行建设工程承包与发包制度，能够鼓励竞争、防止垄断、择优选择承包单位。从各地的实践来看，这一制度有力地促进了工程建设按程序和合同进行，提高了工程质量，能够严格地控制工程造价和工期。在市场经济中，建设工程承包与发包制度，是建筑市场的基本制度之一。建设工程承包与发包的方式有两种，即招标投标方式和直接发包方式。直接发包方式就是发包方直接与承包方签订承包合同、确定双方权利义务关系的交易方式。而招标方式则是通过招标投标签订承包合同、确定双方权利义务关系的交易方式。建筑工程在一般情况下都应实行招标发包，对于不适于招标发包的项目可以采用直接发包方式确定承包方。

国家鼓励通过招标方式进行建设工程发包，因为这种方式能够体现市场经济下的公平竞争，能够较好地实现建设单位在进度、质量、投资等方面的控制目标。1984 年 9 月报 8 日，国务院在《关于改革建筑业和基本建设管理体制若干问题的暂行规定》中提出了要"大力推行工程招标承包制"。《建筑市场管理规定》明确要求：凡具备招标条件的建设项目，必须按照有关部门规定进行招标。其他建设项目的承发包活动，须在工程所在地县级以上地方人民政府建设行政主管部门或其授权机构的监督下，按照有关规定择优选定承包单位。建设部 1992 年 12 月 30 日公布的《工程建设施工招标投标管理办法》也要求："凡政府和公有制企事业单位投资的新建、改建、扩建和技术改造工程项目的施工，除某些不适宜招标的特殊工程外，均应按本办法实行招标投标。"

（2）发包方应当具备的条件

发包建设项目的单位和个人应当具备下列条件：法人、依法成立的其他组织或公民；有与发包的建设项目相适应的技术、经济管理人员；实行招标的，应当具有编制招标文件和组织开标、评标、定标的能力。

（3）发包的资质管理

建设项目的发包，必须严格执行有关部 f-JN 定的资质管理规定。工程的勘察、设计必须委托给持有《企业法人营业执照》和相应资质等级证书的勘察、设计单位。工程的施工必须发包给持有营业执照和相应资质等级证书的施工企业家建筑构配件、非标准设备的加工生产，必须发包给具有生产许可证或经有关部门依法批准生产的企业。

承包工程勘察、设计、施工和建筑构配件、非标准设备加工生产的单位，必须持有营业执照、资质证书或产品生产许可证、开户银行资信证明等证件，方准开展承包业务。承包方必须按照其资质登记和核准的经营范围承包任务，不得无证承包或者未经批准越级、超范围承包。承担建设监理业务的单位，必须持有建设行政主管部门核发的资质证书和工商行政管理机关核发的营业执照，严禁无证、照或越级承担建设监理业务。

在国际工程承包中，由几个承包商组成联营体进行工程承包是一种通行的做法，这种承包方式可以弥补单个承包商各自的缺陷，使几方的优势得到更好的体现。我国建筑法肯定了这种承包方式。

A 适用联合共同承包的项目进行联合承包的项目必须是大型或者结构复杂的建筑工程。因为能够单独承包大型或者结构复杂的建筑工程的承包单位很少，使得建设单位无法找到一个理想的承包单位，所以应当允许联合共同承包。反之，对于一般的中、小型且结构也不复杂的工程，一家承包单位的水平和施工力量就足以完成承包任务，无须进行联合共同承包。

B 联合共同承包的责任承担联合共同承包的各方对承包合同的履行承担连带责任。因此，在一般情况下，联合共同承包的各方应当订立联合承包合同，明确各方在承包合同中的权利和义务以及相互协作、违约责任的承担等条款，并推选出承包代表人与发包单位签订承包合同。

建设监理管理方式工程建设监理指监理单位受建设单位的委托，依照法律、行政法规及有关的技术标准、设计文件和建设工程承包合同，对承包单位在工程质量、工期和建设资金使用等方面，代表建设单位实施监督。监理单位不具有政府职能，承包商、建设单位、监理单位是平等的民事主体，监理单位必须有建设单位的委托和建设单位、承包方的约定才能对工程建设进行监理，相互的权利义务依靠合同确定。监理单位在工程项目建设中，利用自己在工程建设方面的知识、技能和经验提供高技能的监督管理服务，以满足建设单位对项目管理的需要，监理单位因其服务而获得报酬。

2. 英国的工程管理方式

（1）英国建筑工程合同管理模式

在土木工程建设和一般建筑领域，采用两个标准合同格式，即英国土木工程师学会（ICE）的《土木工程施工合同条款》和英国皇家建筑师学会的《建筑业标准合同条款》。

ICE 合同条款 ICE 合同条款是固定单价合同，以实际完成的工程量和单价控制总价。还包括投标文件的表格、协议书及保函格式、技术规范、工程量清单及图纸。

ICE 合同条款包括：25 个主要条款，共 72 款；规定工程师的职责和权利；承包商的索赔的规定。同 ICE 配套使用的包括《ICE 分包合同标准格式》，规定了总承包商与分包商采用的合同标准格式。

JCT 合同条款 JCT 合同条款即《建筑业标准合同条款》，用于各种类型的建筑业承包领域，由合同审定联合会（JCT）发布的，也称 RIBA 合同条款或"RIBA／JCT 合同条款"。JCT 合同包含 4 个部分：总论部分（第 1 ~ 34 条），指定的分包商及供应商（第 35 ~ 36条），价格调整（第 37 ~ 40 条），以及仲裁（第 41 条）。附 4 个标准格式：投标书格式、合同协议书、指定分包商合同、一个指定的标准格式。JCT合同条款通常以总价合同的形式出现，包括对项目的描述，工程量清单，承包商以此提出总承包价。

担保或保证制度保证是指由第三方向业主提供的具有法律强制约束力的金融保函，保证供货商或工程承包商按合同履行其义务。如果承包商违约不履行合同义务，由担保者向业主支付一定的货币，目的是帮助业主完成工程或纠正违约缺陷。英国的保证金或担保的类型包括：无条件即付保函履约保函母公司保证预付款保函滞留保函。

（三）工程造价专业人员管理制度的比较

1.中国的造价工程师制度

（1）概述

在1997年前未实行注册造价工程师制度，各地实行概预算人员持证上岗制度。全国未作统一规定，各地规定不尽相同，互不承认。随着全国统一建设大市场的建立，需要全国统一的工程造价管理专业人士制度。1994年开始，建设部、人事部联合开展造价工程师执业制度的论证工作；1997年在全国9个省市开始执业资格考试；1998年在全国进行考试。

（2）中国的注册造价工程师制度

1996年人事部、建设部颁布了《造价工程师执业资格制度暂行规定》，2000年颁布了《造价工程师注册管理办法》，相应规定了造价工程师的考试、注册、执业、继续教育和法律责任等。

（3）工程造价的咨询管理

工程造价咨询系指面向社会，接受委托，承担建设项目的可行性研究和投资估算，项目经济评价，工程概算、预算、工程结算、竣工决算、工程招标标底、投标报价的编制和审核，对工程造价进行监控以及提供有关工程造价信息资料等业务工作。工程造价咨询单位必须是取得工程造价咨询单位资质证书，具有独立法人资格的企业、事业单位。工程造价咨询单位的资质系指从事工程造价咨询工作应备的技术力量、专业技能、人员素质、技术装备、服务业绩、社会信誉、组织机构和注册资金等。

全国工程造价咨询单位的资质管理工作由建设部归口管理。省、自治区、直辖市建设行政主管部门负责本行政区的工程造价咨询单位的资质管理工作，国务院有关部门负责本部门所属的工程造价咨询单位的资质管理工作。

建设部把工程造价咨询单位的等级分与甲、乙两级，并规定各级的资质标准。其中，甲级单位可跨地区、跨部门承担各类建设项目的工程造价咨询业务；乙级单位可在本部门、本地区内承担各类中型以下建设项目的工程造价咨询业务。

工程造价咨询单位的资质实行分级审批和管理。建设部负责甲级单位的资质审批和发证工作。甲级单位的审批应先由省、自治区、直辖市建设主管部门和国务院有关部门进行资质审查后，再报建设部审批。申请临时资质的，由市建委负责审批并发证。新开办的工程造价咨询单位，应当在资质审定后，按照《中华人民共和国企业法登记管理条例》的有关规定办理开业登记，经核准登记后，方可从事工程造价咨询业务。省、自治区、直辖市建设主管部门和国务院有关部门负责本地区、本部门内乙级单位的资质审批和发证工作，并报建设部备案。

申请资质证书申请资质证书时应提供《工程造价咨询单位资质等级申请书》，申请书包括以下内容及附件：单位名称和地址；法人代表和负责人情况登记表及专业技术职称证书复印件；专业人员情况登记表及专业技术职称证书复印件；单位主管部门名称及批件：单位组建时间、服务业绩及委托方证明材料；单位章程及业务范围；注册资金数额。

申请临时资质证书申请临时资质证书应提交工程造价咨询单位临时资质申请书，内容包括：单位名称和地址，并附单位住所的有效证件；拟任法定代表人或负责人情况登记表及专业技术职称证书复印件；拟任技术负责人情况登记表及技术职称证书复印件；专业人员花名册，并附专业职称证书复印件；单位章程；单位主管部门名称及批准成立文件；注册资金数额；拟从事业务范围其他相关内容及资料；

资质证书的发放建设部负责甲级单位的资质审批和发证工作，省、自治区、直辖市建设主管部门和国务院有关部门负责本地区、本部门内乙级单位的资质审批和发证工作，并报建设部备案。经审核合格者，发给工程造价咨询单位资质证书。

2. 英国的工料测量师制度

（1）特许测量师

英国传统的工程管理模式最突出的特点是使用了工料测量师，在传统的工程管理模式或新型管理模式中，工料测量师起到独特的作用。如，特许测量师包括：特许工料测量师从事房屋建筑、土木工程、城市发展、矿物及石油化工等各类工程的成本控制、招标投标、建筑合同及管理、工程策划及管理、仲裁纠纷、工程结算、工程保险损失估值等。

特许产业测量师也称综合业务测量师，主要从事房地产代理、估价、开发和物业管理。

特许土地测量师从事土地测量、规划地盘地界，包括地籍、工程控制或地形、摄影、水道测量等。

特许建筑测量师从事楼宇建造及保养维修、工程策划管理和物业管理等。为获得特许测量师的资格，须通过各个协会的考试或获得免试资格。另外，必须至少两年的训练和工作经验。

测量师应具备的知识与能力：能够应用专业理论知识，在工作中处理实际问题，通晓并能在实际工作中遵守协会的行为规则；知道并能善于正确地、具体地维护委托人或本单位的权益；有能力通过口头、书面的形式进行业务交往，所写的报告，结构合理，语法准确，无别字；有能力在参加协会后，代表协会开展工作并维护其权益，有能力代表公司开展工作并维护其权益；对本专业的有关事务和开展的业务有深入的了解；能把握委托人或本单位的经营思路和目标；对所在国的最新法律与技术发展，有足够的知识；有能力参加一个综合小组，担任本专业事务并与其他专业人士共同工作；有能力在远离本部，无人监管下，独立地有序地开展工作。

3.工料测量师的服务范围

（1）初步费用估算

在项目规划阶段，提供投资估算，对设计、材料设备选用、施工、维护保养。

（2）成本规划

编制一份供建筑师、工程师、装饰设计师使用的投资比例表，协助投资者选择全寿命费用最低的方案。当投资人改变意图时，能快速报出费用变化。

（3）承包合同形式

帮助业主，根据项目情况，选择合理的合同形式。

（4）招标代理

起草招标文件，计算工程量并提供清单；分析报价，选择中标者。

（5）造价控制

根据成本规划，定期对已发生的费用、将发生的费用、工程进度作比较，报告委托人。

（6）工程结算

负责审定各种支出，包括进度款、中间付款、保留金等。

（7）项目管理

业主聘请工料测量师及其单位任项目经理，提供项目管理服务。其他如仲裁、保险估价等。

4.英国专业人事管理制度对中国的启示

（1）国内相关环境有待完善

工程造价管理专业在英国及英联邦国家统称为工料测量专业，设有专门的学会，皇家测量师学会，经过学会认可的可培养本科生的大学有 30 多所。

在国内，报考的考生，大多为土木工程、工民建、财经、管理类专业改行来，基本没有本专业的，国家应逐步建立和完善高等教育学科与造价工程师考试制度的接轨。

（2）造价工程师继续教育没有全面开展

谁签字谁负责，加大个人责任风险，完善专业人士自律制度。

5.英国行业协会的作用及其启示

（1）协会的自我管理功能。协会明确规定每个会员要严格遵守职业操守，维护整个行业的社会形象和利益；一旦发现有损协会的整体利益和社会形象的，将对违纪会员做出处理，暂停或终止会籍。

（2）制定有关技术标准功能，包括行业规定、技术标准、示范合同文本、专业服务标准等。

（3）对专业教育的指导和评估功能。

（4）考核认定专业资格的功能。

（5）协助政府管理行业的功能。

（6）信息交流的功能。

国内的造价工程师协会的功能和作用相对较弱。协会没有独立的管理行业的权利，协会的主要负责人是政府部门指派，履行政府指定的任务，没有专业资格和执业资格的授予权以及对咨询企业资质的评估、评价权，特别是对我国高等教育与造价工程师考试制度接轨没能起到积极的推动作用，在这些领域上协会就如同虚设，协会自律功能自然也就无法实现。同时，由于功能上的欠缺，因而会员的愿望也难以通过协会来得以充分实现。

第三节　工程造价计价依据

一．工程造价计价依据概述

（一）工程建设定额的分类

1. 劳动消耗定额

是完成一定的合格产品（工程实体或劳务）规定活劳动消耗的数量标准。

2. 机械消耗定额

是指为完成一定合格产品（工程实体或劳务）所规定的施工机械消耗的数量标准。

3. 材料消耗定额

是完成一定合格产品所需消耗材料的数量标准使用范围。

4. 施工定额

这是施工企业（建筑安装企业）组织生产和加强管理在企业内部使用单的一种定额，属于企业生产定额的性质。它是由劳动定额，机械定额，材料定额3个相对独立的部分组成。为了适应组织生产和管理的需要，施工定额的项目划分很细，是工程建设定额中分项最细，定额子目最多的一种定额。

5. 预算定额

是一种计价性的定额。

6. 概算定额

这是编制扩大初步设计设计概算是，计算和确定工程概算造价，计价劳动机械台班，材料需要量所使用的定额。

7. 概算指标

是在三阶段设计的初步设计阶段，编制工程概算，计算和确定工程的初步设计概算造价、计算劳动、机械台班，材料需要时所采用一种定额。

8. 投资估算指标

它是在项目建议书和可行性研究阶段编制投资估算，计算投资需要量时使用的一种定额。

（二）施工定额

是具有合理劳动组织的建筑安装工人小组在正常施工条件子啊完成单位合格产品所需人工、机械、材料消耗的数量标准，它根据专业施工的作业对象和工艺制定。施工定额反映企业的施工水平。

施工定额的作用

施工定额是企业计划管理的依据。

施工组织计划是指导拟建工程进行施工准备和施工生产的技术，经济文件。基本任务是：根据招标文件及合同协议的规定，确定出经济合理的施工方案，在人力和物力，时间和空间，技术和组织上对拟建工程做出最佳的安排。

1. 施工定额是组织和指挥施工生产的有效工具。

是计算工人劳动报酬的依据是有利于推广先进技术是编制施工预算，加强企业成本管理的基础确定施工定额水平，必须满足一下要求：

（1）有利于提高劳动功效，降低人工就，机械和材料的消耗；

（2）有利于正确考核和评价工人的劳动成果；

（3）有利于正确处理企业和个人之间的经济关系；

（4）有利于提高企业管理水平。

2. 劳动定额也称人工定额，是指子正常的施工技术组织条件下，为完成一定数量的合格产品或完成一定量的工作所需的劳动消耗量标准。

劳动定额按其表现形式的不同，分为时间定额和产量定额

3. 时间定额亦称工时定额，是指在一定的生产技术和生产组织条件下，完成单位合格产品或完成一定工作任务所以必须消耗时间。定额包括工作时间，辅助工作时间，准备于结束时间，必须休息时间以及不可避免的中断时间。

（1）时间定额一："工日"为单位如；工日/m 工日/m² 工日/m³ 工日/t 等。每一个工日工作时间按 8 小时计算。

单位产品时间定额（工日）=1/每工产品＝小组成员工日数总和/小组台班产量。

（2）产量定额是指在一定的生产技术和生产组织条件下，在单位时间（工日）内所应完成合格的数量。

产量定额的计量单位是以产品的单位计算，如：m

每日产量 =1/单位产品时间定额（工日）

小组每班产量＝小组成员工日数总和/单位产品时间定额（工日）

（3）时间定额和产量定额的关系

时间定额和产量定额之间的关系是互为倒数关系

时间定额 =1/ 产量定额

劳动定额的编制方法主要有技术测量法（是我国建筑安装工程收集定额基础资料的基本方法）、统计分析法、经验估算法、比较类推法等。

4. 材料消耗定额

（三）预算定额

1. 预算定额的含义

预算定额是规定消耗在合格质量的单位工程基本构造要素上的人工、材料和机械台班的数量标准，是计算建筑安装产品价格的基础。

2. 预算定额的用途和作用

（1）预算定额是编制施工图预算、确定建筑安装工程造价的基础。

（2）预算定额是编制施工组织设计的依据。

（3）是工程结算的依据。

（4）是施工单位进行经济活动分析的依据。

（5）是编制概算定额的基础。

（6）是合理编制招标标低、招标报价的基础。

3. 预算定额的编制原则

（1）按社会平均水平确定预算定额的原则。

（2）简明适用的原则。

（3）坚持统一性和差别性相结合的原则。

4. 预算定额的编制的依据

（1）现行劳动定额和施工定额。

（2）现在设计规范、施工及验收规范、质量评估标准和安全操作规程。

（3）具有代表性的典型工程施工图及有关标准图。

（4）新技术、新结构、新材料和先进的施工方法。

（5）有关科学试验技术测定的统计、经验资料。

（6）现在的预算定额、材料预算价格及有关文件规定。

（四）工程清单计价规范

1. 工程清单概念

是指建设工程的分部分项项目、措施项目、其他项目、规费项目和税金项目的相应数量等的明细清单。

2. 工程量清单的作用

（1）工程量清单是编制工程预算或招标人编制招标控制价的依据。

（2）是供投标者报价的依据。

（3）是确定和调整合同价款的依据。

（4）是计算工程量以及支付工程款的依据。

（5）是办理工程结算和工程索赔的依据。

3．计价规范相关术语

（1）项目编码：指对分部分项工程量清单项目名称进行的数字标识。项目编码应采用十二位阿拉伯数字表示。一至九位按规范附录的规定设置，一至十二位应根据拟建工程的工程量清单项目的名称设置，同一招标工程的项目编码不得有重码。

项目编码以五级编码用十二位阿拉伯数字表示。一、二、三、四级为全国统一编码；第五级编码由工程量清单编制区分具体工程的清单项目特征而分别编码。各级编码代表的含义如下：

第一级表示工程分类顺序码（分二位）：建筑工程为01、装饰装修工程为02、安装工程为03、市政工程为04、园林绿化工程为05、矿山工程为06。

第二级表示专业工程顺序码（分二位）

第三级表示分部工程顺序码（分二位）

第四级表示分项工程名称顺序码（分三位）

第五级表示具体清单项目编码（分三位）

（2）项目特征：指对构成工程实体的分部分项工程量清单项目和非实体的措施清单项目，反映其自身价值的特征进行的描述。

（3）综合单价：指完成一个规定计量单位的分部分项工程量清单项目或措施清单项目所需的人工费、材料费、施工机械使用费、企业管理费和利润，以及一定范围内的风险费用。

（4）措施项目：指为完成工程项目施工，发生于该工程施工准备和施工过程中的技术、生活、安全、环境保护等方面的非工程实体项目。

（5）暂列金额：指招标人在工程量清单中暂定并包括在合同价款中的一笔款项。用于施工合同签订时尚未确定或者不可预见的所需材料、设备、服务的采购，施工中可能发生的工程变更、合同约定调整因素出现时的工程价款调整以及发生的索赔。现场签证确定等的费用。暂列金额包括在合同价之内，但并不直接属承包人所有，而是由发包人暂定并掌握使用的一笔款项。

（6）暂估价：指招标人在工程量清单中提供的用于支付必然发生但暂估时不能确定价格的材料单价以及专业工程的金额。

（7）计日工：指在施工过程中完成发包人提供的施工图纸以外的零星项目或工作，按合同中约定的综合单价计价。它包括两个含义：一是计日工的单价由投标人通过投标报价确定；二是计日工的数量按发包人发出的计日工指令的数量确定。

（8）现场签证：指发包人现场代表与承包人现场代表就施工过程中涉及的责任事件

所做的签任证明。

（9）招标控制价：指招标人根据国家或省级、行业建筑主管部门颁发的有关计价依据和办法，按设计施工图纸计算的，对招标工程限定的最高工程造价。其作用是招标人对招标工程的最高限价，其实质是通常所称的"标底"。

（10）总承包服务费：指承包人为配合协调发包人进行的工程分包，对自行采购的设备飞材料等进行管理、提供相关服务以及施工现场管理、竣工资料总结整理等服务所需的费用。

（五）工程量清单计价的概念

1．工程量清单计价的含义

工程量清单计价是指投标人完成由招标人提供的工程量清单所需的全部费用，包括分部分项工程费措施项目费、其他项目费和规费飞税金。工程量清单计价的基本原理就是以招标人提供的工程量清单为依据，投标人根据自身的技术、财务、管理能力进行投标报价，招标人根据具体的评标细则进行优选，这种计价方式是市场价体系的具体表现形式。工程量清单计价采用综合单价计价。

2．计价规范的特点

（1）强制性。

（2）实用性。

（3）竞争性。

（4）通用性。

3．工程量清单计价的意义

（1）提供一个平等的竞争条件。

（2）满足市场经济条件下造价需要有利于提高工程计价效率，能真正实现快速报价，有利于工程款的拨付和工程造价的最终结算，有利于止主对投资的控制。

二．施工定额

（一）定额的概念

1．定额的含义

定额是一种规定的数额（额度）。

建筑工程定额是建筑产品生产中需消耗的人力、物力、时间和资金的数量规定，是在正常的施工条件下，为完成一定量的合格产品所规定。

2．定额的种类

（1）按构成因素分类——（大造价构成）

建筑工程定额

设备安装工程定额

工器具定额

工程建设其他费用定额

（2）按使用范围分类

统一定额

消耗量定额（预算定额、计价定额）——行业的社会平均水平

企业定额（施工定额）

企业素质的一个标志

企业管理的基础性工作——个别劳动水平～平均先进水平

举例：一个工日挖 $5m^3$ 土方（ = 0.2 工日 /m^3）

平均先进水平，是在正常的施工条件下，大多数施工队组和大多数生产者经过努力能够达到和超过的水平，低于先进水平，而略高于平均水平。

3．劳动消耗定额的表现形式

劳动消耗定额，简称劳动定额，是指在正常的施工技术条件和合理的劳动组织条件下，为生产单位合格产品所需消耗的工作时间，或在一定的工作时间中应该生产的产品数量。

时间定额：生产单位产品必需消耗的工作时间

1 个工人工作 8 小时为 1 个"工日"

1 台机械工作 8 小时为 1 个"台班"

举例：砌筑 1 砖墙时间定额——使用塔吊（每 $1m^3$）。详见表 1-3-1，1985 年全国统一劳动定额。

表 1-3-1 1985 年全国统一劳动定额

	双面清水	单面清水	浑水外墙	浑水内墙
砌砖	0.690	0.650	0.522	0.458
运输	0.418	0.418	0.418	0.418
调制砂浆	0.096	0.096	0.096	0.096
综合	1.200	1.160	1.040	0.972

产量定额：单位时间完成的产品数量。

举例：砌筑 1 砖双面清水墙的产量定额——使用塔吊。详见表 1-3-2，1985 年全国统一劳动定额。

表 1-3-2 1985 年全国统一劳动定额

	时间定额	产量定额
砌砖	0.690	1.450

续 表

	时间定额	产量定额
运输	0.418	2.390
调制砂浆	0.096	10.400
综合	1.200	0.833

4．定额水平的概念

（1）定额水平指定额规定消耗在单位产品上的劳动、机械和材料数量的多少，是按照一定施工程序和工艺条件下规定的施工生产中活劳动和物化劳动的消耗水平。

（2）定额的水平直接反映劳动生产率水平，反映劳动和物质消耗水平。

（3）劳动生产率水平越高，定额水平也越高，而劳动和物质资料消耗数量越低。

5．定额的主要作用

（1）施工项目计划管理的依据。

（2）组织和指挥施工生产的工具。

（3）计算工人劳动报酬的根据。

（4）有利于推广先进技术。

（5）加强企业成本管理和经济核算的基础。

6．《江苏省建筑与装饰工程计价表》（2004 年）总说明本计价表的作用

（1）依法不实行招投标工程编制与审核工程预结算的依据。

（2）编制建筑工程概算定额的依据。

（3）建设行政主管部门调解工程造价纠纷、合理确定工程造价的依据。

（4）编制工程标底、招标工程结算审核的指导。

（5）工程投标报价、企业内部核算、制定企业定额的参考。

（二）施工过程研究

1．施工过程的概念

（1）施工过程指建筑工地范围内所进行的生产过程。

（2）施工过程的产品是"分项工程"。

一项工程是通过较简单的施工过程生产出来、可以用适当的计量单位计算并便于测定或计算其消耗的工程基本构成要素。

施工过程的消耗就是分项工程的消耗。一个分项工程的消耗及其费用是完成这个分项工程所经历的全部施工过程的消耗及其费用之和。

2．施工过程的分类

（1）可分为工序、工作过程和综合工作过程

工序的主要特征是工人班组、工作地点、施工工具和使用材料均不发生变化。

工作过程是技术操作上相互关联的工序的总和。

综合工作过程则是获得同一个产品的工作过程的总和。

（3）可分为循环的和非循环的施工过程

例：搅拌混凝土、挖掘机挖土、人力车运土方等均为循环的施工过程。

3．工时研究

（1）定义：确定工人作业活动所需时间总量的一套程序和方法。

（2）目的：为了确定施工的时间标准，即时间定额。

4．工时测定的步骤

（1）熟悉施工过程及其技术、质量要求。

（2）划分施工过程，并确定定时点上下两个衔接的组成部分之间在时间上的分界点。

（3）确定施工过程产品的计量单位。

（4）选择施工条件。

（5）选择测定对象。

（6）观察测时。

（7）整理分析。

5．制定劳动定额的原则

（1）取平均先进水平

在正常的施工条件下，多数人经过努力可以达到或者超过的水平——适用于企业内部定额。

（2）产品要符合规定的质量要求

质量应当符合国家现行的施工和验收规范要求——消耗量适应／对应一定的质量要求。

（3）有合理的劳动组织

工人班组应当具有一定的工人数量和等级配合——合理的配合才能产生好。

（4）简明适用

（三）人工消耗定额

1．计时观测法

（1）测时法

用来测定循环施工过程的基本工作时间。

测时法分为选择测时法和连续测时法两种。

连续测时法连续测定一个施工过程各工序或其组成部分的延续时间，记录各工序的终止时间，从而可以计算本工序的延续时间。

本工序的延续时间＝本工序的终止时间－紧前工序的终止时间。

举例：混凝土搅拌机（500L）搅拌时间连续测定（10次）。

表 1-3-3 混凝土搅拌机（500L）搅拌时间连续测定（10 次）

工序	时间	1	2	3		合计	平均
		分秒	分秒	分秒			
装料	终止	015	216	420			14.8
	延续	15	13	13		148	
搅拌	终止	145	348	555			
	延续	90	92	95		915	91.5
出料	终止	203	407	613			
	延续	18	19	18		191	19.1
合计							125.4

（2）写实记录法：用来测定施工过程一段时间内各种时间消耗的情况。

（3）工作日写实法：用来测定工作班各种工作时间消耗的情况，尤其是可以研究损失时间的比例。

3. 用计时观测法拟订劳动定额

（1）拟订基本工作时间

用测时法测定（具体数据）拟订辅助工作时间，和准备与结束工作时间拟订不可避免的中断时间。

（2）拟订休息时间

以上 3 项用写实记录法／工作日写实法测定（％）。

（3）拟订时间定额

举例：测时资料表明，人工挖 $1m^3$ 土方需消耗基本工作时间 60min，辅助工作时间占工作班延续时间的 2%，准备与结束时间占 2%，不可避免的中断时间占 1%，休息时间占 20%。

定额时间 = 80min

时间定额 = 80 ÷ 60 ÷ 8 = 0.166 工日

产量定额 = 1 ÷ 0.166 = $6m^3$

4. 制订劳动定额的其他方法

（1）比较类推法

已经制订了一个典型项目的定额，推算同类其他项目的定额。

（2）统计分析法

将以往施工当中累积的同类项目的工时消耗量加以科学的分析、统计。

（3）经验估工法

凭借经验估计工时消耗量。

5．机械消耗定额

（1）机械消耗台班的含义

机械消耗计量单位：

1 台机械工作 1 个 8 小时工作班

机械连续工作 24 小时为工作 3 个台班

机械停置 24 小时为停置 1 个台班

举例：某工程地下 2 层，地上 18 层，基础为整体底板，底板底标高 -6m，混凝土量为 840m³。施工方案确定，浇筑底板混凝土 24 小时连续施工需 4 天。基坑开挖发现 -6m 地基仍为软土地基，与地质报告不符。工程师及时通知业主与设计单位洽商修改基础设计，确定局部基础深度加深到 -7.5m，混凝土工程量增加 70m³。

（2）机械消耗定额的制定方法

（3）机械工时消耗分析

必需消耗的时间与损失时间。

简化：正常负荷下的工作时间，时间利用系数。

（4）循环施工机械产量定额计算

机械一次循环正常延续时间＝循环组成部分正常延续时间

机械纯工作 1h 循环次数＝3600（60）÷一次循环延续时间

机械纯工作 1h 正常生产率＝机械纯工作 1h 循环次数 × 循环一次的产量。

机械产量定额＝机械纯工作 1h 正常生产率 ×8× 时间利用系数

6．施工机械定额的制定与应用

有 4350m³ 土方开挖任务要求在 11 天内完成。采用挖斗容量为 0.5m³ 的反铲挖掘机挖土，载重量为 5t 的自卸汽车将开挖土方量的 60% 运走，运距为 3km，其余土方量就地堆放。经现场测定的有关数据如下：

（1）假设土的松散系数为 1.2，松散状态容重为 1.65t/m³；

（2）假设挖掘机的铲斗充盈系数为 1.0，每循环一次时间为 2 分钟，机械时间利用系数为 0.85；

（3）自卸汽车每一次装卸往返需 24 分钟，时间利用系数为 0.80。

举例：有 10000m³ 土方量挖运任务，运土距离为 8km，计划工期为 10 天，每天一班制施工。现有三种型号的挖掘机各 2 台及自卸汽车各 25 台。有关资料如下表：

表 1-3-4 三种型号的挖掘机有关资料

	挖掘机			自卸汽车		
	SY50	WY75	WY100	5t	8t	8t
台班产量	480	558	690	32	51	81
台班单价	618	689	915	413	505	978
单方成本	1.29	1.23	1.33	12.90	9.90	12.07

机械组合前的每 1m³ 土方挖运直接费：$1.23 + 9.90 = 11.13$（元 /m³）

机械组合后的每 1m³ 土方挖运直接费：$（2 \times 689 + 22 \times 505）\times 9 \div 10000 = 11.24$（元 /m³）

（四）材料消耗定额

1. 材料消耗的概念

（1）定义：在合理使用材料的条件下，生产单位合格建筑产品所必须消耗的材料数量标准。

（2）构成：定额消耗量＝净用量＋损耗量

（3）损耗归属

场外运输损耗———→材料预算价格

仓库保管损耗———→材料预算价格

现场运输损耗———→材料定额损耗量

现场堆放损耗———→材料定额损耗量

现场制作损耗———→材料定额损耗量

材料消耗分主体材料消耗和施工措施消耗 2 大类。

2. 主体材料消耗定额的制定方法

（1）理论计算法

主要用于板块类规格材料净用量计算。

举例：1m² 板块料净用量 ＝ $1 \div [（块料长 + 缝宽）\times（块料宽 + 缝宽）]$

1m³ 砖砌体砂浆净用量 ＝ $1 -$ 砖体积 $\times$ 砖净用量

一砖半标准砖墙：砖净用量 522 块砂浆净用量 0.237m³。

②其他方法

观测法——主要提供材料损耗量的数据，也可以提供材料净用量的数据。

实验法——主要是提供材料净用量的数据。

统计法——根据拨付材料量、剩余材料量及总共完成产品量计算分项工程所耗用的材料（总耗用量）。

3. 周转材料消耗的基本数据

（1）模板接触面积 S

根据混凝土构件与模板的接触面，按照图纸计算。

含模量＝模板接触面积 S/ 混凝土构件体积 V

（2）举例：b×h 圈梁的含模量计算

$S = 2 \times h \times L$，$V = b \times h \times L$，$S/V = 2/b$

对于 240×180 圈梁：$S/V = 2/0.24 = 8.3$（m²/m³）

（模板工程量＝混凝土构件工程量 $\times$ 取定含模量）

（3）一次使用量＝模板接触面积 × 单位模板面积需材量 ×（1＋制作损耗率）

4. 现浇构件周转材料消耗的确定

（1）一次使用量 Q

（2）一次补损量＝一次损耗量＝一次使用量 × 损耗率 a

（3）全部使用量＝一次使用量＋（n－1）× 一次补损量

（4）周转使用量＝全部使用量 ÷ 周转次数

（5）全部回收量＝一次使用量－一次损耗量

（6）周转回收量＝全部回收量 ÷ 周转次数

（7）摊销量＝周转使用量－周转回收量＝一次补损量

举例：圆柱木模板，周转 3 次，摊销量为 0.2917。

5. 预制构件周转材料消耗的确定

构件的规格化→简化计算：不计补损，不计回收

预制模板消耗量（摊销量）＝一次使用量 ÷ 周转次数

举例：周转次数 n 钢模板为 50 木模板为 5。

（五）工期定额

1. 工期的概念

（1）建设工期

指建设项目中构成固定资产的单项工程、单位工程从正式破土动工到按设计文件全部建成验收交付使用所需的全部时间建设工期同工程造价、工程质量一起视为建设项目管理的三大目标。

（2）合理的建设工期

指建设项目在正常的建设条件、合理的施工工艺和管理下，在建设过程中对人力、财力、物力资源合理有效地利用，使投资方和各参建单位均获得满意的经济效益的工期。

（3）建设周期

指建设总规模与年度建设规模的比值，反映国家、一个地区或行业完成建设总规模平均需要的时间，同时也反映建设速度与建设过程中人力、物力和财力集中的程度。

可用总投资额与年度投资额表示，即：

建设周期（年）＝总投资额/年度投资额

可用项目总个数与年度竣工项目个数表示，即：建设周期（年）＝项目总个数/年建成项目个数

（4）定额工期

指在一定的经济和社会条件下，一定时期内由建设主管部门制订并发布的项目建设所消耗的时间标准体现合理的建设工期，反映一定时期国家、地区或部门不同建设项目的建设和管理水平。

（5）合同工期

指在定额工期的指导下，由工程承发包双方根据工程具体情况，经招投标或协商一致后，在施工合同中确认的工期合同工期一经确定，对双方都具有约束，受到法律的保护和制约。

2．工期定额的构成

（1）划分Ⅰ、Ⅱ、Ⅲ类地区

地方建设主管部门有一定的定额水平调整权，调整幅度不超过15%。

（2）包括民用建筑、一般通用工业建筑和专业工程施工的工期标准。除定额另有说明外，均指单项工程工期。

（3）单项工程按建筑物用途、结构类型、建筑面积、层数划分等划分。

（4）基础施工较为复杂，分别 ±0.00 以下工程及有无地下室情。

（5）专业工程按专业施工项目、用途、安装设备的规格、能力、工程量等划分。

3．定额工期的内涵

（1）工期是指工程从正式开工（基础破土）起，至完成建筑安装工程全部设计内容（合同约定的承包内容），并达到国家验收标准之日止的全部日历天数。

（2）工程具体开工日期的规定：没有桩基础的，基础破土挖槽开始为开工日期采取桩基础的，原桩位打基础桩开始为开工日期。

（3）正式开始施工前的各项准备工作，如平整场地、地上地下障碍物处理、定位放线以及属于地基处理等，都不算正式开工，也未包括在定额工期内。

4．工期的顺延

（1）发生以下情况（均未考虑在工期定额中），经承发包双方协商或确认，可顺延工期在施工中遇有不可预见的障碍物、古墓、文物等需要处理。

（2）施工规范或设计要求冬季不能施工，造成工程主导工序连续停工的。

（3）对不可抗拒的自然灾害造成工程停工。

（4）由于重大的设计变更或发包方原因造成工程停工。

三．预算定额

（一）预算定额

预算定额是规定消耗在单位工程基本结构要素上的劳动力、材料和机械数量上的标准，是计算建筑安装产品价格的基础。

预算定额属于计价定额。预算定额是工程建设中一项重要的技术经济指标反映了在完成单位分项工程消耗的活劳动和物化劳动的数量限制。这种限度最终决定着单项工程和单位工程的成本和造价。

编制施工图预算时，需要按照施工图纸和工程量计算规则计算工程量，还需要借助于某些可靠的参数计算人工、材料和机械（台班）的消耗量，并在此基础上计算出资金的需要量，计算出建筑安装工程的价格。

在我国，现行的工程建设概算、预算制度，规定了通过编制概算和预算确定造价。概算定额、概算指标、预算定额等则为计算人工、材料、机械（台班）的耗用量、提供统一的可靠的参数。同时，现行制度还赋予了概算、预算定额和费用定额以相应的权威性。这些定额和指标成为建设单位和施工企业之间建立经济关系的重要基础。

（二）预算定额的种类

按专业性质分，预算定额有建筑工程定额和安装工程定额两大类。建筑工程预算按适用对象又分为建筑工程预算定额、市政工程预算定额、铁路工程预算定额、公路工程预算定额、房屋修缮工程预算定额、矿山井巷预算定额等。安装工程预算定额按适用对象又分为电气设备安装工程预算定额、机械设备安装工程预算定额、通信设备安装工程预算定额、化学工业设备安装工程预算定额、工业管道安装工程预算定额、工艺金属结构安装工程预算定额、热力设备安装工程预算定额等。

从管理权限和执行范围分，预算定额可分为全国统一定额、行业统一定额和地区统一定额等。全国统一定额由国务院建设行政主管部门组织指定发布，行业统一定额有国务院行业主管部门指定发布；地区统一定额由省、自治区、直辖市建设行政主管部门制定发布。

预算定额按物资要素区分为劳动定额、材料消耗定额和机械定额，但它们互相依存形成一个整体，作为预算定额的组成部分，各自不具有独立性。

（三）预算定额的作用

1. 预算定额是编制施工图预算、确定和控制建筑安装工程造价的基础

施工图预算是施工图设计文件之一，是控制和确定建筑安装工程造价的必要手段。编制施工图预算，除设计文件决定的建设工程的功能、规模、尺寸和文字说明是计算分部分项工程量和结构构件数量的依据外，预算定额是确定一定计量单位工程人工、材料、机械消耗量的依据，也是计算分项工程单价的基础。

2. 预算定额是对设计方案进行技术经济比较、技术经济分析的依据

设计方案在设计工作中居于中心地位。设计方案的选择要满足功能、符合设计规范，既要技术先进又要经济合理。根据预算定额对方案进行技术经济分析和比较，是选择经济合理设计方案的重要方法。对设计方案进行比较，主要是通过定额对不同方案所需人工、材料和机械台班消耗量等进行比较。这种比较可以判明不同方案对工程造价的影响。对于新结构、新材料的应用和推广，也需要借助于预算定额进行技术分项和比较，从技术与经济的结合上考虑普遍采用的可能性和效益。

3. 预算定额是施工企业进行经济活动分项的参考依据

实行经济核算的根本目的，是用经济的方法促使企业在保证质量和工期的条件下，用较少的劳动消耗取得预定的经济效果。在目前，我国的预算定额仍决定着企业的收入，企业必须以预算定额作为评价企业工作的重要标准。企业可根据预算定额，对施工中的劳动、材料、机械的消耗情况进行具体的分析，以便找出低工效、高消耗的薄弱环节及其原因。为实现经济效益的增长由粗放型向集约型转变，提供对比数据，促进企业提供在市场上的竞争的能力。

4．预算定额是编制标底、投标报价的基础

在深化改革中，在市场经济体制下预算定额作为编制标底的依据和施工企业报价的基础的作用仍将存在，这是由于它本身的科学性和权威性决定的。

5．预算定额是编制概算定额和估算指标的基础

概算定额和估算指标是在预算定额基础上经综合扩大编制的，也需要利用预算定额作为编制依据，这样做不但可以节省编制工作中的人力、物力和时间，收到事半功倍的效果，还可以使概算定额和概算指标在水平上与预算定额一致，以避免造成执行中的不一致。

（四）预算定额的组成内容

1．预算定额总说明

（1）预算定额的适用范围、指导思想及目的作用。

（2）预算定额的编制原则、主要依据及上级下达的有关定额修编文件。

（3）使用本定额必须遵守的规则及适用范围。

（4）定额所采用的材料规格、材质标准，允许换算的原则。

（5）定额在编制过程中已经包括及未包括的内容。

（6）各分部工程定额的共性问题的有关统一规定及使用方法。

2．工程量计算规则

工程量是核算工程造价的基础，是分析建筑工程技术经济指标的重要数据，是编制计划和统计工作的指标依据。必须根据国家有关规定，对工程量的计算做出统一的规定。

3．分部工程说明

（1）分部工程所包括的定额项目内容。

（2）分部工程各定额项目工程量的计算方法。

（3）分部工程定额内综合的内容及允许换算和不得换算的界限及其他规定。

（4）使用本分部工程允许增减系数范围的界定。

4．分项工程定额表头说明

（1）在定额项目表表头上方说明分项工程工作内容。

（2）本分项工程包括的主要工序及操作方法。

5．定额项目表

（1）分项工程定额编号（子目号）。

（2）分项工程定额名称。

（3）预算价值（基价）。其中包括：人工费、材料费、机械费。

（4）人工表现形式。包括工日数量、工日单价。

（5）材料（含构配件）表现形式。材料栏内一系列主要材料和周转使用材料名称及消耗数量。次要材料一般都以其他材料形式以金额"元"或占主要材料的比例表示。

（6）施工机械表现形式。机械栏内有两种列法：一种是列主要机械名称规格和数量，次要机械以其他机械费形式以金额"元"或占主要机械的比例表示。

（7）预算定额的基价。人工工日单价、材料价格、机械台班单价均以预算价格为准。

（8）说明和附注。在定额表下说明应调整、换算的内容和方法。

（五）预算定额包含的指标

1. 人工消耗指标

预算定额中规定的人工消耗量指标，以工日为单位表示，包括基本用工、超运距用工、辅助用工和人工幅度差等内容。其中，基本用工是指完成定额计量单位分项工程的各工序所需的主要用工量；超运距用工是指编制预算定额时考虑的场内运距超过劳动定额考虑的相应运距所需要增加的用工量；辅助用工是指在施工过程中对材料进行加工整理所需的用工量。这三种用工量按国家建设行政主管部门制订的劳动定额的有关规定计算确定。人工幅度差是指在编制预算定额时加算的、劳动定额中没有包括的、在实际施工过程中必然发生的零星用工量，这部分用工量按前三项用工量之和的一定百分比计算确定。

2. 材料消耗指标

预算定额中规定的材料消耗量指标，以不同的物理计量单位或自然计量单位为单位表示，包括净用量和损耗量。净用量是指实际构成某定额计量单位分项工程所需要的材料用量，按不同分项工程的工程特征和相应的计算公式计算确定。损耗量是指在施工现场发生的材料运输和施工操作的损耗，损耗量在净用量的基础上按一定的损耗率计算确定。用量不多、价值不大的材料，在预算定额中不列出数量，合并为"其他材料费"项目，以金额表示，或者以占主要材料的一定百分比表示。

3. 机械消耗指标

预算定额中规定的机械消耗量指标，以台班为单位，包括基本台班数和机械幅度差。基本台班数是指完成定额计量单位分项工程所需的机械台班用量，基本台班数以劳动定额中不同机械的台班产量为基础计算确定。机械幅度差是指在编制预算定额时加算的零星机械台班用量，这部分机械台班用量按基本台班数的一定百分比计算确定。

（六）预算定额的编制

预算定额是在施工定额的基础上进行综合扩大编制而成的。预算定额中的人工、材料和施工机械台班的消耗水平根据施工定额综合取定，定额子目的综合程度大于施工定额，从而可以简化施工图预算的编制工作。预算定额是编制施工图预算的主要依据。

预算定额项目中人工、材料和施工机械台班消耗量指标，应根据编制预算定额的原则、依据，采用理论与实际相结合、图纸计算与施工现场测算相结合、编制定额人员与现场工作人员相结合等方法进行计算。

四．概算定额、概算指标和估算指标

（一）预算定额

1．预算定额的概念

预算定额是建筑工程预算定额和安装工程预算定额的总称。随着我国推行工程量清单计价，一些地方出现综合定额，工程量清单计价定额，工程消耗量定额等，但其本质上仍应归于预算定额一类。

预算定额是计算和确定一个规定计量单位的分项工程或结构构件的人工、材料和施工机械台班消耗的数量标准。

2．预算定额的作用

（1）是编制施工图预算、确定工程造价的依据。

（2）是建筑安装工程在工程招投标中确定标底和标价的依据。

（3）是建筑单位拨付工程价款、建设资金和编制竣工结算的依据。

（4）是施工企业编制施工计划，确定劳动力、材料、机械台班需用量计划和统计完成工程量的依据。

（5）是施工企业实施经济核算制、考核工程成本的参考依据。

（6）是对设计方案和施工方案进行技术经济评价的依据。

（7）是编制概算定额的基础。

3．预算定额的编制原则

（1）社会平均水平的原则

预算定额理应遵循价值规律的要求，按生产该产品的社会平均必要劳动时间来确定价值。

（2）简明适用的原则

定额的简明与适用是统一体中的两个方面，如果只强调简明，适用性就差；如果则调适用，简明性就差。因此预算定额要在适用的基础上力求简明。

4．预算定额的编制依据

（1）全国统一劳动定额、全国统一基础定额。

（2）现行的设计规范，施工验收规范，质量评定标准和安全操作。

（3）通用的标准图和已选定的典型工程施工图纸。

（4）推广的新技术、新结构、新材料、新工艺。

（5）施工现场测定资料、实验资料和统计资料。

（6）现行预算定额及基础资料和地区材料预算价格、工资标准及机械台班单价。

5．预算定额的编制步骤

预算定额的编制一般分为以下三个阶段进行。

（1）准备工作阶段

根据国家或授权机关关于编制预算定额的指示由工程建设定额管理部门主持，组织编制预算定额的领导机构和各专业小组；拟定编制预算定额的工作方案，提出编制预算定额的基本要求，确定预算定定额的编制原则、适用范围，确定项目划分以及预算定额表格形式等；调查研究、收集各种编制依据和资料。

（2）编制初稿阶段

对调查和收集的资料进行深入细致的分析研究；按编制方案中项目划分的规定和所选定的典型施工图纸计算出工程量，并根据取定的各项消耗指标和有关编制依据，计算分项定额中的人工、材料和机械台班消耗量，编制出预算定额项目表；测算预算定额水平。预算定额征求意见稿编出后，应将新编预算定额与原预算定额进行比较，测算新预算定额水平是提高还是降低，并分析预算定额水平提高或降低的原因。

（3）修改和审查计价定额阶段

组织基本建设有关部门讨论《预算定额征求意见稿》，将征求的意见交编制小组重新修改定稿，并写出预算定额编制说明和送审报告，连同预算定额送审稿报送主管机关审批。

6．预算定额各消耗量指标的确定

（1）建筑工程预算定额计量单位的确定

在确定预算定额计量单位时，首先应考虑该单位能否反映单位产品的工、料消耗量，保证预算定额的准确性。其次，要有利于减少定额项目，保证定额的综合性。最后要有利于简化工程量计算和整个预算定额的编制工作，保证预算定额编制的准确性和及时性。

由于各分项工程的形体不同，预算定额的计量单位应根据上述原则和要求，按照分项工程的形体特征和变化规律来确定。

预算定额单位确定以后，在预算定额项目表中，常采用所取单位的 10 倍、100 倍等倍数的计量单位来制定预算定额。

（2）预算定额消耗量指标的确定来源

根据劳动定额、材料消耗定额、机械台班定额来确定消耗量指标。

预算定额中的机械台班消耗指标应按全国统一劳动定额中各种机械施工项目所规定的台班产量进行计算。

预算定额中以使用机械为主的项目（如机械挖土、空心板吊装等），其工人组织和台班产量应按劳动定额中的机械施工项目综合而成。此外，还要相应增加机械幅度差。

7．编制定额项目表

在项目表中，工程内容可以按编制时即包括的综合分项内容填写；人工消耗量指标可按工种分别填写工数；材料消耗量指标应列出主要材料名称、单位和实物消耗量；机械台班使用量指标应列出主要施工机械的名称和台班数。人工和中小型施工机械也可按"人工费和中小型机械费"表示。

8. 预算定额的编排

定额项目表编制完成后，对分项工程的人工、材料和机械台班消耗量列上单价（基期价格），从而形成以货币形式表示的有量有价的预算定额。各分部分项所汇总的价称基价，在具体应用中，按工程所在地的市场价格进行价差调整，体现量、价分离的原则，即定额量、市场价原则。预算定额主要包括文字说明，分项定额消耗量指标和附录。

（1）定额文字说明

文字说明包括总说明、分部说明和分节说明。

总说明：编制预算定额各项依据；预算定额的使用范围；预算定额的使用规定及说明。

（2）建筑面积计算规则。

（3）分部说明：分部工程包括的子目内容；有关系数的使用说明；工程量计算规则；特殊问题处理方法的说明。

（4）分节说明：主要包括本节定额的工程内容说明。

（5）分项工程定额消耗指标：各分项定额的消耗指标是预算定额最基本的内容。

（二）概算定额

1. 概算定额概念

概算定额又称扩大结构定额，规定了完成单位扩大分项工程或结构构件所必须消耗的人工、材料和机械台班的数量标准。

概算定额是由预算定额综合而成的。按照《建设工程工程量清单计价规范》的要求，为适应工程招标投标的需要，有的地方的预算定额项目的综合有些已与概算定额项目一致，如挖土方只一个项目，不再划分一、二、三、四类土。砖墙也只有一个项目，综合了外墙、半砖、一砖、一砖半、二砖、二砖半墙等。化粪池、水池等按座计算，综合了土方、砌筑或结构配件全部项目。

2. 概算定额的主要作用

（1）是扩大初步设计阶段编制设计概算和技术设计阶段编制修正概算的依据。

（2）是对设计项目进行技术经济分析和比较的基础资料之一。

（3）是编制建设项目主要材料计划的参考依据。

（4）是编制概算指标的依据。

（5）是编制概算阶段招标标底和投标报价的依据。

3. 概算定额的编制依据

（1）现行的预算定额。

（2）选择的典型工程施工图和其他有关资料。

（3）人工工资标准、材料预算价格和机械台班预算价格。

4. 概算定额的编制步骤

（1）准备工作阶段

该阶段的主要工作是确定编制机械和人员组成，进行调查研究，了解现行概算定额的执行情况和存在的问题，明确编制定额的项目。在此基础上，制定出编制方案和确定概算定额项目。

（2）编制初稿阶段

该阶段根据制定的编制方案和确定的定额项目，收集和整理各种数据，对各种资料进行深入细致的测算和分析，确定各项目的消耗指标，最后编制出定额初稿。

该阶段要测算概算定额水平。内容包括两个方面：新编概算定额与原概算定额的水平测算；概算定额与预算定额的水平测算。

（3）审查定稿阶段

该阶段要组织有关部门讨论定额初稿，在听取合理意见的基础上进行修改。最后将修改稿报请上级主管部门审批。

（三）概算指标

1. 概算指标的概念

概算指标是以整个建筑物或构筑物为对象，以"m²"、"m³"或"座"等为计量单位，规定了人工、材料、机械台班的消耗指标的一种标准。

2. 概算指标的主要作用

（1）是基本建设管理部门编制投资估算和编制基本建设计划，估算主要材料用量计划的依据。

（2）是设计单位编制初步设计概算、选择设计方案的依据。

（3）是考核基本建设投资效果的依据。

3. 概算指标的主要内容和形式

概算指标的内容和形式没有统一的格式。一般包括以下内容：

（1）工程概况：包括建筑面积、建筑层数、建筑地点、时间、工程各部位的结构及做法。

（2）工程造价及费用组成。

（3）每平方米建筑面积的工程量指标。

（4）每平方米建筑面积的工料消耗指标。

（四）投资估算指标

1. 投资估算指标及其作用

工程建设投资估算指标是编制建设项目建议书、可行性研究报告等前期工作阶段投资估算的依据，也可以作为编制固定资产长远规划投资额的参考。投资估算指标为完成项目建设的投资估算提供依据和手段，它在固定资产的形成过程中起着投资预测、投资控制、投资效益分析的作用，是合理确定项目投资的基础。估算指标中的主要材料消耗量也是一种扩大材料消耗量的指标，可以作为计算建设项目的主要材料消耗量的基础。估算指标的正确制定对于提高投资估算的准确度，对建设项目的合理评估正确决策具有重要意义。

2. 投资估算指标的内容

投资估算指标是确定和控制建设项目全过程各项投资支出的技术经济指标，其范围设计建设前期、建设实施期和竣工验收交付使用期等各个阶段的费用支出，内容因行业不同各异，一般可分为建设项目综合指标、单项工程指标和单位工程指标三个层次。

3. 建设项目综合指标

指按规定应列入建设项目总投资的从立项筹建开始至竣工验收交付使用的全部投资额，包括单项工程投资、工程建设其他费用和预备费等。

建设项目综合指标一般以项目的综合生产能力单位投资表示，如元/t、元/kW 或以使用功能表示，如医院床位：元/床。

4. 单项工程指标

指按规定应列入能独立发挥生产能力或使用效益的单项工程内的全部投资额，包括建筑工程费、安装工程费、设备及生产工器具购置费和其他费用。

单项工程指标一般以单项工程生产能力单位投资，如元/t 或其他单位表示。如：变电站：元/（kV·A）；锅炉房：元/蒸汽吨；供水站：元/m³；办公室、仓库、宿舍、住宅等房屋则区别不同结构形式，以元/m² 表示。

5. 单位工程指标

按规定应列入能独立设计、施工的工程项目的费用，即建筑安装工程费用。

6. 投资估算指标的编制方法

投资估算指标的编制工作，涉及建设项目的产品规模、产品方案、工艺流程、设备选型、工程设计和技术经济等各个方面。即要考虑到现阶段技术状况，又要展望近期技术发展趋势和设计动向，从而可以指导以后建设项目的实践。编制一般分为三个阶段进行：

（1）收集整理资料阶段

收集整理已建成或正在建设的、符合现行技术政策和技术发展方向、有可能重复采用的、有代表性的工程设计施工图、标准设计以及相应的竣工决算或施工图预算资料等。将整理后的数据资料按项目划分栏目加以归类，按照编制年度的现行定额、费用标准和价格，调整成编制年度的造价水平及相互比例。

（2）平衡调整阶段

由于调查收集的资料来源不同，虽然经过一定的分析整理，但难免会由于设计方案、建设条件和建设时间上的差异带来的某些影响，使数据失准或漏项等。必须对有关资料进行综合平衡调整。

（3）测算审查阶段

测算是将新编的指标和选定工程的概预算，在同一价格条件下进行比较，检验其"量差"的偏离程度是否在允许偏差的范围以内，如偏差过大，则要查找原因，进行修正，以保证指标的确切、实用。由于投资估算指标的计算工作量非常大，在现阶段计算机已经广泛普及的条件下，应尽可能应用电子计算机进行投资估算指标的编制工作。

五．工程量清单计价规范

（一）总则

1.为规范工程造价计价行为，统一建设工程计价文件的编制原则和计价方法，根据《中华人民共和国建筑法》《中华人民共和国合同法》《中华人民共和国招标投标法》制定本规范。

2.本规范适用于建设工程发承包及其实施阶段的计价活动。

3.建设工程发承包及其实施阶段的工程造价由分部分项工程费、措施项目费、其他项目费、规费和税金组成。

4.招标工程量清单、招标控制价、投标报价、工程计量、合同价款调整、合同价款结算与支付以及工程造价鉴定等工程造价文件的编制与核对应由具有专业资格的工程造价人员承担。

5.承担工程造价文件的编制与核对的工程造价人员及其所在单位，应对工程造价文件的质量负责。

6.建设工程发承包及其实施阶段的计价活动应遵循客观、公正、公平的原则。

7.建设工程发承包及其实施阶段的计价活动，除应遵守本规范外，尚应符合国家现行有关标准的规定。

（二）术语

（1）工程量清单

载明建设工程分部分项工程项目、措施项目、其他项目的名称和相应数量以及规费、税金项目等内容的明细清单。

（2）招标工程量清单

招标人依据国家标准、招标文件、设计文件以及施工现场实际情况编制的，随招标文件发布供投标报价的工程量清单，包括其说明和表格。

（3）已标价工程量清单

构成合同文件组成部分的投标文件中已标明价格，经算术性错误修正（如有）且承包人已确认的工程量清单，包括其说明和表格。

（4）分部分项工程

分部工程是单项或单位工程的组成部分，是按结构部位、路段长度及施工特点或施工任务将单项或单位工程划分为若干分部的工程；分项工程是分部工程的组成部分，是按不同施工方法、材料、工序及路段长度等将分部工程划分为若干个分项或项目的工程。

（5）措施项目

为完成工程项目施工，发生于该工程施工准备和施工过程中的技术、生活、安全、环境保护等方面的项目。

（6）项目编码

分部分项工程和措施项目清单名称的阿拉伯数字标识。

（7）项目特征

构成分部分项工程项目、措施项目自身价值的本质特征。

（8）综合单价

完成一个规定清单项目所需的人工费、材料和工程设备费、施工机具使用费和企业管理费、利润以及一定范围内的风险费用。

（9）风险费用

隐含于已标价工程量清单综合单价中，用于化解发承包双方在工程合同中约定内容和范围内的市场价格波动风险的费用。

（10）工程成本

承包人为实施合同工程并达到质量标准，在确保安全施工的前提下，必须消耗或使用的人工、材料、工程设备、施工机械台班及其管理等方面发生的费用和按规定缴纳的规费和税金。

（11）单价合同

发承包双方约定以工程量清单及其综合单价进行合同价款计算、调整和确认的建设工程施工合同。

（12）总价合同

发承包双方约定以施工图及其预算和有关条件进行合同价款计算、调整和确认的建设工程施工合同。

（13）成本加酬金合同

发承包双方约定以施工工程成本再加合同约定酬金进行合同价款计算、调整和确认的建设工程施工合同。

（14）工程造价信息

工程造价管理机构根据调查和测算发布的建设工程人工、材料、工程设备、施工机械台班的价格信息，以及各类工程的造价指数、指标。

（15）工程造价指数

反映一定时期的工程造价相对于某一固定时期的工程造价变化程度的比值或比率。包括按单位或单项工程划分的造价指数，按工程造价构成要素划分的人工、材料、机械等价格指数。

（16）工程变更

合同工程实施过程中由发包人提出或由承包人提出经发包人批准的合同工程任何一项工作的增、减、取消或施工工艺、顺序、时间的改变；设计图纸的修改；施工条件的改变；招标工程量清单的错、漏从而引起合同条件的改变或工程量的增减变化。

（17）工程量偏差

承包人按照合同工程的图纸（含经发包人批准由承包人提供的图纸）实施，按照现行国家计量规范规定的工程量计算规则计算得到的完成合同工程项目，应予计量的工程量与相应的招标工程量清单项目列出的工程量之间出现的量差。

（18）暂列金额

招标人在工程量清单中暂定并包括在合同价款中的一笔款项。用于工程合同签订时尚未确定或者不可预见的所需材料、工程设备、服务的采购，施工中可能发生的工程变更、合同约定调整因素出现时的合同价款调整以及发生的索赔、现场签证确认等的费用。

（19）暂估价

招标人在工程量清单中提供的用于支付必然发生但暂时不能确定价格的材料、工程设备的单价以及专业工程的金额。

（20）计日工

在施工过程中，承包人完成发包人提出的工程合同范围以外的零星项目或工作，按合同中约定的单价计价的一种方式。

（21）总承包服务费

总承包人为配合协调发包人进行的专业工程发包，对发包人自行采购的材料、工程设备等进行保管以及施工现场管理、竣工资料汇总整理等服务所需的费用。

（22）安全文明施工费

在合同履行过程中，承包人按照国家法律、法规、标准等规定，为保证安全施工、文明施工，保护现场内外环境和搭拆临时设施等所采用的措施而发生的费用。

（23）索赔

在工程合同履行过程中，合同当事人一方因非己方的原因而遭受损失，按合同约定或法律法规规定应由对方承担责任，从而向对方提出补偿的要求。

（24）现场签证

发包人现场代表（或其授权的监理人、工程造价咨询人）与承包人现场代表就施工过程中涉及的责任事件所做的签认证明。

（25）提前竣工（赶工）费

承包人应发包人的要求而采取加快工程进度措施，使合同工程工期缩短，由此产生的应由发包人支付的费用。

（26）误期赔偿费

承包人未按照合同工程的计划进度施工，导致实际工期超过合同工期（包括经发包人批准的延长工期），承包人应向发包人赔偿损失的费用。

（27）不可抗力

发承包双方在工程合同签订时不能预见的，对其发生的后果不能避免，并且不能克服的自然灾害和社会性突发事件。

（28）工程设备

指构成或计划构成永久工程一部分的机电设备、金属结构设备、仪器装置及其他类似的设备和装置。

（29）缺陷责任期

指承包人对已交付使用的合同工程承担合同约定的缺陷修复责任的期限。

（30）质量保证金

发承包双方在工程合同中约定，从应付合同价款中预留，用以保证承包人在缺陷责任期内履行缺陷修复义务的金额。

（31）费用

承包人为履行合同所发生或将要发生的所有合理开支，包括管理费和应分摊的其他费用，但不包括利润。

（32）利润

承包人完成合同工程获得的盈利。

（33）企业定额

施工企业根据本企业的施工技术、机械装备和管理水平而编制的人工、材料和施工机械台班等的消耗标准。

（34）规费

根据国家法律、法规规定，由省级政府或省级有关权力部门规定施工企业必须缴纳的，应计入建筑安装工程造价的费用。

（35）税金

国家税法规定的应计入建筑安装工程造价内的营业税、城市维护建设税、教育费附加和地方教育附加。

（36）发包人

具有工程发包主体资格和支付工程价款能力的当事人以及取得该当事人资格的合法继承人，本规范有时又称招标人。

（37）承包人

被发包人接受的具有工程施工承包主体资格的当事人以及取得该当事人资格的合法继承人，本规范有时又称投标人。

（38）工程造价咨询人

取得工程造价咨询资质等级证书，接受委托从事建设工程造价咨询活动的当事人以及取得该当事人资格的合法继承人。

（39）造价工程师

取得造价工程师注册证书，在一个单位注册、从事建设工程造价活动的专业人员。

（40）造价员

取得全国建设工程造价员资格证书，在一个单位注册、从事建设工程造价活动的专业人员。

（41）单价项目

工程量清单中以单价计价的项目，即根据合同工程图纸（含设计变更）和相关工程现行国家计量规范规定的工程量计算规则进行计量，与已标价工程量清单相应综合单价进行价款计算的项目。

（42）总价项目

工程量清单中以总价计价的项目，即此类项目在相关工程现行国家计量规范中无工程量计算规则，以总价（或计算基础乘费率）计算的项目。

（43）工程计量

发承包双方根据合同约定，对承包人完成合同工程的数量进行的计算和确认。

（44）工程结算

发承包双方根据合同约定，对合同工程在实施中、终止时、已完工后进行的合同价款计算、调整和确认。包括期中结算、终止结算、竣工结算。

（45）招标控制价

招标人根据国家或省级、行业建设主管部门颁发的有关计价依据和办法，以及拟定的招标文件和招标工程量清单，结合工程具体情况编制的招标工程的最高投标限价。

（46）投标价

投标人投标时响应招标文件要求所报出的对已标价工程量清单标明的总价。

（47）签约合同价（合同价款）

发承包双方在工程合同中约定的工程造价，即包括了分部分项工程费、措施项目费、其他项目费、规费和税金的合同总金额。

（48）预付款

在开工前，发包人按照合同约定，预先支付给承包人用于购买合同工程施工所需的材料、工程设备，以及组织施工机械和人员进场等的款项。

（49）进度款

在合同工程施工过程中，发包人按照合同约定对付款周期内承包人完成的合同价款给予支付的款项，也是合同价款期中结算支付。

（50）合同价款调整

在合同价款调整因素出现后，发承包双方根据合同约定，对合同价款进行变动的提出、计算和确认。

（51）竣工结算价

发承包双方依据国家有关法律、法规和标准规定，按照合同约定确定的，包括在履行合同过程中按合同约定进行的合同价款调整，是承包人按合同约定完成了全部承包工作后，发包人应付给承包人的合同总金额。

（52）工程造价鉴定

工程造价咨询人接受人民法院、仲裁机关委托，对施工合同纠纷案件中的工程造价争议，运用专门知识进行鉴别、判断和评定，并提供鉴定意见的活动。也称为工程造价司法鉴定。

（三）一般规定

1. 计价方式

（1）使用国有资金投资的建设工程发承包，必须采用工程量清单计价。

（2）非国有资金投资的建设工程，宜采用工程量清单计价。

（3）不采用工程量清单计价的建设工程，应执行本规范除工程量清单等专门性规定外的其他规定。

（4）工程量清单应采用综合单价计价。

（5）措施项目中的安全文明施工费必须按国家或省级、行业建设主管部门的规定计算，不得作为竞争性费用。

（6）规费和税金必须按国家或省级、行业建设主管部门的规定计算，不得作为竞争性费用。

2. 发包人提供材料和工程设备

（1）发包人提供的材料和工程设备《发包人提供材料和工程设备一览表》，写明甲供材料的名称、规格、数量、单价、交货方式、交货地点等。承包人投标时，甲供材料价格应计入相应项目的综合单价中，签约后发包人应按合同约定扣回甲供材料款，不予支付。

（2）承包人应根据合同工程进度计划的安排，向发包人提交甲供材料交货的日期计划。发包人应按计划提供。

（3）发包人提供的甲供材料如其规格、数量或质量不符合合同要求，或由于发包人原因发生交货日期延误、交货地点及交货方式变更等情况的，发包人应承担由此增加的费用和（或）工期延误，并向承包人支付合理利润。

（4）发承包双方对甲供材料的数量发生争议不能达成一致的，其数量按照相关工程的计价定额同类项目规定的材料消耗量计算。

（5）若发包人要求承包人采购已在招标文件中确定为甲供材料的，其材料价格由发承包双方根据市场调查确定，并另行签订补充协议。

3. 承包人提供材料和工程设备

（1）除合同约定的发包人提供的甲供材料外，合同工程所需的材料和工程设备应由承包人提供，承包人提供的材料和工程设备均由承包人负责采购、运输和保管。承包人应对其采购的材料和工程设备负责。

（2）承包人应按合同约定将采购材料和工程设备的供货人及品种、规格、数量和供货时间等提交发包人确认，并负责提供材料和工程设备的质量证明文件，满足合同约定的质量标准。

（3）发包人对承包人提供的材料和工程设备经检测不符合合同约定的质量标准，应立即要求承包人更换，由此增加的费用和（或）工期延误由承包人承担。对发包人要求检测承包人已具有合格证明的材料、工程设备，但经检测证明该项材料、工程设备符合合同约定的质量标准，发包人应承担由此增加的费用和（或）工期延误，并向承包人支付合理利润。

4. 计价风险

（1）建设工程发承包，必须在招标文件、合同中明确计价中的风险内容及其范围，不得采用无限风险、所有风险或类似语句规定计价中的风险内容及其范围。

（2）下列影响合同价款的因素出现，应由发包人承担

国家法律、法规、规章和政策发生变化；

省级或行业建设主管部门发布的人工费调整，但承包人对人工费或人工单价的报价高于发布的除外；

由政府定价或政府指导价管理的原材料等价格进行了调整的。

由于市场物价波动影响合同价款，应由发承包双方合理分摊（同一工程只能选择一种）填写《承包人提供主要材料和工程设备一览表》作为合同附件，合同中没有约定，发承包双方发生争议时，调整合同价款。

由于承包人使用机械设备、施工技术以及组织管理水平等自身原因造成施工费用增加的，应由承包人全部承担。

不可抗力发生时，影响合同价款的，按本规范第9.11条的规定执行。

5. 工程量清单编制

（1）一般规定

招标工程量清单应由具有编制能力的招标人或受其委托，具有相应资质的工程造价咨询人或招标代理人编制。

招标工程量清单必须作为招标文件的组成部分，其准确性和完整性由招标人负责。

招标工程量清单是工程量清单计价的基础，应作为编制招标控制价、投标报价、计算或调整工程量、施工索赔等的依据之一。

招标工程量清单应以单位（项）工程为单位编制，由分部分项工程项目清单、措施项目清单、其他项目清单、规费和税金项目清单组成。

编制招标工程量清单应依据：

（1）本规范和相关工程的国家计量规范。

（2）国家或省级、行业建设主管部门颁发的计价定额和办法。

（3）建设工程设计文件及相关资料。

（4）与建设工程有关的标准、规范、技术资料。

（5）拟定的招标文件。

（6）施工现场情况、地勘水文资料、工程特点及常规施工方案。

（7）其他相关资料。

6.分部分项工程项目

（1）分部分项工程项目清单必须载明项目编码、项目名称、项目特征、计量单位和工程量。

（2）分部分项工程项目清单必须根据相关工程现行国家计量规范规定的项目编码、项目名称、项目特征、计量单位和工程量计算规则进行编制。

（3）措施项目

措施项目清单必须根据相关工程现行国家计量规范的规定编制。

措施项目清单应根据拟建工程的实际情况列项。

（4）其他项目

7.总承包服务费

（1）暂列金额应根据工程特点，按有关计价规定估算。

（2）暂估价中的材料、工程设备暂估单价应根据工程造价信息或参照市场价格估算，列出明细表；专业工程暂估价应分不同专业，按有关计价规定估算，列出明细表。

（3）计日工应列出项目名称、计量单位和暂估数量。

（4）总承包服务费应列出服务项目及其内容等。

8.规费

（1）规费项目清单应按照下列内容列项：

社会保险费：包括养老保险费、失业保险费、医疗保险费、工伤保险费、生育保险费；住房公积金；工程排污费。

9.税金

税金项目清单应包括下列内容：

（1）营业税。

（2）城市维护建设税。

（3）教育费附加。

（4）地方教育附加。

（四）招标控制价

1. 一般规定

（1）国有资金投资的建设工程招标，招标人必须编制招标控制价。

（2）招标控制价应由具有编制能力的招标人或受其委托具有相应资质的工程造价咨询人编制和复核。

（3）工程造价咨询人接受招标人委托编制招标控制价，不得再就同一工程接受投标人委托编制投标报价。

（4）招标控制价不应上调或下浮。

（5）招标控制价超过批准的概算时，招标人应将其报原概算审批部门审核。

（6）招标人应在发布招标文件时公布招标控制价，同时应将招标控制价及有关资料报送工程所在地（或有该工程管辖权的行业管理部门）工程造价管理机构备查。

2. 编制与复核

（1）招标控制价应根据下列依据编制与复核。

（2）本规范。

（3）国家或省级、行业建设主管部门颁发的计价定额和计价。

（4）建设工程设计文件及相关资料。

（5）拟定的招标文件及招标工程量清单。

（6）与建设项目相关的标准、规范、技术资料。

（7）施工现场情况、工程特点及常规施工方案。

（8）工程造价管理机构发布的工程造价信息；工程造价信息没有发布的，参照市场价。

3. 其他的相关资料

（1）综合单价中应包括招标文件中划分的应由投标人承担的风险范围及其费用，招标文件中没有明确的，如是工程造价咨询人编制，应提请招标人明确；如是招标人编制，应予明确。

（2）分部分项工程和措施项目中的单价项目，应根据拟定的招标文件和招标工程量清单项目中的特征描述及有关要求确定综合单价计算。

（3）措施项目中的总价项目应根据拟定的招标文件中的措施项目清单。

4. 其他项目应按下列规定计价

（1）暂列金额应按招标工程量清单中列出的金额填写。

（2）暂估价中的材料、工程设备单价应按招标工程量清单中列出的单价计入综合单价。

（3）暂估价中的专业工程金额应按招标工程量清单中列出的金额填写。

（4）计日工应按招标工程量清单中列出的项目根据工程特点和有关计价依据确定综合单价计算。

（5）总承包服务费应根据招标工程量清单列出的内容和要求估算。

5．投诉与处理

投标人经复核认为招标人公布的招标控制价未按照本规范的规定进行编制的，应当在招标控制价公布后 5 天内向招投标监督机构和工程造价管理机构投诉。

投诉人投诉时，应当提交书面投诉书，包括以下内容：

（1）投诉人与被投诉人的名称、地址及有效联系方式；

（2）投诉的招标工程名称、具体事项及理由；

（3）投诉依据及有关证明材料；

（4）相关的请求及主张。

投诉书必须由单位盖章和法定代表人或其委托人签名或盖章。

（5）投诉人不得进行虚假、恶意投诉，阻碍招投标活动的正常进行。

（6）工程造价管理机构在接到投诉书后应在 2 个工作日内进行审查，对有下列情况之一的，不予受理：投诉人不是所投诉招标工程招标文件；投诉事项已进入行政复议或行政诉讼程序的。

（7）工程造价管理机构应在不迟于结束审查的次日将是否受理投诉的决定书面通知投诉人、被投诉人以及负责该工程招投标监督的招投标管理机构。

（8）工程造价管理机构受理投诉后，应立即对招标控制价进行复查，组织投诉人、被投诉人或其委托的招标控制价编制人等单位人员对投诉问题逐一核对。有关当事人应当予以配合，并保证所提供资料的真实性。

工程造价管理机构应当在受理投诉的 10 天内完成复查（特殊情况下可适当延长），并作出书面结论通知投诉人、被投诉人及负责该工程招投标监督的招投标管理机构。

当招标控制价复查结论与原公布的招标控制价误差 > ±3% 的，应当责成招标人改正。

招标人根据招标控制价复查结论，需要重新公布招标控制价的，其最终公布的时间至招标文件要求提交投标文件截止时间不足 15 天的，相应延长投标文件的截止时间。

6．投标报价

一般规定：

（1）投标价应由投标人或受其委托具有相应资质的工程造价咨询人编制。

（2）除本规范强制性规定外，投标人应依据本规范第 6.2.1 条的规定自主确定投标报价。

（3）投标报价不得低于工程成本。

（4）投标人必须按招标工程量清单填报价格。项目编码、项目名称、项目特征、计量单位、工程量必须与招标工程量清单一致。

（5）投标人的投标报价高于招标控制价的应予废标。

编制与复核：

（1）投标报价应根据下列依据编制和复核。

（2）本规范。

（3）国家或省级、行业建设主管部门颁发的计价办法。

（4）企业定额，国家或省级、行业建设主管部门颁发的计价定额和计价办法。

（5）招标文件、招标工程量清单及其补充通知、答疑纪要。

（6）建设工程设计文件及相关资料。

（7）施工现场情况、工程特点及投标时拟定的施工组织设计或施工方案。

（8）与建设项目相关的标准、规范等技术资料。

（9）市场价格信息或工程造价管理机构发布的工程造价信息。

（10）其他的相关资料。

综合单价中应包括招标文件中划分的应由投标人承担的风险范围及其费用，招标文件中没有明确的，应提请招标人明确。

分部分项工程和措施项目中的单价项目，应依据招标文件及其招标工程量清单项目中的特征描述确定综合单价计算。

措施项目中的总价项目金额应根据招标文件中的措施项目清单及投标时拟定的施工组织设计或施工方案。

其他项目应按下列规定报价：暂列金额应按招标工程量清单中列出的金额填写；材料、工程设备暂估价应按招标工程量清单中列出的单价计入综合单价；专业工程暂估价应按招标工程量清单中列出的金额填写；计日工应按招标工程量清单中列出的项目和数量，自主确定综合单价并计算计日工金额；总承包服务费应根据招标工程量清单中列出的内容和提出的要求自主确定；

招标工程量清单与计价表中列明的所有需要填写单价和合价的项目，投标人均应填写且只允许有一个报价。未填写单价和合价的项目，视为此项费用已包含在已标价工程量清单中其他项目的单价和合价之中。竣工结算时，此项目不得重新组价予以调整

投标总价应当与分部分项工程费、措施项目费、其他项目费和规费、税金的合计金额一致。

7. 合同价款约定

一般规定：

（1）实行招标的工程合同价款应在中标通知书发出之日起30日内，由发承包双方依据招标文件和中标人的投标文件在书面合同中约定。合同约定不得违背招、投标文件中关于工期、造价、质量等方面的实质性内容。招标文件与中标人投标文件不一致的地方，以投标文件为准。

（2）不实行招标的工程合同价款，在发承包双方认可的工程价款基础上，由发承包双方在合同中约定。

（3）实行工程量清单计价的工程，应采用单价合同。建设规模较小，技术难度较低，工期较短，且施工图设计已审查批准的建设工程可以采用总价合同；紧急抢险、救灾以及施工技术特别复杂的建设工程可以采用成本加酬金合同。

约定内容：

（1）发承包双方应在合同条款中对下列事项进行约定：

（2）预付工程款的数额、支付时间及抵扣方式；

（3）安全文明施工措施的支付计划，使用要求等；

（4）工程计量与支付工程进度款的方式、数额及时间；

（5）工程价款的调整因素、方法、程序、支付及时间；

（6）施工索赔与现场签证的程序、金额确认与支付时间；

（7）承担计价风险的内容、范围以及超出约定内容、范围的调整办法；

（8）工程竣工价款结算编制与核对、支付及时间；

（9）工程质量保证金的数额、扣留方式及时间；

（10）违约责任以及发生工程价款争议的解决方法及时间。

合同中没有按照本规范第一条的要求约定或约定不明的，若发承包双方在合同履行中发生争议由双方协商确定；协商不能达成一致的，按本规范的规定执行。

8．工程计量

一般规定：

（1）工程量必须按照相关工程现行国家计量规范规定的工程量计算规则计算。

（2）工程计量可选择按月或按工程形象进度分段计量，具体计量周期在合同中约定。

（3）因承包人原因造成的超出合同工程范围施工或返工的工程量，发包人不予计量。

（4）成本加酬金合同。

单价合同的计量：

（1）工程量必须以承包人完成合同工程应予计量的按照现行国家计量规范规定的工程量计算规则计算得到的工程量确定。

（2）施工中工程计量时，若发现招标工程量清单中出现缺项、工程量偏差，或因工程变更引起工程量的增减，应按承包人在履行合同义务中完成的工程量计算。

（3）承包人应当按照合同约定的计量周期和时间,向发包人提交当期已完工程量报告。发包人应在收到报告后7天内核实，并将核实计量结果通知承包人。发包人未在约定时间内进行核实的，则承包人提交的计量报告中所列的工程量视为承包人实际完成的工程量。

（4）发包人认为需要进行现场计量核实时，应在计量前24小时通知承包人，承包人应为计量提供便利条件并派人参加。双方均同意核实结果时，则双方应在上述记录上签字确认。承包人收到通知后不派人参加计量，视为认可发包人的计量核实结果。发包人不按照约定时间通知承包人，致使承包人未能派人参加计量，计量核实结果无效。

（5）如承包人认为发包人核实后的计量结果有误，应在收到计量结果通知后的7天内向发包人提出书面意见，并附上其认为正确的计量结果和详细的计算资料。发包人收到书面意见后，应在7天内对承包人的计量结果进行复核后通知承包人。承包人对复核计量结果仍有异议的，按照合同约定的争议解决办法处理。

（6）承包人完成已标价工程量清单中每个项目的工程量后，发包人应要求承包人派人共同对每个项目的历次计量报表进行汇总，以核实最终结算工程量。发承包双方应在汇总表上签字确认。

总价合同的计量：

（1）采用工程量清单方式招标形成的总价合同。

（2）采用经审定批准的施工图纸及其预算方式发包形成的总价合同，除按照工程变更规定引起的工程量增减外，总价合同各项目的工程量是承包人用于结算的最终工程量。

（3）总价合同约定的项目计量应以合同工程经审定批准的施工图纸为依据，发承包双方应在合同中约定工程计量的形象目标或时间节点进行计量。

（4）承包人应在合同约定的每个计量周期内，对已完成的工程进行计量，并向发包人提交达到工程形象目标完成的工程量和有关计量资料的报告。

（5）发包人应在收到报告后7天内对承包人提交的上述资料进行复核，以确定实际完成的工程量和工程形象目标。对其有异议的，应通知承包人进行共同复核。

（9）合同价款调整

一般规定：

（1）以下事项（但不限于）发生，发承包双方应当按照合同约定调整合同价款：法律法规变化、工程变更、项目特征描述不符、工程量清单缺项、工程量偏差、计日工、现场签证、物价变化、暂估价、可抗力、提前竣工（赶工补偿）、误期赔偿、施工索赔、暂列金额、发承包双方约定的其他调整事项。

（2）出现合同价款调增事项（不含工程量偏差、计日工、现场签证、施工索赔）后的14天内承包人应向发包人提交合同价款调增报告并附上相关资料，若承包人在14天内未提交合同价款调增报告的，视为承包人对该事项不存在调整价款请求。

（3）出现合同价款调减事项（不含工程量偏差、施工索赔）后的14天内，发包人应向承包人提交合同价款调减报告并附相关资料，若发包人在14天内未提交合同价款调减报告的，视为发包人对该事项不存在调整价款请求。

（4）发（承）包人应在收到承（发）包人合同价款调增（减）报告及相关资料之日起14天内对其核实，予以确认的应书面通知承（发）包人。如有疑问，应向承（发）包人提出协商意见。发（承）包人在收到合同价款调增（减）报告之日起14天内未确认也未提出协商意见的，视为承（发）包人提交的合同价款调增（减）报告已被发（承）包人认可。发（承）包人提出协商意见的，承（发）包人应在收到协商意见后的14天内对其核实，予以确认的应书面通知发（承）包人。如承（发）包人在收到发（承）包人的协商意见后14天内既不确认也未提出不同意见的，视为发（承）包人提出的意见已被承（发）包人认可。

（5）如发包人与承包人对合同价款调整的不同意见不能达成一致的，只要不实质影响发承包双方履约的，双方应继续履行合同义务，直到其按照合同约定的争议解决方式得到处理。

（6）经发承包双方确认调整的合同价款，作为追加（减）合同价款，应与工程进度款或结算款同期支付。

法律法规变化：

（1）招标工程以投标截止日前28天，非招标工程以合同签订前28天为基准日，其后国家的法律、法规、规章和政策发生变化引起工程造价增减变化的，发承包双方应当按照省级或行业建设主管部门或其授权的工程造价管理机构据此发布的规定调整合同价款。

（2）因承包人原因导致工期延误，且第9.2.1条规定的调整时间在合同工程原定竣工时间之后，合同价款调增的不予调整，合同价款调减的予以调整。

工程变更：

（1）工程变更引起已标价工程量清单项目或其工程数量发生变化，应按照下列规定调整：

（2）已标价工程量清单中有适用于变更工程项目的，采用该项目的单价；但当工程变更导致该清单项目的工程数量发生变化，且工程量偏差超过15%，此时，该项目单价应按照本规范第9.6.2条的规定调整。

（3）已标价工程量清单中没有适用、但有类似于变更工程项目的，可在合理范围内参照类似项目的单价；

（4）已标价工程量清单中没有适用也没有类似于变更工程项目的，由承包人根据变更工程资料、计量规则和计价办法、工程造价管理机构发布的信息价格和承包人报价浮动率提出变更工程项目的单价，报发包人确认后调整。承包人报价浮动率可按下列公式计算：

招标工程：承包人报价浮动率 $L = （1-中标价 / 招标控制价）×100\%$；

非招标工程：承包人报价浮动率 $L = （1-报价值 / 施工图预算）×100\%$。

（5）已标价工程量清单中没有适用也没有类似于变更工程项目，且工程造价管理机构发布的信息价格缺价的，由承包人根据变更工程资料、计量规则、计价办法和通过市场调查等取得有合法依据的市场价格提出变更工程项目的单价，报发包人确认后调整。

工程变更引起施工方案改变，并使措施项目发生变化的，承包人提出调整措施项目费的，应事先将拟实施的方案提交发包人确认，并详细说明与原方案措施项目相比的变化情况。拟实施的方案经发承包双方确认后执行。

并应按照下列规定调整措施项目费：

（1）安全文明施工费按照实际发生变化的措施项目依据。

（2）采用单价计算的措施项目费，按照实际发生变化的措施项目按本规范第9.3.1条的规定确定单价。

（3）按总价（或系数）计算的措施项目费，按照实际发生变化的措施项目调整，但应考虑承包人报价浮动因素，即调整金额按照实际调整金额乘以本规范第9.3.1条规定的承包人报价浮动率计算。

　　如果承包人未事先将拟实施的方案提交给发包人确认，则视为工程变更不引起措施项目费的调整或承包人放弃调整措施项目费的权利。

　　（4）如果工程变更项目出现承包人在工程量清单中填报的综合单价与发包人招标控制价相应清单项目的综合单价偏差超过15%，则工程变更项目的综合单价可由发承包双方调整。

　　（5）如果发包人提出的工程变更，因非承包人原因删减了合同中的某项原定工作或工程，致使承包人发生的费用或（和）得到的收益不能被包括在其他已支付或应支付的项目中，也未被包含在任何替代的工作或工程中，则承包人有权提出并得到合理的费用及利润补偿。

　　项目特征描述不符；

　　（1）发包人在招标工程量清单中对项目特征的描述，应被认为是准确的和全面的，并且与实际施工要求相符合。承包人应按照发包人提供的招标工程量清单，根据其项目特征描述的内容及有关要求实施合同工程，直到其被改变为止。

　　（2）承包人应按照发包人提供的设计图纸实施合同工程，若在合同履行期间，出现设计图纸（含设计变更）与招标工程量清单任一项目的特征描述不符，且该变化引起该项目的工程造价增减变化的，应按照实际施工的项目特征按本规范第9.3节相关条款的规定重新确定相应工程量清单项目的综合单价，调整合同价款。

　　工程量清单缺项：

　　（1）合同履行期间，由于招标工程量清单中缺项，新增分部分项工程清单项目的，应按照本规范第9.3.1条规定确定单价，调整合同价款。

　　（2）按本规范第9.5.1条规定，新增分部分项工程清单项目后，引起措施项目发生变化的，应按照本规范第9.3.2条的规定，在承包人提交的实施方案被发包人批准后，调整合同价款。

　　（3）由于招标工程量清单中措施项目缺项，承包人应将新增措施项目实施方案提交发包人批准后，按照本规范第9.3.1条的规定调整合同价款。

　　工程量偏差：

　　（1）合同履行期间，若应予计算的实际工程量与招标工程量清单出现偏差，且符合本规范第9.6.2条规定的，发承包双方应调整合同价款。出现本规范第9.3.3条情形的，应先按照其规定调整。

　　（2）对于任一招标工程量清单项目，如果因本条规定的工程量偏差和第9.3条规定的工程变更等原因导致工程量偏差超过15%，调整的原则为：当工程量增加15%以上时，其增加部分的工程量的综合单价应予调低；当工程量减少15%以上时，减少后剩余部分的工程量的综合单价应予调高。

　　（3）如果工程量出现本规范第9.6.2条的变化，且该变化引起相关措施项目相应发生变化，如按系数或单一总价方式计价的，工程量增加的措施项目费调增，工程量减少的措施项目费调减。

计日工：

（1）发包人通知承包人以计日工方式实施的零星工作，承包人应予执行。

（2）采用计日工计价的任何一项变更工作，承包人应在该项变更的实施过程中，按合同约定提交以下报表和有关凭证送发包人复核：

工作名称、内容和数量；

投入该工作所有人员的姓名、工种、级别和耗用工时；

投入该工作的材料名称、类别和数量；

投入该工作的施工设备型号、台数和耗用台时；

发包人要求提交的其他资料和凭证。

（3）任一计日工项目持续进行时，承包人应在该项工作实施结束后的 24 小时内，向发包人提交有计日工记录汇总的现场签证报告一式三份。发包人在收到承包人提交现场签证报告后的 2 天内予以确认并将其中一份返还给承包人，作为计日工计价和支付的依据。发包人逾期未确认也未提出修改意见的，视为承包人提交的现场签证报告已被发包人认可。

（4）任一计日工项目实施结束。承包人应按照确认的计日工现场签证报告核实该类项目的工程数量，并根据核实的工程数量和承包人已标价工程量清单中的计日工单价计算，提出应付价款；已标价工程量清单中没有该类计日工单价的，由发承包双方按本规范第 9.3 节的规定商定计日工单价计算。

（5）每个支付期末，承包人应按照本规范向发包人提交本期间所有计日工记录的签证汇总表，以说明本期间自己认为有权得到的计日工金额，调整合同价款，列入进度款支付。

现场签证：

（1）承包人应发包人要求完成合同以外的零星项目、非承包人责任事件等工作的，发包人应及时以书面形式向承包人发出指令，提供所需的相关资料；承包人在收到指令后，应及时向发包人提出现场签证要求。

（2）承包人应在收到发包人指令后的 7 天内，向发包人提交现场签证报告，发包人应在收到现场签证报告后的 48 小时内对报告内容进行核实，予以确认或提出修改意见。发包人在收到承包人现场签证报告后的 48 小时内未确认也未提出修改意见的，视为承包人提交的现场签证报告已被发包人认可。

（3）现场签证的工作如已有相应的计日工单价，则现场签证中应列明完成该类项目所需的人工、材料、工程设备和施工机械台班的数量。

如现场签证的工作没有相应的计日工单价，应在现场签证报告中列明完成该签证工作所需的人工、材料设备和施工机械台班的数量及其单价。

（4）合同工程发生现场签证事项，未经发包人签证确认，承包人便擅自施工的，除非征得发包人书面同意，否则发生的费用由承包人承担。

（5）现场签证工作完成后的 7 天内，承包人应按照现场签证内容计算价款，报送发包人确认后，作为增加合同价款，与进度款同期支付。

（6）承包人在施工过程中，若发现合同工程内容因场地条件、地质水文、发包人要求等不一致时，应提供所需的相关资料，提交发包人签证认可，作为合同价款调整的依据。

第四节　工程造价的编制与确定

一．投资估算

（一）投资估算的内容

1.建设项目投资的估算包括固定资产投资估算和流动资金估算两部分

固定资产投资估算的内容按照费用的性质划分，包括建筑安装工程费、设备及工器具购置费、工程建设其他费用、基本预备费、涨价预备费、建设期贷款利息、固定资产投资方向调节税等。

固定资产投资可分为静态部分和动态部分。涨价预备费、建设期利息和固定资产投资方向调节税构成动态投资部分；其余部分为静态投资部分。

流动资金是指生产经营性项目投产后，用于购买原材料、燃料、支付工资及其他经营费用等所需的周转资金。它是伴随着固定资产投资而发生的长期占用的流动资产投资，流动资金＝流动资产—流动负债。其中，流动资产主要考虑现金、应收账款和存货；流动负债主要考虑应付账款。因此，流动资金的概念，实际上就是财务中的营运资金。

2.投资估算的方法体系：固定资产投资估算方法

（1）静态投资部分的估算方法：单位生产能力估算法；生产能力指数法；系数估算法；设备系数法；主体专业系数法。

（2）比例估算法。

（3）指标估算法。

3.建设投资动态部分估算方法

（1）涨价预备费的估算。

（2）汇率变化对涉外建设项目动态投资的影响。

（3）建设期利息的估算流动资金估算方法。

（4）分项详细估算法。

（5）扩大指标估算法。

（二）投资估算中各部分估算方法简介

1. 静态投资部分的估算方法

（1）单位生产能力估算法

依据调查的统计资料，利用相近规模的单位生产能力投资乘以建设规模，即得拟建项目投资。其计算公式为：

$$C_2 = (C_1/Q_1) Q_2 * f$$

式中 C_1——已建类似项目的投资额；C_2——拟建项目投资额；Q_1——已建类似项目的生产能力；Q_2——拟建项目的生产能力；f——不同时期、不同地点的定额、单价、费用变更等的综合调整系数。

把项目的建设投资与其生产能力的关系视为简单的线性关系，估算结果精确度较差。通常是把项目按其下属的车间、设施和装置进行分解，分别套用类似车间、设施和装置的单位生产能力投资指标计算，然后加总求得项目总投资。或根据拟建项目的规模和建设条件，将投资进行适当调整后估算项目的投资额。这种方法主要用于新建项目或装置的估算，可达 ±30%，即精度达 70%。

应注意几点：地方性；配套性；时间性。

2. 生产能力指数法

产能力指数法又称指数估算法，它是根据已建成的类似项目生产能力和投资额来粗略估算拟建项目投资额的方法。其计算公式为：$C_2 = C_1 (Q_2/Q_1)^x × f$ 式中 x——生产能力指数。

上式表明，造价与规模（或容量）呈非线性关系，且单位造价随工程规模（或容量）的增大而减小。在正常情况下，$0 \leq x \leq 1$。

若已建类似项目的生产规模与拟建项目生产规模相差不大于 50 倍，且拟建项目生产规模的扩大仅靠增大设备规模来达到时，则 x 的取值约在 0.6 ~ 0.7 之间；若是靠增加相同规格设备的数量达到时，x 的取值约在 0.8 ~ 0.9 之间。

指数法主要应用于拟建装置或项目与用来参考的已知装置或项目的规模不同的场合。

生产能力指数法与单位生产能力估算法相比精度略高，其误差可控制在 ±20% 以内，尽管估价误差仍较大，但有它独特的好处：即这种估价方法不需要详细的工程设计资料，只知道工艺流程及规模就可以；其次对于总承包工程而言，可作为估价的旁证，在总承包工程报价时，承包商大都采用这种方法估价。

3. 系数估算法

系数估算法也称为因子估算法，它是以拟建项目的主体工程费或主要设备费为基数，以其他工程费占主体工程费的百分比为系数估算项目总投资的方法。这种方法简单易行，但是精度较低，一般用于项目建议书阶段。系数估算法的种类很多，下面介绍几种主要类型。

（1）设备系数法：以拟建项目的设备费为基数，根据已建成的同类项目的建筑安装费和其他工程费等占设备价值的百分比，求出拟建项目建筑安装工程费和其他工程费，进而求出建设项目总投资。其计算公式：

C ＝ E（1 ＋ f1 × P1 ＋ f2 × P2 ＋）＋ I 式中

C——拟建项目投资额；

E——拟建项目设备费；

P1、P2、P3——已建项目中建筑安装费及其他工程费等占设备费的比重；

f1、f2、f3——由于时间因素引起的定额、价格、费用标准等变化的综合调整系数；

I——拟建项目的其他费用。

（2）主体专业系数法：以拟建项目中投资比重较大，并与生产能力直接相关的工艺设备投资为基数，根据已建同类项目的有关统计资料，计算出拟建项目各专业工程（总图、土建、采暖、给排水、管道、电气、自控等）占工艺设备投资的百分比，据以求出拟建项目各专业投资，然后加总即为项目总投资。其计算公式为：

C ＝ E（1 ＋ f1 × P1 ＋ f2 ×（P2 ＋）＋ I

式中 P1、P2、P3——已建项目中各专业工程费用占设备费的比重；其他符号同前。

（3）朗格系数法：这种方法是以设备费为基数，乘以适当系数来推算项目的建设费用。其计算公式为：

C ＝ E（1 ＋ ∑K i）KC

式中 C——总建设费用；

E——主要设备费；

Ki——管线、仪表、建筑物等项费用的估算系数；

KC——管理费、合同费、应急费等项费用的总估算系数。

总建设费用与设备费用之比为朗格系数 KL，即：KL ＝（1 ＋ ∑K i）KC 应用朗格系数法进行工程项目或装置估价的精度仍不是很高，其原因如下：装置规模大小发生变化的影响；不同地区自然地理条件的影响；不同地区经济地理条件的影响；不同地区气候条件的影响；主要设备材质发生变化时，设备费用变化较大而安装费变化不大所产生的影响。

朗格系数法是以设备费为计算基础，估算误差在 10% ~ 15%。

4. 比例估算法

根据统计资料，先求出已有同类企业主要设备投资占全厂建设投资的比例，然后再估算出拟建项目的主要设备投资，即可按比例求出拟建项目的建设投资。其表达式为：I ＝ 1/K * ∑Q i Pi

式中 I—拟建项目的建设投资；K—主要设备投资占拟建项目投资的比例；

n——设备种类数；

Q i—第 i 种设备的数量；Pi—第 i 种设备的单价（到厂价格）。

5. 指标估算法

是把建设项目划分为建筑工程、设备安装工程、设备购置费及其他基本建设费等费用项目或单位工程，再根据各种具体的投资估算指标，进行各项费用项目或单位工程投资的估算，在此基础上，可汇总成每一单项工程的投资。另外，再估算工程建设其他费用及预备费，即求得建设项目总投资。

估算指标是一种比概算指标更为扩大的单位工程指标或单项工程指标。编制方法是采用有代表性的单位或单项工程的实际资料，采用现行的概预算定额编制概预算。或收集有关工程的施工图预算或结算资料，经过修正、调整反复综合平衡，以单项工程（装置、车间）或工段（区域，单位工程）为扩大单位，以"量"和"价"相结合的形式，用货币来反映活劳动与物化劳动。估算指标应是以定"量"为主，故在估算指标中应有人工数、主要设备规格表、主要材料量、主要实物工程量、各专业工程的投资等。对单项工程，应作简洁的介绍，必要时还要附工艺流程图、物料平衡表及消耗指标。这样，就为动态计算和经济分析创造条件。

（三）建设投资动态部分估算方法

建设投资动态部分主要包括价格变动可能增加的投资额、建设期利息两部分内容，如果是涉外项目，还应该计算汇率的影响。动态部分的估算应以基准年静态投资的资金使用计划为基础来计算，而不是以编制的年静态投资为基础计算。

1. 涨价预备费的估算

涨价预备费的估算可按国家或部门（行业）的具体规定执行，一般按下式计算：$PF = \sum It \left[(1+f)t-1 \right]$ 式中 PF—涨价预备费；It- 第 t 年投资计划额；f—年均投资价格上涨率；n—建设期年份数。

上式中的年度投资用计划额 KT 可由建设项目资金使用计划表中得出，年价格变动率可根据工程造价指数信息的累积分析得出。

2. 汇率变化对涉外建设项目动态投资的影响及计算方法

（1）外币对人民币升值。项目从国外市场购买设备材料所支付的外币换算成人民币的金额增加。

（2）外币对人民币贬值。项目从国外市场购买设备材料所支付的外币换算成人民币的金额减少。

3. 建设期利息的估算

建设期利息是指项目借款在建设期内发生并计入固定资产投资的利息。计算建设期利息时，为了简化计算，通常假定当年借款按半年计息，以上年度借款按全年计息，计算公式为：

各年应计利息＝（年初借款本息累计＋本年借款额 /2）× 年利率

年初借款本息累计＝上一年年初借款本息累计＋上年借款＋上年应计利息本年借款＝本年度固定资产投资—本年自有资金投入建设期利息＝建设期各年应利息合计

4.流动资金估算方法

流动资金是指生产经营性项目投产后，为进行正常生产运营，用于购买原材料、燃料，支付工资及其他经营费用等所需的周转资金。流动资金估算一般采用分项详细估算法。个别情况或者小型项目可采用扩大指标法。

5.分项详细估算法

流动资金的显著特点是在生产过程中不断周转，其周转额的大小与生产规模及周转速度直接相关。分项详细估算法是根据周转额与周转速度之间的关系，对构成流动资金的各项流动资产和流动负债分别进行估算。在可行性研究中，为简化计算，仅对存货、现金、应收账款和应付账款四项内容进行估算，计算公式为：

流动资金＝流动资产—流动负债

流动资产＝应收账款＋存货＋现金

流动负债＝应付账款流动资金本年增加额＝本年流动资金—上年流动资金

估算的具体步骤，首先计算各类流动资产和流动负债的年周转次数，然后再分项估算占用资金额。

（1）周转次数计算

周转次数是指流动资金的各个构成项目在一年内完成多少个生产过程。

周转次数＝360天/最低需要周转天数

存货、现金、应收账款和应付账款的最低周转天数，可参照同类企业的平均周转天数并结合项目特点确定。又因为：周转次数＝周转额/各项流动资金平均占用额如果周转次数已知，则：各项流动资金平均占用额＝周转额/周转次数。

（2）应收账款估算

应收账款是指企业对外赊销商品、劳务而占用的资金。应收账款的周转额应为全年赊销销售收入。在可行性研究时，用销售收入代替赊销收入。

计算公式：应收账款＝年销售收入/应收账款周转次数

（3）存货估算

存货是企业为销售或者生产耗用而储备的各种物资，主要有原材料、辅助材料、燃料、低值易耗品、维修备件、包装物、在产品、自制半成品和产成品等。为简化计算，仅考虑外购原材料、外购燃料、在产品和产成品，并分项进行计算。

计算公式：存货＝外购原材料＋外购燃料＋在产品＋产成品

外购原材料占用资金＝年外购原材料总成本/原材料周转次数外购燃料＝年外购燃料/按种类分项周转次数

在产品＝（年外购原材料、燃料＋年工资及福利费＋年修理费＋年其他制造费）/在产品周转次数

产成品＝年经营成本/产成品周转次数

（4）现金需要量估算

项目流动资金中的现金是指货币资金，即企业生产运营活动中停留于货币形态的那部分资金，包括企业库存现金和银行存款。计算公式为：现金需要量＝（年工资及福利费＋年其他费用）/现金周转次数。

年其他费用＝制造费用＋管理费用＋销售费用

（以上三项费用中所含的工资及福利费、折旧费、维简费、摊销费、修理费）。

（5）流动负债估算

流动负债是指在一年或者超过一年的一个营业周期内，需要偿还的各种债务。在可行性研究中，流动负债的估算只考虑应付账款一项。

计算公式为：应付账款＝（年外购原材料＋年外购燃料）/应付账款周转次数根据流动资金各项估算结果，编制流动资金估算表。

（6）扩大指标估算法

扩大指标估算法是根据现有同类企业的实际资料，求得各种流动资金率指标，亦可依据行业或部门给定的参考值或经验确定比率。将各类流动资金率乘以相对应的费用基数来估算流动资金。一般常用的基数有销售收入、经营成本、总成本费用和固定资产投资等。扩大指标估算法简便易行，但准确度不高，适用于项目建议书阶段的估算。扩大指标估算法计算流动资金的公式为：

年流动资金额＝年费用基数 × 各类流动资金率

年流动资金额＝年产量 × 单位产品产量占用流动资金额

（7）估算流动资金应注意的问题

在采用分项详细估算法时，应根据项目实际情况分别确定现金、应收账款、存货和应付账款的最低周转天数，并考虑一定的保险系数。

在不同生产负荷下的流动资金，应按不同生产负荷所需的各项费用金额，分别按照上述的计算公式进行估算，而不能直接按照100%生产负荷下的流动资金乘以生产负荷百分比求得。

流动资金属于长期性（永久性）流动资产，流动资金的筹措可通过长期负债和资本金（一般要求占30%）的方式解决。流动资金一般要求在投产前一年开始筹措，为简化计算，可规定在投产的第一年开始按生产负荷安排流动资金需用量。其借款部分按全年计算利息，流动资金利息应计入生产期间财务费用，项目计算期末收回全部流动资金（不含利息）。

二．设计概算

（一）设计概算的含义

设计概算是设计文件的重要组成部分，是在初步设计或扩大初步设计阶段，在投资估算的控制下，由设计单位根据初步设计设计图纸及说明书、概算定额（或概算指标）、各项费用定额（或取费标准）、设备及材料预算价格等资料或参照类似工程（决算）文件，用科学的方法计算和确定的建设项目从筹建至竣工交付使用所需全部费用的文件。

采用两阶段设计的建设项目，初步设计阶段必须编制设计概算；采用三阶段设计的建设项目，扩大初步设计（或称技术设计）阶段必须编制修正概算。

（二）设计概算的作用

设计概算的主要作用为：

1. 设计概算是编制建设项目投资计划、确定和控制建设项目投资的依据

国家规定：编制年度固定资产投资计划，确定计划投资总额及其构成数额，要以批准的初步设计概算为依据，没有批准的初步设计及其概算的建设工程不能列入年度固定资产投资计划。

经批准的建设项目设计总概算的投资额，是该工程建设投资的最高限额。在工程建设过程中，年度固定资产投资计划安排，银行拨款或贷款、施工图设计及其预算、竣工决算等，未经按规定的程序批准，都不能突破这一限额，以确保国家固定资产投资计划的严格执行和有效控制。

2. 设计概算是签订建设工程合同和贷款合同的依据

《中华人民共和国合同法》明确规定，建设工程合同是承包人进行工程建设，发包人支付价款的合同。合同价款的多少是以设计概算为依据的，而且总承包合同不得超过设计总概算的投资限额。

设计概算是银行拨款或签订贷款合同的最高限额，建设项目的全部拨款或贷款以及各单项工程的拨款或贷款的累计总额，不能超过设计概算。如果项目的投资计划所列投资额或拨款或贷款突破设计概算时，必须查明原因后由建设单位报请上级主管部门调整或追加设计概算总投资额，凡未经批准前，银行对其超支部分拒不拨付。

3. 设计概算是控制施工图设计和施工图预算的依据

4. 经批准的设计概算是建设项目投资的最高限额

设计单位必须按照批准的初步设计及其概算进行施工图设计，施工图预算不得突破设计概算。如确需突破总概算时，应按规定程序报经批准。

5. 设计概算是衡量设计方案技术经济合理性和选择最佳设计方案的依据

设计概算是设计方案技术经济合理性的综合反映，据此可以用来对不同的设计方案进行技术与经济合理性的比较，以便选择最佳设计方案。

6. 设计概算是工程造价管理及编制招标标底和投标报价的依据

设计总概算一经批准，就作为了工程造价管理的最高限额，并据此对工程造价进行严格的控制。以设计概算进行招标的工程，招标单位编制标底是以设计概算造价为依据的，并以此作为评标定标的依据。承包单位为了在投标竞争中取胜，也以设计概算为依据，编制出合适的投标报价。

7. 设计概算是考核建设项目投资效果的依据。

通过设计概算与竣工决算的对比，可以分析和考核投资效果的好坏，同时还可以验证设计概算的准确性，有利于加强设计概算管理和建设项目的造价管理工作。

（三）设计概算编制原则和依据

1. 设计概算编制原则

为提高建设项目设计概算编制质量，科学合理确定建设项目投资，设计概算编制应坚持以下原则：

严格执行国家的建设方针和经济政策的原则；

要完整、准确地反映设计内容的原则；

坚持结合拟建工程的实际，反映工程所在地当时价格水平的原则。

2. 设计概算编制依据

编制设计概算的主要依据包括：

（1）经批准的建筑安装工程项目的可行性研究报告。

（2）（扩大）初步设计文件，包括设计图纸及说明书，设备表、材料表等有关资料。

（3）建设地区的自然条件和技术经济条件资料，主要包括工程地质勘测资料，施工现场的水、电供应情况，原材料供应情况，交通运输情况等。

（4）建设地区的工资标准、材料预算价格和设备预算价格资料。

（5）国家、省、自治区颁发的现行建筑安装工程费用定额。

（6）国家、省、自治区颁发的现行建筑安装工程概算定额或指标。

（7）类似工程的概算、预算和技术经济指标等。

（8）施工组织设计文件。

（四）设计概算编制内容

设计概算的编制应包括由编制期价格、费率、利率、汇率等确定的静态投资和编制期到竣工验收前的工程价格变化等多种因素确定的动态投资两部分。

设计概算可分为三级概算，即单位工程概算、单项工程综合概算和建设项目总概算。

1. 单位工程概算

单位工程概算是确定单项工程中各单位工程建设费用的文件，它是编制单项工程综合概算的依据。

单位工程概算分为建筑工程概算和设备及安装工程概算两大类。

建筑工程概算包括：一般土建工程概算、给排水工程概算、采暖工程概算、通风工程概算、电气照明工程概算、工业管道工程概算和特殊构筑物工程概算。

设备及安装工程概算主要包括：机械设备及安装工程概算、电气设备及安装工程概算等。

2. 单项工程综合概算

单项工程综合概算是确定一个单项工程所需建设费用的文件。它根据单项内各专业单位工程概算汇总编制而成，是建设项目总概算的组成部分。

3. 建设项目总概算

建设项目总概算是确定整个建设项目从筹建到竣工验收所需全部费用的文件。它是根据各个单项工程综合概算、其他工程和费用概算，以及预备费汇总编制而成的。

建设项目总概算一般包括：工程费用、工程建设其他费用，以及预备费、固定资产投资方向调节税、建设期贷款利息等。

（五）建筑工程概算的编制

1. 编制方法

根据工程项目规模大小，初步设计或扩大初步设计深度等有关资料的齐备程度不同，通常可以采用以下几种方法编制建筑工程概算。

（1）根据概算定额编制概算；

（2）根据概算指标编制概算；

（3）根据类似工程预算编制概算

（4）根据概算定额编制概算

2. 采用概算定额编制概算的条件

工程项目的初步设计或扩大初步设计具有相当深度，建筑、结构类型要求比较明确，基本上能够按照初步设计的平、立、剖面图纸计算分部工程或扩大结构构件等项目的工程量时，可以采用概算定额编制概算。

3. 编制方法与步骤

（1）收集基础资料：采用概算定额编制概算，最基本的资料为前面所提的编制依据。除此之外，还应获得建筑工程中各分部工程施工方法的有关资料。对于改建或扩建的建筑工程，还需要收集原有建筑工程的状况图，拆除及修缮工程概算定额的费用定额及旧料残值回收计算方法等资料。

（2）熟悉设计文件：了解施工现场情况。在编制概算前，必须熟悉图纸，掌握工程结构形式的特点，以及各种构件的规格和数量等，并充分了解设计意图，掌握工程全貌，以便更好地计算概算工程量，提高概算的编制速度和质量。另外，概算工作者必须深入施工现场，调查、分析和核实地形、地貌、作业环境等有关原始资料，从而保证概算内容能更好地反映客观实际，为进一步提高设计质量提供可靠的原始依据。

（3）计算工程量：编制概算时，应按概算定额手册所列项目分列工程项目，并按其所规定的工程量计算规则进行工程量计算，以便正确地选套定额，提高概算造价的准确性。

（4）选套概算定额：当分列的工程项目及相应汇总的工程量，经复核无误后，即可选套概算定额，确定定额单价。通常选套概算定额的方法如下：

把定额编号、工程项目及相应的定额计量单位、工程量，按定额顺序填列于建筑工程概算表中

根据定额编号，查阅各工程项目的概算基价，填列于概算表格的相应栏内。

另外，在选套概算定额时，必须按各分部工程说明中的有关规定进行，避免错选或重套定额项目，以保证概算的准确性。

（5）计取各项费用，确定工程概算造价：当工程概算直接工程费确定后，就可按费用计算程序进行各项费用的计算，可按下式计算概算造价的单方造价。

土建工程概算造价＝直接费＋间接费＋利润

单方造价＝土建工程概算造价／建筑面积

（6）编制工程概算书。

4．采用概算指标编制概算

（1）采用概算指标编制概算的条件

对于一般民用工程和中小型通用厂房工程，在初步设计文件尚不完备、处于方案阶段，无法计算工程量时，可采用概算指标编制概算。概算指标是一种以建筑面积或体积为单位，以整个建筑物为依据编制的计价文件。它通常以整个房屋每 $100m$ 建筑面积（或按每座构筑物）为单位，规定人工、材料和施工机械使用费用的消耗量，所以比概算定额更综合、扩大。采用概算指标编制概算比采用概算定额编制概算更加简化。它是一种既准确又省时的方法。

（2）编制方法和步骤：收集编制概算的原始资料，并根据设计图纸计算建筑面积；根据拟建工程项目的性质、规模、结构内容及层数等基本条件，选用相应的概算指标；计算工程直接费。通常可按下列公式进行计算。

工程直接费＝每百平方米造价指标／100× 建筑面积

（3）概算指标调整方法

采用概算指标编制概算时，因为设计内容常常不完全符合概算指标规定的结构特征，所以就不能简单机械地按类似的或最接近的概算指标套用计算，而必须根据差别的具体情况，按下列公式分别进行换算。

单位面积造价调整指标＝原指标单价－换出结构构件单价＋换入结构构件单价式中，换出（入）结构构件单价可按下列公式进行计算。

换出（入）结构构件单价＝换出（入）结构构件工程量 × 相应概算定额单价工程概算直接费，可按下列公式进行计算。

概算直接费＝建筑面积 × 单位面积造价调整指标。

（五）采用类似工程预（决）算编制概算

1．采用类似工程预（决）算编制概算的条件

当拟建工程缺少完整的初步设计方案，而又急等上报设计概算，申请列入年度基本建

设计划时，通常采用类似工程预（决）算编制设计概算的方法，快速编制概算。类似工程预（决）算是指与拟建工程在结构特征上相近的，已建成工程的预（决）算或在建工程的预算。采用类似工程预（决）算编制概算，不受不同单位和地区的限制，只要拟建工程项目在建筑面积、体积、结构特征和经济性方面完全或基本类似，已（在）建工程的相关数额即可采用。

2.编制步骤和方法

（1）收集有关类似工程设计资料和预（决）算文件等原始资料。

（2）了解和掌握拟建工程初步设计方案。

（3）计算建筑面积。

（4）选定与拟建工程相类似的已（在）建工程预（决）算。

（5）根据类似工程预（决）算资料和拟建工程的建筑面积，计算工程概算造价和主要材料消耗量。

（6）调整拟建工程与类似工程预（决）算资料的差异部分，使其成为符合拟建工程要求的概算造价。

3.调整类似工程预（决）算的方法

采用类似工程预（决）算编制概算，往往因拟建工程与类似工程之间在基本结构特征上存在着差异，而影响概算的准确性。因此，必须先求出各种不同影响因素的调整系数（或费用），加以修正。具体调整方法如下：

（1）综合系数法：采用类似工程预（决）算编制概算，经常因建设地点不同而引起人工费、材料和施工机械使用费以及间接费、利润和税金等费用不同，故常采用上述各费用所占类似工程预（决）算价值的比重系数，即综合调整系数进行调整。采用综合系数法调整类似工程预（决）算，通常可按下列公式进行计算。

单位工程概算价值＝类似工程预（决）算价值 × 综合调整（差价）系数 K 式中：综合调整（差价）系数 K 可按下列公式计算

$K=a\% \times K1+b\% \times K2+C\% \times K3+d\% \times K4+e\% \times K5$ 式中：

a——人工工资在类似预（决）算价值中所占的比重

b——材料费在类似预（决）算价值中所占的比重

c——施工机械使用费在类似预（决）算价值中所占的比重

d——间接费及利润在类似预（决）算价值中所占的比重

e——税金在类似预（决）算价值中所占的比重

K1——工资标准因地区不同而产生在价值上差别的调整（差价）系数

K2——材料预算价格因地区不同而产生在价值上差别的调整（差价）系数

K3——施工机械使用费因地区不同而产生在价值上差别的调整（差价）系数

（2）价格（费用）差异系数法：采用类似工程预（决）算编制概算，常因类似工程预（决）算的编制时间距现在时间较长，现时编制概算，其人工工资标准、材料预算价格和施工机械使用费用以及间接费、利润和税金等费用标准必然发生变化。此时，则应将类似工程预（决）算的上述价格和费用标准与现行的标准进行比较,测定其价格和费用变动幅度系数，加以适当调整。采用价格（费用）差异系数法调整类似工程预（决）算，一般按下列公式进行计算。

单位工程概算价值＝类似工程预（决）算价值 ×G

（3）结构、材料差异换算法：每个建筑工程都有其各自的特异性，在其结构、内容、材质和施工方法上常常不能完全一致。因此，采用类似工程预（决）算编制概算，应充分注意其中的差异，进行分析对比和调整换算，正确计算工程费。

拟建工程的结构、材质和类似工程预（决）算的局部有差异时，一般可按下列公式进行换算。

单位工程概算造价＝类似工程预（决）算价值－换出工程费＋换入工程费

式中：换出（入）工程费＝换出（入）结构单价 × 换出（入）工程量

（六）设备及安装工程概算的编制

设备及安装工程分为机械及安装工程和电气设备及安装工程两部分。设备及安装工程的概算造价，是由设备购置费和安装工程费两部分组成。

1. 设备购置概算

设备购置概算是确定购置设备所需的原价和运杂费而编制的文件。

设备分为标准设备和非标准设备。标准设备的原价按各部、省、市、自治区规定的现行产品出厂价格计算；非标准设备是指制造厂过去没有生产过或不经常生产，而必须由选用单位先行设计委托承制的设备，其原价由设计机构依据设计图纸按设备类型、材质、重量、加工精度、复杂程度等进行估价，逐项计算，主要由加工费、材料费、设计费组成。其编制概算的方法与步骤如下：

（1）收集并熟悉有关设备清单、工艺流程图、设备价格及运费标准等基础资料。

（2）确定设备原价，设备原价通常按下列规定确定：

国产标准设备，按国家各部委或各省、直辖市、自治区规定的现行统配价格或工厂自行制定的现行产品出厂价格计算。

国产非标准设备，按主管部门批准的制造厂报价或参考有关类似资料进行估算。

引进设备，以引进设备货价（FOB 价）、国际运费、运输保险费、外贸手续费、银行财务费、关税和增值税之和为设备原价。

（3）计算设备运杂费。设备运杂费是指设备自出厂地点运至施工现场仓库或堆放地点止所发生的包装费、运输费、供销部门手续费等全部费用。通常可按占设备原价的百分比计算，其计算可按下列公式计算。

设备运杂费＝设备原价 × 运杂费率

（4）计算设备购置概算价值。设备购置概算价值可按下列公式计算：

设备购置概算价值＝设备原价＋设备运杂费＝设备原价×（1＋运杂费率）

2．设备安装工程概算

根据初步设计的深度和要求明确程度，通常设备安装工程概算的编制方法有预算单价法、扩大单价法和概算指标法三种。

3．预算单价法

当初步设计或扩大初步设计文件具有一定深度，要求比较明确，有详细的设备清单，基本上能计算工程量时，可根据各类安装工程概算定额编制设备安装工程概算。

4．扩大单价法

当初步设计的设备清单不完备，或仅有成套设备的数（质）量时，要采用主体设备、成套设备或工艺线的综合扩大安装单价编制概算。

5．概算指标法

当初步或扩大初步设计程度较浅，尚无完备的设备清单时，设备安装工程概算可按设备安装费的概算指标进行编制。

（1）按占设备原价的百分比计算。

设备安装工程费＝设备原价×设备安装费率

（2）按设备安装概算定额计算。

（3）按每吨设备安装费的概算指标计算。按下列公式计算。

设备安装工程费＝设备总吨数×每吨设备安装费

（七）建设项目总概算编制方法

1．总概算书的组成

总概算书一般由编制说明和总概算表及所属的综合概算表、工程建设其他费用概算表组成。

2．编制说明

（1）工程概况

主要说明建设项目的建设规模、范围、建设地点、建设条件、建设期限、产量、生产品种、公用设施及厂外工程情况等。

（2）编制依据

主要说明设计文件依据、定额或指标依据、价格依据、费用标准依据等。

（3）编制方法

主要说明建设项目中主要专业的编制方法是采用概算定额还是概算指标编制的。

（4）投资分析

主要说明总概算价值的组成及单位投资、与类似工程的分析比较、各项投资比例分析和说明该设计的经济合理性等。

（5）主要材料和设备数量

说明建筑安装工程主要材料，如钢材、木材、水泥等数量，主要机械设备、电气设备数量。

（6）其他有关问题

主要说明编制概算文件过程中存在的其他有关问题等。

3．总概算表

总概算表的项目可按工程性质和费用构成划分为工程费用、其他费用和预备费用三项。总概算价值按其投资构成，可分为以下几部分费用：

（1）建筑工程费用，包括各种厂房、库房、住宅、宿舍等建筑物和矿井、铁路、公路、码头等构筑物的建筑工程，特殊工程的设备基础，各种工业炉砌筑，金属结构工程，水利工程，场地平整、厂区整理、厂区绿化等费用。

（2）安装工程费用，包括各种安装工程费用。

（3）设备购置费，包括一切需要安装和不需要安装的设备购置费。

（4）工器具及生产家具购置费。

（5）其他费用。

4．总概算书的编制方法与步骤

（1）收集编制总概算的基础资料。

（2）根据初步设计说明、建筑总平面图、全部工程项目一览表等资料，对各工程项目内容、性质、建设单位的要求，进行概括性了解．

（3）根据初步设计文件、单位工程概算书、定额和费用文件等资料，审核各单项工程综合概算书及其他工程与费用概算书。

（4）编制总概算表，填写方法与综合概算类似。

（5）编制总概算说明，并将总概算封面、总概算说明、总概算表等按顺序汇编成册，构成建设工程总概算书。

5．设计概算案例分析

某医科大学拟建一栋综合实验楼，该楼一层为加速器室，2～5层为工作室。建筑面积1360㎡。根据扩大初步设计计算出该综合实验楼各扩大分项工程的工程量以及当地概算定额的扩大单价列于表4-6中。根据当地现行定额规定的工程类别划分原则，该工程属三类工程。三类工程各项费用的费率分别为：措施费率5.63%，管理费率5.40%，利润率3.6%，规费率3.12%，计税系数3.41%。零星工程费为概算直接工程费的5%，不考虑材料的价差。

拟建砖混结构住宅工程3420m，结构形式与已建成的某工程相同，只有外墙保温贴面不同，其他部分均较为接近。类似工程外墙为珍珠岩板保温、水泥砂浆抹面，每平方米建筑面积消耗量分别为：0.044m³、0.842m，珍珠岩板153.1元/m³，水泥砂浆8.95元/m³；拟建工程外墙为加气混凝土保温、外贴釉面砖，每平方米建筑面积消耗量分别为：0.08m³、0.82m，加气混凝土185.48元/m³，贴釉面砖49.75元/m。类似工程单方造价588元/m，其中，人工费、材料费、机械费、措施费、管理费、利润、规费占单方造价比例分别为：11%、

62%、6%、6%、4%、4%、3%，拟建工程与类似工程预算造价在这几方面的差异系数分别为：1.12，1.56，1.13，1.02，1.03，1.01，0.99。

应用类似工程预算法确定拟建工程的单位工程概算造价；

若类似工程预算中，每平方米建筑面积主要资源消耗分别为：

人工消耗量 5.08 工日单价：27.72 元 / 工日钢材消耗量 23.8kg 单价：3.25 元 /kg 水泥消耗量 205kg 单价：0.38 元 /kg 原木消耗量 0.05m 单价：980 元 /m 铝合金门窗 0.24m 单价：350 元 /m 其他材料费为主材费的 45%，机械费占直接工程费的 8%。拟建工程除直接工程费外的其他间接费用综合费率为 20%，试应用概算指标法确定拟建工程的单位工程概算造价。

6. 应用类似工程预算法计算如下：

（1）拟建工程概算指标 = 类似工程单方造价 × 综合差异系数（K）

K=11% × 1.12+62% × 1.56+6% × 1.13+6% × 1.02+4% × 1.03+4% × 1.01+3% × 0.99=1.33

拟建工程概算指标 =588 × 1.33=782.04 元 /m²

（2）结构差异额 =0.08 × 185.48+0.82 × 49.75 － （0.044 × 153.1+0.842 × 8.95）=41.36 元 /m²

（3）修正概算指标 =782.04+41.36=823.40 元 /m²

（4）拟建工程概算造价 =3420 × 823.40=2816028 元 =281.6 万元

三. 施工图预算

（一）施工图预算的概念和作用

1. 施工图预算的概念

从传统意义上讲，施工图预算是指在施工图设计完成以后，按照主管部门制定的预算定额、费用定额和其他取费文件等编制的单位工程或单项工程预算价格的文件。

从现有意义上讲，只要是按照施工图纸以及计价所需的各种依据在工程实施前所计算的工程价格，均可以称为施工图预算价格。

施工图预算可以划分为两种计价模式：

（1）传统定额计价模式

我国传统的定额计价模式是采用国家、部门或地区统一规定的预算定额、单位估价表、取费标准、计价程序进行工程造价计价的模式，通常也称为定额计价模式。

定额计价模式的局限性；造价管理部门公布的造价信息与市场实际价格信息总有一定的滞后与偏离。

（2）工程量清单计价模式

工程量清单计价模式是招标人按照国家统一的工程量清单计价规范中的工程量计算规则提供工程量清单和技术说明，由投标人依据企业自身的条件和市场价格对工程量清单自主报价的工程造价计价模式。

2. 施工图预算的作用

（1）确定工程造价。

（2）签订施工合同的依据。

（3）银行办理拨款结算的依据。

（4）施工企业编制施工预算、调配资源的依据。

（5）施工企业实行经济核算和成本管理的依据。

3. 施工图预算编制的依据

（1）经审批的设计施工图纸、设计施工说明书以及必需的通用设计图（标准图）。

（2）国家或地区颁发的现行预算定额及取费的标准以及有关费用文件、材料预算价格等。

（3）施工组织设计或技术组织措施等。

（4）工程量计算规则。

（5）工程协议或合同条款中有关预算编制原则和取费标准规定。

（6）预算工程手册。如各种材料手册，常用计算公式和数据。

4. 施工图预算的编制方法和步骤

施工图预算由单位工程施工图预算（重点：由于施工图预算是以单位工程为单位编制的，按单项工程汇总而成，所以施工图预算编制的关键在于编制好单位工程施工图预算）、单项工程施工图预算和建设项目施工图预算三级逐级编制综合汇总而成。

《建筑工程施工发包与承包计价管理办法》（建设部令第 107 号）规定，施工图预算、招标标底（相当于现招标控制价）、投标报价由成本、利润和税金构成。其编制可以采用工料单价法和综合单价法两种计价方法。

工料单价法是传统的定额计价模式下的施工图预算编制方法。

综合单价法是适应市场经济条件的工程量清单计价模式下的施工图预算编制方法。

（1）单位估价法的编制步骤

首先根据单位工程施工图、预算定额和工程量计算规则计算出各分项工程的定额工程量；（采用预算定额工程量计算规则计算出的工程量称为定额工程量）；然后从预算定额中查出各分项工程的工料机基价，并将各分项工程量与其相应的工料机基价相乘，其乘积就是各分项工程的定额人工费、材料费和施工机具使用费；再累计各分项工程的价值，即得出该单位工程的定额人工费、材料费和施工机具使用费；根据地区费用定额和各项取费标准（取费率），计算出企业管理费、利润、规费和税金；最后汇总以上各项费用即得到单位工程施工图预算造价。

（2）实物金额法的编制步骤

首先根据单位工程施工图、预算定额和工程量计算规则计算出各分项工程的工程量；然后从预算定额中查出各相应分项工程所需的人工、材料和机械台班定额用量；再分别将各分项工程的工程量与其相应的定额人工、材料和机械台班需用量相乘，累计其积并加以汇总，就得出该单位工程全部的人工、材料和机械台班的总耗用量；再将所得的人工、材料和机械台班总耗用量，各自分别乘以当时当地的工资单价、材料预算价格和机械台班单价，其积的总和就是该单位工程的人工费、材料费和施工机械使用费；根据地区费用定额和取费标准，计算出企业管理费、利润、规费和税金；最后汇总以上各项费用即得出单位工程施工图预算造价。

（二）工程量计算规则概述

1．工程量计算规则的概念和作用

2．工程量的概念

工程量是指以物理计量单位或自然计量单位表示的分项工程的。

3．工程量的作用

4．工程量计算规则的作用

（1）确定工程量项目的依据。

（2）施工图尺寸数据取定及内容取舍的依据。

（3）规定工程量调整系数。

（4）以《全国统一建筑工程基础定额》为例，它由文字说明、定额项目表、附录等三部分组成。其中文字说明部分明确规定了各分部分项工程的工程量计算规则。

5．规定工程量计算方法

6．计算工程量的依据

（1）经审定的施工设计图纸及其说明。

（2）工程量计算规则。

（3）经审定的施工组织设计或施工方案。

（4）经审定的其他有关技术经济文件。

7．计算工程量的一般原则

（1）工程量计算必须与定额规定一致。

（2）项目的划分必须与定额相一致。

（3）计算单位必须与定额计量单位相一致。

（4）计算规则必须与定额规定一致。

（5）工程量计算的原始数据和内容必须与设计图相一致。

工程量计算必须准确（工程量计算过程保留三位小数、结果保留两位小数）力求分层分段计算（注意计算顺序和统筹计算）。

8．工程量计算的一般步骤

计算工程量的一般步骤

（1）根据工程内容和预算定额项目，列出计算工程量分部分项工程名称。

（2）按一定的计算顺序和计算规则，列出计算式。

（3）根据施工图纸上的设计尺寸及有关数据，代入计算式进行数值计算。

（4）对计算结果的计量单位进行调整，使之与定额中相应分部分项工程的计量单位保持一致。

（三）统筹法计算工程量

1.统筹法原理的含义

利用统筹法原理计算工程量，是对每个分项工程的工程量进行分析，依据计算过程中的内在联系，按先主后次统筹安排计算程序，从而简化烦琐的计算。

实践表明，每个分项工程量计算都离不开"线、面"基数，它们在整个计算中常常反复多次使用。

线——指建筑平面图中外墙的中心线、外边线和内墙净长线；

面——指建筑物的底层建筑面积。

2.应用统筹法原理要点

（1）利用基数，连续计算

外墙中心线 L 中＝建筑平面图中所有外墙中心线长度之和

有关计算项目有：外墙基地槽，基础垫层，基础砌筑，墙基防潮层，地梁，外墙等。

外墙基础挖土：L 中 × 地槽截面

外墙基础垫层：L 中 × 垫层宽 × 厚

外墙基础砌体：L 中 × 砌体截面面积

外墙砌砖：（L 中 × 高－门窗洞）× 厚－圈过梁

外墙混凝土圈梁：L 中 × 圈梁截面面积

内墙净长线：L 内＝建筑平面图中所有内墙长度之和

有关计算项目有：内墙基地槽，基础垫层，基础，墙基防潮层，地梁，内墙，墙身抹灰等。

内墙基础挖土：L 内 × 地槽截面

内墙基础垫层：L 内 × 垫层宽 × 厚

内墙基础砌体：L 内 × 砌体截面面积

内墙砌砖：（L 内 × 高－门窗洞）× 厚－圈过梁

内墙混凝土圈梁：L 内 × 圈梁截面面积

外墙外边线：L 外＝L 中＋墙厚 ×4

有关项目有：勒脚，腰线，外墙抹灰，散水等，如散水抹面：（L 外＋4× 散水宽－台阶长）× 散水宽

底层建筑面积 S 底＝建筑底层平面勒脚以上结构外围水平面积。

有关项目有：平整场地、地面、楼面、屋面和顶棚等分项工程，如：

楼面抹灰：S 底－墙水平面积－楼梯间面积

平屋面找平层：S 底＋（L 外＋檐宽 ×4）× 檐宽

（2）统筹程序、合理安排

按施工或定额顺序计算工程量容易造成计算上的重复。

例：计算室内地面工程量按施工或定额顺序计算。

3．建筑安装工程费的计算

（1）人、材、机费用的计算

当计算完工程量后，就可以套用预算定额计算人工费、材料费和施工机具使用费，计算方法可采用单位估价法和实物金额法。

（2）企业管理费、利润、规费和税金的计算当计算完人工费、材料费和施工机具使用费后，就可以按照公式分别计算企业管理费、利润、规费和税金。

（3）定额工程量计算规则。

（四）工程量的概念

工程量清单是建设工程的分部分项工程项目、措施项目、其他项目、规费项目和税金项目的名称和相应数量等的明细清单。

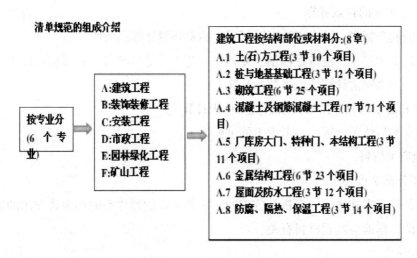

基础定额的组成介绍：包括人工土方和机械土方两部分。

土方工程量计算有关规定的要点：

1．正确区分土方开挖的分类

如人工土方工程主要包括平整场地、挖（槽、坑）、挖土方、回填土及运土等分项工程。

（1）平整场地

是指土层厚度在室外设计地坪标高 ±30cm 以内的就地挖填找平的土方工程。

（2）基槽

是指槽底宽度在 3m 以内（不包括加宽工作面），且槽长大于槽宽 3 倍的挖土均按挖地槽项目计算。

（3）基（地）坑

是指坑长小于坑宽 3 倍，且坑底面积在 20m² 以内（不包括加宽工作面）的挖土。

（4）挖土方

是指凡槽底宽度在 3m 以上，或坑底面积在 20m² 以上，或平整场地土层厚度在 30cm 以上，均按挖土方项目计算。

2．明确土壤或岩石的类别、土壤的湿度

（1）土壤或岩石类别不同（施工难易不同），其工程量计算结果和所选套的定额项目不同。在计算工程量前，应根据工程地质勘查报告，确定土方壤类别（土、石方应分别计算、土的类别共分为Ⅰ、Ⅱ、Ⅲ、Ⅳ）。

（2）干湿土的划分以地下常水位为准，地下常水位以上为干土，以下为湿土。

对于同一基槽、基坑或管道沟内的干土和湿土，应分别计算其工程量，但所选套预算定额时仍按其全部挖土深度计算。

3．了解挖填运土、排水的施工方法

土方工程的施工方法不同，其工程量计算要求和所选套定额项目也不相同，因此应了解施工组织设计的有关内容，明确具体的施工方法。

4．确定挖填土的起点标高

挖填土的起点标高，通常以施工图纸规定的室外设计标高为准。

该标高以下的挖土，应按挖沟槽、挖地坑、挖土方等分项计算；该标高以上的挖土按挖土方分项（方格网法计算场地平整）计算。

5．挖土和运土均以开挖的天然密实度体积计算

填土按夯实后体积计算（不考虑土的可松性）。

6．其他有关资料

（1）工作面宽度要求

工作面是指工人在槽、坑下进行施工时，需要一定的操作空间而单边放出的宽度。基础工作所需的工作面与基础材料有关。

（2）放坡要求

为了防止坍塌和保证施工安全，需将槽、坑边壁修成一定倾斜坡度，称作边坡。土方边坡坡度以开挖深度 H 和边坡底宽 B 之比表示。而 m=B/H 称为边坡系数。边坡系数与土质、开挖深度、施工方法有关。放坡的起点深度是指从室外地坪至垫层顶面的深度。

四．招标控制价和投标总价

（一）招标控制价

按照现行国家标准《建设工程工程量清单计价规范》GB50500-2013 的规定，依法必须招标的建设工程项目，必须实行工程量清单招标，并编制招标控制限价（招标最高限价也叫拦标价）。

《建设工程工程量清单计价规范》GB50500-2013 第 2.0.24 条规定：招标人根据国家或省级、行业建设主管部门颁发的有关计价依据和办法，以及拟定的招标文件和招标工程量清单，结合工程具体情况编制的招标工程的最高投标限价。即招标人在工程造价控制目标的限额范围内，设置的招标控制价，一般应包括总价及分部分项工程费、措施项目费、其他项目费、规费、税金，用以控制工程将设项目的合同价格。编制招标控制价的依据为省级造价管理部门办法的《工程量清单计价规则》《消耗量定额》和《工程价目表》。

招标控制价随招标文件一起发布。

1. 投标价

投标价即"投标人投标时报出的工程合同价"。投标价是投标人根据招标文件中工程量清单以及计价要求，结合施工现场实际情况及施工组织设计，按照企业工程施工定额或参照省工程造价管理机构发布的工程定额，结合当前人才机等市场价格信息，完成招标方工程量清单所列全部项目内容的全额费用，由投标企业自主编制确定的投标报价行为。

投标价的确定原则和对投标价编制依据的要求是自主报价，同时要贯彻执行现行国家计价规范和省级工程造价管理机构颁布的《工程量清单计价费率》；报价不得低于企业成本；并参照各省市工程造价管理机构发布的工程消耗量定额、《工程价目表》。

投标报价是企业实力的展现，是投标人对建设项目的心理价位，也适合招标控制价相对应的下限价位。投标报价是签订合同的价格依据，但它和评标价还是有区别的，签约合同价必须与投标报价保持一致。

2. 评标价

评标价的计算是以投标报价为基础，综合考虑质量、性能，交货或竣工时间，设备的配套性和零部件供应能力，设备或工程交付使用后的运行、维护费用，环境效益，付款条件以及售后服务等各种因素，按照招标文件中规定的权数或量化方法，将这些因素一一折算为一定的货币额，并加入到投标报价中，最终得出的就是评标价。

实践中，评标价与投标价很容易混淆，因为评标价的依据就是投标价，评标价是经过评标委员会按照招标文件的要求和标准，对投标价格中的算术性错误，在不改变投标报价的实质性内容并经过修正后形成的价格。评标委员会依据调整后的投标报价确定评标价格，并按照招标文件规定的评标方法和标准进行系统的评审和比较，从而得出结论。

目前，国内评标的基本要求是，投标人是否按照招标文件规定的内容范围及工程量清单或货物、服务清单数量进行报价，是否存在算数性错误，如果存在就要按规定修正。修正的价格经投标人书面确认后才具有约束力，投标人不接受修正价格的，其投标将被拒绝。

3. 签约合同价

按照现行国家标准《建设工程工程量清单计价规范》GB50500-2013，合同价有签约合同价和合同价格，两者有区别。

签约合同价是指"发承包双方在施工合同中约定的，包括了暂列金额、暂估价、计日工的合同总金额",是工程发、承包双方以合同形式确定的交易价格,反映的是形成合同价格的条件和签订合同价格的依据,是招投标的结果。

合同价格是指"发包人用于支付承包人按照合同约定完成承包范围内全部工作的金额,包括合同履行过程中按合同约定发生的价格变化",即工程竣工结算价。这和招投标所说的合同价还是有一定的区别。在招标投标活动中,合同价应该为投标人的中标价,及评标委员会对投标人投标报价经过系统的比较和评审后确定的价格,即签约合同价。

所以,签约合同价也不等于评标价。但是签约合同价必须要与投标报价相一致,因为这是投标人对招标文件全部理解并接受相关条件计算后,在符合自己最大利益的条件下,向招标方发出的要约,招标人一旦中标,该价格就是成为签订合同的价格,此价格就是完成工程量清单所列项目范围内的全部内容的价款,也是通过竞争后形成的比较合理的价格。也就是说,评审调整后的缺项漏项必须调整到完成该工程内容中,但其投标报价金额不得变动,否则,其投标将被拒绝。

4. 工程竣工结算价

竣工结算价为发承包双方依据国家有关法律、法规和标准规定,按照合同约定的,包括在履行合同过程中,按合同约定进行的工程变更、索赔和价款调整,是承包人按合同约定完成了全部承包工作后,发包人应付给承包人的合同总金额,也就是前条所说的合同价格(工程竣工结算价)。

竣工结算价,要从施工合同、工程量确认、现场签证、索赔和综合单价及取费标准等方面全面确定工程结算价。另外,工程结算价有利于工程预算价,更不是工程决算价,它是在承包合同的工程价款基础上根据实际完成工程量进行工程结算后的工程价款。工程结算价不一定都高于工程预算价,工程结算价通常都要按照实际发生的工程量进行计算。

(二)工程结算价有几种计价方式,按照合同类型分为

1. 总价合同,即:合同价+工程变更+签证+索赔=竣工结算价;

2. 单价合同,工程结算价=合同中约定的综合单价(投标文件中的综合单价)实际完成的工程量(1+税率)+现场签证及变更(合同外新增项目)+索赔;

3. 其他合同形式,根据合同条款的相关规定,计算出新的综合单价后,汇总出总的工程结算价。

4. 估算也叫投资估算,发生在项目建议书和可行性研究阶段;估算的依据是项目规划方案(方案设计),对工程项目可能发生的工程费用(含建安工程、室外工程、设备和安装工程等)、工程建设其他费用、预备费用和建设期利息(如果有贷款)进行计算,用于计算项目投资规模和融资方案选择,供项目投资决策部门参考;估算时要注意准确而全面地计算工程建设其他费用,这部分费用地区性和政策性较强。

5. 概算也叫设计概算,发生在初步设计或扩大初步设计阶段;概算需要具备初步设计或扩大初步设计图纸,对项目建设费用计算确定工程造价;编制概算要注意不能漏项、缺

项或重复计算，标准要符合定额或规范。

预算也叫施工图预算，发生在施工图设计阶段；预算需要具备施工图纸，汇总项目的人、机、料的预算，确定建安工程造价；编制预算关键是计算工程量、准确套用预算定额和取费标准。结算也叫竣工结算，发生在工程竣工验收阶段；结算一般由工程承包商（施工单位）提交，根据项目施工过程中的变更洽商情况，调整施工图预算，确定工程项目最终结算价格；结算的依据是施工承包合同和变更洽商记录（注意各方签字），准确计算暂估价和实际发生额的偏差，对照有关定额标准，计算施工图预算中的漏项和缺项部分的应得工程费用。

6.决算也叫竣工决算，发生在项目竣工验收后；决算一般由项目法人单位编制或委托编制，汇总计算项目全过程实际发生的总费用；决算在编制竣工决算总表和资产清单时，要注意全面、真实的反映项目实际造价估算和客观地评价项目实际投资效果。

以上估算、概算、预算、结算和决算精度不同：估算可以偏差 10% ~ 30%，概算和预算幅度差在 5%，结算精度最高，一般情况后者均不应超过前者的范围依据不同：分别为可行性研究报告\估算指标，概算指标，预算定额\图纸等相关资料编制时间不同，分别按时间先后顺序编制的另外所用的方法及编制单位也有些不相同。

7. 概算有可行性研究投资估算和初步设计概算两种，预算又有施工图设计预算和施工预算之分，基本建设工程预算是上述估算、概算和预算的总称。

工程建设预算泛指概算和预算两大类，或称工程建设预算是概算与预算的总称。概算和预算大致有如下区别：

（1）所起的作用不同，概算编制在初步设计阶段，并作为向国家和地区报批投资的文件，经审批后用以编制固定资产计划，是控制建设项目投资的依据；预算编制在施工图设计阶段，它起着建筑产品价格的作用，是工程价款的标底。

（2）编制依据不同，概算依据概算定额或概算指标进行编制，其内容项目经扩大而简化，概括性大，预算则依据预算定额和综合预算定额进行编制，其项目较详细，较重要。

（3）编制内容不同，概算应包括工程建设的全部内容，如总概算要考虑从筹建开始到竣工验收交付使用前所需的一切费用；预算一般不编制总预算，只编制单位工程预算和综合预算书，它不包括准备阶段的费用（如勘察、征地、生产职工培训费用等）。

一般情况下：决算不能超过预算、预算不能超过概算、概算不能超过估算。

8. 一般看到有些上面写了工程概（预）算，可不是很清楚概算与预算的区别，本人的理解是概算在前，预算在后，概算较粗，预算较细，不过更详细的区别就不知道了，

（1）工程造价，又称工程概预算，是对工程项目所需全部建设费用计算成果的统称。在不同阶段，其名称、内容各有不同。总体设计时叫估算；初步设计时叫概算；施工图设计时叫预算；竣工时则叫结算。所以都是"算"，但针对的工程阶段不同，相应地，计算对象和方式也有不同。

（2）对于新手，关键是要弄清楚一点，即概算和预算的编制内容不同，概算应包括

工程建设的全部内容,如总概算要考虑从筹建开始到竣工验收交付使用前所需的一切费用;预算一般不编制总预算,只编制单位工程预算和综合预算书,它不包括前准备阶段的费用(如勘察、征地、生产职工培训费用等)。

9. 设计概算

设计概算是在初步设计或扩大初步设计阶段,由设计单位根据初步设计或扩大初步设计图纸,概算定额、指标,工程量计算规则,材料、设备的预算单价,建设主管部门颁发的有关费用定额或取费标准等资料预先计算工程从筹建至竣工验收交付使用全过程建设费用经济文件。简言之,即计算建设项目总费用。主要作用:

(1)国家确定和控制基本建设总投资的依据。

(2)确定工程投资的最高限额。

(3)工程承包、招标的依据。

(4)核定贷款额度的依据。

(5)考核分析设计方案经济合理性的依据。

10. 修正概算

在技术设计阶段,由于设计内容与初步设计的差异,设计单位应对投资进行具体核算,对初步设计概算进行修正而形成的经济文件。其作用与设计概算相同。

11. 施工图预算

施工图预算是指拟建工程在开工之前,根据已批准并经会审后的施工图纸、施工组织设计、现行工程预算定额、工程量计算规则、材料和设备的预算单价、各项取费标准,预先计算工程建设费用的经济文件。

主要作用:

(1)是考核工程成本、确定工程造价的主要依据。

(2)是编制标底、投标文件、签订承发包合同依据。

(3)是工程价款结算的依据。

(4)是施工企业编制施工计划的依据。

12. 施工预算

施工预算是施工单位内部为控制施工成本而编制的一种预算。它是在施工图预算的控制下,由施工企业根据施工图纸、施工定额并结合施工组织设计,通过工料分析,计算和确定拟建工程所需的工、料、机械台班消耗及其相应费用的技术经济文件。

主要作用:

(1)是企业内部下达施工任务单、限额领料、实行经济核算的依据。

(2)是企业加强施工计划管理、编制作业计划的依据。

(3)是实行计件工资、按劳分配的依据

五．竣工结算编制与工程价款结算

（一）工程价款结算

1. 工程价款的结算方法

（1）按月结算，即实行按月支付进度款，竣工后清算的办法。合同工期在两个年度以上的工程，在年终进行工程盘点，办理年度结算。

（2）分段结算，即当年开工、当年不能竣工的工程按照工程形象进度，划分不同阶段支付工程进度款。具体划分在合同中明确。

（3）竣工后一次结算，建筑安装工程建设期在 12 个月以内，或者工程承包合同价值在 100 万元以下的，可以实行工程价款按月预支，竣工后一次结算。

2. 工程预付款计算与支付

工程预付款是建设工程施工合同订立后由发包人按照合同约定，在正式开工前预先支付给承包人作为施工项目储备和准备主要材料、结构件所需的流动资金，因此，国内也称其为预付备料款。

3. 工程预付款的额度

工程预付款的额度应能保证施工所需材料和构件的正常储备。在施工合同中应约定工程预付款的百分比。一般方法如下：

（1）根据施工工期、建安工作量、主要材料和构件费用占建安工作量的比例以及材料储备周期等因素经测算确定。对于施工企业常年应备的备料款数额，可按下式计算：

备料款数额＝（全年建安工作量 × 主材比重）÷ 年度施工日历天数 × 材料储备天数

预付备料款额度＝预付备料款数额 ÷ 年度建安工作量 ×100%

（2）规定百分比的方法

在实际工程中，备料款的数额，要根据工程类型、合同工期、承包方式和供应方式等不同条件而定。例如：一般建筑工程预付款的数额可为当年建筑工作量（包括水、电、暖）的 20%；安装工程可为年安装工作量的 10%；材料占比重多的安装工程可按年计划工作量的 15% 左右拨付。

小型工程可以不预付备料款，直接分阶段拨付工程进度款等。

计价执行《建设工程工程量清单计价规范》的工程，实体性消耗和非实体性消耗部分应在合同中分别约定预付款比例。

4. 工程预付款的支付

《建设工程价款结算暂行办法》规定，在具备施工条件的前提下，发包人应在双方签订合同后的一个月内或不迟于约定的开工日期前的 7 天内预付工程款，发包人不按约定预付，承包人应在预付时间到期后 10 天内向发包人发出要求预付的通知，发包人收到通知后仍不按要求预付，承包人可在发出通知 14 天后停止施工，发包人应从约定应付之日起向承包人支付应付款的利息（利率按同期银行贷款利率计），并承担违约责任。

5. 工程预付款的扣还

工程预付款属于预付性质，在工程后期应随工程所需材料储备逐步减少，以抵充工程价款的方式陆续扣还。常用扣还办法有三种：一是按照公式计算来确定起扣点和抵扣额；二是按照合同约定办法抵扣；三是工程竣工结算时一次抵扣。

（1）按公式计算起扣点和抵扣额。这种方法原则上是以未施工工程所需材料的价值相当于备料款数额时起扣，于每次结算工程价款时，按材料比重扣抵工程价款，竣工前全部扣清。

起扣点＝施工合同总值－未完工程价值＝施工合同总值－工程预付款／主要材料比重

即：T=P-M/N

（2）按合同规定办法扣还预付款。为简便起见，在施工合同中采用协商的起扣点和采用固定的比例扣还预付款办法，甲乙双方共同遵守。

（3）工程竣工结算时一次扣留预付款

预付款在施工前一次拨付，施工过程中不分次抵扣，在最后一次拨付工程款时将预付款一次性扣留。

6. 工程质量保证金的计算

工程质量保证金的扣留方法主要有两种：

（1）约定扣留法：由施工合同当事人双方在合同中约定保证金的扣留方法。保证金可以实行从每次工程款中扣留，累计扣留保证金一般为合同价的 3%～5%。

（2）从竣工结算款中一次性扣留。

根据国家建设部、财政部颁布的《关于印发＜建设工程质量保证金管理暂行办法＞的通知》的规定，在施工合同中双方应约定工程质量缺陷责任期，一般应为 6 个月、12 个月或 24 个月。在缺陷责任期满后，工程质量保证金及其利息扣除已支出费用后的剩余部分退还给承包商；缺陷责任期从工程通过竣（交）工验收之日起计。由于承包人原因导致工程无法按规定期限进行竣（交）工验收的，缺陷责任期从实际通过竣（交）工验收之日起计。由于发包人原因导致工程无法按规定期限进行竣（交）工验收的，在承包人提交竣（交）工验收报告 90 天后，工程自动进入缺陷责任期。

（二）工程计量与工程进度款计算与支付

1. 工程计量

工程计量是工程价款结算和支付的前提，《清单计价规范》规定：承包人应当按照合同约定的方法和时间，向发包人提交已完工程量的报告。发包人接到报告后 14 天内核实已完工程量，并在核实前 1 天通知承包人，承包人应提供条件并派人参加核实，承包人收到通知后不参加核实，以发包人核实的工程量作为工程价款支付的依据。

2. 工程进度款的计算

（1）采用工料单价合同时，在确定已完工程量（即计量）后，可按以下步骤计算工程进度款：根据已完工程量的项目名称、分项编号、单价得出合价；将本次所完全部项目合价相加，得出直接工程费小计；按规定计算措施费、间接费（包括规费和企业管理费）、利润、税金；按合同约定或其他规定调整价款；扣除预付款、质量保证金等；确定本次应收工程进度款。

3．工程进度款的基本算法

采用综合单价合同时，工程量得到确认后，将工程量与综合单价相乘得出合价，再累加（计算）规费和税金，基本算法是：

工程进度款＝∑（计价项目计量工程量×综合单价）×（1＋规费费率）×（1＋税金率）

计算出工程进度款后，再根据合同约定或其他规定做出相应调整，扣除预付款、质量保证金等，最后确定本次应收工程进度款。

4．工程进度款支付

根据《清单计价规范》的规定，工程进度款支付程序如下：

（1）根据确定的工程计量结果，承包人向发包人提出支付工程进度款申请，14天内，发包人应按不低于工程价款的60%，不高于工程价款的90%向承包人支付工程进度款。按约定时间发包人应扣回的预付款，与工程进度款同期结算抵扣。

（2）发包人超过约定的支付时间不支付工程进度款，承包人应及时向发包人发出要求付款的通知，发包人收到承包人通知后仍不能按要求付款，可与承包人协商签订延期付款协议，经承包人同意后可延期支付，协议应明确延期支付的时间。

（3）发包人不按合同约定支付工程进度款，双方又未达成延期付款协议，导致施工无法进行，承包人可停止施工，由发包人承担违约责任。

5．工程价款结算的方法

办理工程价款竣工结算的一般公式为：

工程价款总额＝合同价款＋施工过程中合同价款调整数额

最终付款＝工程价款总额－预付及已结算工程价款－工程质量保证金

6．工程价款的调整方法

工程价款价差调整的方法有：工程造价指数调整法、实际价格调整法、调价文件计算法、调值公式法等。下面分别加以介绍。

（1）工程造价指数调整法。甲乙方采用当时的预算（或概算）定额单价计算出承包合同价，待竣工时，根据合理的工期及当地工程造价管理部门所公布的该月度（或季度）的工程造价指数，对原承包合同价予以调整。

（2）实际价格调整法。在我国有些地区规定对钢材、木材、水泥等三大材的价格采取按实际

价格结算的方法：工程承包商可凭发票按实报销。

（3）调价文件计算法。甲乙方采取按当时的预算价格承包，在合同工期内，按照造

价管理部门调价文件的规定，进行抽料补差（在同一价格期内按所完成的材料用量乘以价差）。也有的地方定期发布主要材料供应价格和管理价格，对这一时期的工程进行抽料补差。

（4）调值公式法：根据国际惯例，对建设项目工程价款的动态结算，一般是采用此法。

建筑安装工程费用价格调值公式一般包括固定部分、材料部分和人工部分。但当建筑安装工程的规模和复杂性增大时，公式也变得更为复杂。

P——调值后合同价款或工程实际结算款；

P0——合同价款中工程预算进度款；

a0——固定要素，代表合同支付中不能调整的部分占合同总价中的比重；

a1、a2、a3、a4——代表有关各项费用（如：人工费用、钢材费用、水泥费用、运输费等）在合同总价中所占比重 a0+a1+a2+a3+a4……=1；

A0、B0、C0、D0——投标截止日期前 28 天与 a1、a2、a3、a4……对应的各项费用的基期价格指数或价格；

A、B、C、D——在工程结算月份与 a1、a2、a3、a4……对应的各项费用的现行价格指数或价格。

7. 案例解析

某施工单位承包某工程项目，甲乙双方签订的关于工程价款的合同内容有：

（1）建筑安装工程造价 660 万元，建筑材料及设备费占施工产值的比重为 60%。

（2）工程预付款为建筑安装工程造价的 20%。工程实施后，工程预付款从未施工，工程尚需的建筑材料及设备费相当于工程预付款数额时起扣，从每次结算工程价款中按材料和设备占施工产值的比重扣抵工程预付款，竣工前全部扣清。

（3）工程进度款逐月计算。

（4）工程质量保证金为建筑安装工程造价的 3%，竣工结算月一次扣留。

（5）建筑材料和设备价差调整按当地工程造价管理部门有关规定执行（当地工程造价管理部门有关规定，上半年材料和设备价差上调 10%，在 6 月份一次调增）。

8. 工程各月实际完成产值如表 1-4-1。

表 1-4-1 各月实际完成产值（单位：万元）

月份	2	3	4	5	6	合计
完成产值	55	110	165	220	110	660

（1）通常工程竣工结算的前提是什么？

（2）工程价款结算的方式有哪几种？

（3）该工程的工程预付款、起扣点为多少？

（4）该工程 2 月至 5 月每月拨付工程款为多少？累计工程款为多少？

（5）月份办理工程竣工结算，该工程结算造价为多少？甲方应付工程结算款为多少？

（6）该工程在保修期间发生屋面漏水，甲方多次催促乙方修理，乙方一再拖延，最后甲方另请施工单位修理，修理费 1.5 万元，该项费用如何处理?

（1）工程竣工结算的前提条件是承包商按照合同规定的内容全部完成所承包的工程，并符合合同要求，经相关部门联合验收质量合格。

（2）工程价款的结算方式主要分为按月结算、按节点分段结算、竣工后一次结算和双方约定的其他结算方式。

（3）工程预付款：660 万元 × 20% = 132 万元

起扣点：660 万元 — 132 万元 /60% = 440 万元

（4）各月拨付工程款为：

2 月：工程款 55 万元，累计工程款 55 万元

3 月：工程款 110 万元，累计工程款 = 5 + 110 = 165 万元

4 月：工程款 165 万元，累计工程款 =165 + 165 = 330 万元

5 月：工程款 220 万元，（220 万元 +330 万元 — 440 万元）× 60% = 154 万元

累计工程款 = 330 + 154 = 484 万元

（5）工程结算总造价为：660 万元 + 660 万元 × 0.6 × 10% = 699.6 万元

甲方应付工程结算款：699.6 万元 — 484 万元 —（699.6 万元 × 3%）— 132 万元 = 62.612 万元

（6）1.5 万元维修费应从乙方（承包方）的质量保证金中支付。

六.　竣工结算

（一）建筑工程竣工结算程序与原则

所谓竣工结算，是指一个单位工程、单项工程或建设项目的建筑安装工程完工并经建设单位及有关部门验收点交后，按照合同（协议）等有关规定，在原施工图预算、合同价格的基础上编制调整预算和价格，由承包人提出，并经发包人审核签认的，以表达该工程造价为主。

所谓竣工结算，是指一个单位工程、单项工程或建设项目的建筑安装工程完工并经建设单位及有关部门验收点交后，按照合同（协议）等有关规定，在原施工图预算、合同价格的基础上编制调整预算和价格，由承包人提出，并经发包人审核签认的，以表达该工程造价为主要内容，并作为结算工程价款依据的经济文件的行为。

1. 竣工结算的原则

办理工程竣工结算，要求遵循以下基本原则：

（1）任何工程的竣工结算，必须在工程全部完工、经点交验收并提出竣工验收报告以后方能进行。对于未完工程或质量不合格者，一律不得办理竣工结算。对于竣工验收过程中提出的问题，未经整改达到设计或合同要求，或已整改而未经重新验收认可者，也不得办理竣工结算。当遇到工程项目规模较大且内容较复杂时，为了给竣工结算创造条件，

应尽可能提早做好结算准备，在施工进入最后收尾阶段即将全面竣工之前，结算双方取得一致意见，也可以开始逐项核对结算的基础资料，但办理结算手续，仍应到竣工以后，不能违反原则，擅自结算。

（2）工程竣工结算的各方，应共同遵守国家有关法律、法规、政策方针和各项规定，要依法办事，防止抵触、规避法律、法规、政策方针和其他各项规定及弄虚作假的行为发生，要对国家负责，对集体负责，对工程项目负责，对投资主体的利益负责，严禁通过竣工结算，高估冒算，甚至串通一气，套用国家和集体资金，挪作他用或牟取私利。

（3）工程竣工结算，一般都会涉及许多具体复杂的问题，要坚持实事求是，要针对具体情况具体分析，从实际出发，对于具体疑难问题的处理要慎重，要有针对性，做到既合法，又合理，既坚持原则，又灵活对待，不得以任何借口和强调特殊原因，高估冒算和增加费用，也不得无理压价，以致损害相对方的合法利益。

（4）应强调合同的严肃性。合同是工程结算是直接、最主要的依据之一，应全面履行工程合同条款，包括双方根据工程实际情况共同确认的补充条款。同时，应严格执行双方据以确定合同造价的包括综合单价、工料单价及取费标准和材料设备价格等计价方法，不得随意变更，变相违反合同以达到某种不正当目的。

（5）办理竣工结算，必须依据充分，基础资料齐全。包括设计图纸、设计修改手续、现场签证单、价格确认书、会议记录、验收报告和验收单，其他施工资料，原施工图预算和报价单，甲供材料、设备清单等，保证竣工结算建立在事实基础上，防止走过场或虚构事实的情况发生。

2. 竣工结算程序

以下是竣工结算的一般程序：

（1）对确定作为结算对象的工程项目内容作全面认真的清点，备齐结算依据和资料。

（2）以单位工程为基础，对施工图预算、报价的内容，包括项目、工程量、单价及计算方面进行检查核对。为了尽可能做到竣工结算不漏项，可在工程即将竣工时，召开单位内部有施工、技术、材料、生产计划、财务和预算人员参加的办理竣工结算预备会议，必要时也可邀请发包人、监理单位等参加会议，做好核对工作。包括：

核对开工前施工准备与水、电、煤气、路、污水、通讯、供热、场地平整等"七通一平"；核对土方工程挖、运数量，堆土处置的方法和数量；核对基础处理工作，包括淤泥、流沙、暗浜、河流、塌方等引起的基础加固有无漏算；核对钢筋混凝土工程中的含钢量是否按规定进行调整，包括为满足施工需要所增加的钢筋数量；核对加工订货的规格、数量与现场实际施工数量是否相符；核对特殊工程项目与特殊材料单价有无应调未调的；核对室外工程设计要求与施工实际是否相符；核对因设计修改引起工程变更记录与增减账是否相符；核对分包工程费用支出与预算收入是否有矛盾；核对施工图要求与施工实际有无不符的项目；核对单位工程结算书与单项工程结算书有关相同项目、单价和费用是否相符；核对施工过程中有关索赔的费用是否有遗漏；核对其他有关的事实、根据、单价和与工程结算相关联的费用。

经检查核对，如发生多算、漏算或计算错误以及定额分部分项或单价错误，应及时进行调整，如有漏项应予补充，如有重复或多算应删减。

（3）对发包人要求扩大的施工范围和由于设计修改、工程变更、现场签证引起的增减预算进行检查，核对无误后，分别归入相应的单位工程结算书。

（4）将各个专业的单位工程结算分别以单项工程为单位进行汇总，并提出单项工程综合结算书。

（5）将各个单项工程汇总成整个建设项目的竣工结算书。

（6）编写竣工结算编制说明，内容主要为结算书的工程范围，结算内容，存在的问题以及其他必须加以说明的事宜。

（7）复写、打印或复印竣工结算书，经相关部门批准后，送发包人审查签认。

（二）竣工结算的概念

工程竣工结算是指单位工程或单项建筑安装工程完工后，经建设单位及有关部门验收点交后，按规定程序施工单位向建设单位收取工程价款的一项经济活动。

竣工结算是在施工图预算的基础上，根据实际施工中出现的变更、签证等实际情况由施工单位负责编制的。

1. 竣工结算的作用

（1）竣工结算是施工单位与建设单位结清工程费用的依据。

（2）竣工结算是施工单位考核工程成本，进行经济核算的依据。

（3）竣工结算是编制概算定额和概算指标的依据。

2. 竣工结算的方式

（1）施工图预算加签证结算的方式。

（2）预算包干结算形式。

（3）竣工决算的概念。

竣工决算是由建设单位编制的反映建设项目实际造价和投资效果的文件。包括了项目从筹建到竣工投产全过程的全部实际支出费用，即建筑安装工程费、设备工器具购置费、预备费、工程建设其他费用等。

3. 竣工决算的作用

（1）全面反映竣工项目的实际建设情况和财务情况；

（2）有利于节约基建投资；

（3）有利于经济核算；

（4）考核设计概算的执行情况，提高管理水平。

（5）平方米造价包干的结算方式；

（6）招、投标结算方式。

决算说的是决算审计，即由专门的审计机构对工程的相关费用进项审核（主要是对施工方提供的决算工程量和金额），确定应该支付给施工方的最终价款，每当施工工程完工就要做决算。

结算，更注重说的是整个工程项目全部完成之后，对整个工程造价的核算，结算之后，相关在建工程转入固定资产，并按合同约定支付工程款。

（三）工程审计的种类

1. 工程审计包括两大类型：工程造价审计和竣工财务决算审计

造价审计一般是对单项、单位工程的造价进行审核，其审计过程与乙方的决算编制过程基本相同，即按照工程量套定额。这由造价工程师完成。

对于建设单位来说，由于造价审计只是审核单项、单位工程的合同造价，一个建设项目的总的支出是由很多单项、单位工程组成的，而且还有很多支出比如前期开发费用、工程管理杂费等是不需要造价审计的，所以还要有一个竣工财务决算审计，就是将造价工程师审定的，和未经造价工程师审核的所有支出加在一起，审查其是否有不合理支出，是否有挤占建设成本和计划外建设项目的现象等，来确定一个建设项目总的造价。这由注册会计师完成。

2. 工程决算审计的范围

有政府性投资的建设项目，一律要进行工程决算审计。即所有行政、事业单位、国有企业的建设项目都要经过造价审计和财务决算审计。非政府性投资的建设项目，规模较大而且涉及的利害关系人较多的，必须进行工程造价审计，比如房开企业开发的房地产。企业建造自用的建设项目由企业决定是否审计。

3. 工程决算审计内容审查决算资料的完整性建设、施工等与建设项目相关的单位应提供的资料

（1）经批准的可行性研究报告，初步设计、投资概算、设备清单；

（2）工程预算（投标报价）、结算书；

（3）同级财政审批的各年度财务决算报表及竣工财务决算报表；

（4）各年度下达的固定资产投资计划及调整计划；

（5）各种合同及协议书；

（6）已办理竣工验收的单项工程的竣工验收资料；

（7）施工图、竣工图和设计变更、现场签证，施工记录；

（8）建设项目设备、材料采购及入、出库资料；

（9）财务会计报表、会计账簿、会计凭证及其他会计资料；

（10）工程项目交点清单及财产盘点移交清单；

4. 竣工财务决算报表和说明书完整性、真实性审计

（1）大、中型建设项目财务决算：基本建设项目竣工决算审批表；大、中型建设项目竣工工程概况表；竣工工程财务决算表；交付使用资产总表；交付使用资产明细表。

（2）小型基建项目财务决算报表如下：竣工工程决算总表；交付使用资产明细表。

5. 各项建设投资支出的真实性、合规性审计

包括：建安工程投资审计；设备投资审计；待摊投资列支的审计；其他投资支出的审计；待核销基建支出的审计；转出投资审计。

6. 建设工程竣工结算的真实性、合规性审计

包括：约定的合同价款及合同价款调整内容以及索赔事项是否规范；工程设计变更价款调整事项是否约定；施工现场的造价控制是否真实合规；工程进度款结算与支付是否合规；工程造价咨询机构出具的工程结算文件是否真实合规。

7. 概算执行情况审计

包括：实际完成投资总额的真实合规性审计，概算总投资、投入实际金额、实际投资完成额的比较；分析超支或节余的原因。

8. 交付使用资产真实性、完整性审计

包括：是否符合交付使用条件；交接手续是否齐全；应交使用资产是不真实、完整。

9. 结余资金及基建收入审计

包括：结余资金管理是否规范，有无小金库；库存物资管理是否规范，数量、质量是否存在问题，库存材料价格是否真实；往来款项、债权债务是否清晰，是否存在转移挪用问题，债权债务清理是否及时；基建收入是否及时清算，来源是否核实，收入分配是否存在问题。

10. 尾工工程审计

包括：未完工程工程量的真实性和预留投资金额的真实性。

竣工决算工程款＝预算（或概算）或合同价款＋施工过程中预算或合同价款调整数额—预付及已结算工程价款—保修金。

（三）如何进行工程造价审计

1. 对合同、协议、招投标文件的审核是工程审计的基础和前提

进行工程造价审计，首先应仔细研究合同、协议、招投标文件，确定工程价款的结算方式。

合同依据计价方式的不同，可分为总价合同、单价合同和成本加酬金合同。

其中，总价合同又分为固定总价合同和调价总价合同；单价合同又分为估计工程量单价合同、纯单价合同和单价与包干混合式合同。先确定合同的计价类型，再仔细研究其中的调价条款，根据结算调价条款进行工程价款审计。

目前，许多工程合同签订后，甲乙双方都会签订补充协议。大多数的补充协议都会对合同的结算调价条款进行补充或更改，一般情况下施工单位会进一步让利，但也有个别工程建设单位会给出增加工程价款的条件，特别是政府投资工程。

2005年1月1日最高人民法院出台了关于审理建设工程施工合同纠纷案件适用法律问题的解释，可据此分析判断补充条款的有效性。如果只是对合同主条款和招投标文件内容进行补充或做一些次要内容的更改，应视为有效；如果对合同主条款或招投标文件进行了较大的更改，违背了主合同和招投标文件的主要意思表示，应视为阴阳合同，作无效处理。做出无效判断要十分谨慎，必要时可以向相关法律部门咨询。

2．工程量的审核是工程审计的根本

施工单位一般会通过虚增工程量，重复计算工程量来增加造价。审减工程量是降低工程造价的基本手段。对工程量进行审计，首先要熟悉图纸，再根据工作细致程度的需要、时间的要求和审计人力资源情况，结合工程的大小、图纸的简繁选择审核方法。采用合理的审核方法不仅能达到事半功倍的效果，而且直接关系到审核的质量和效率。

（1）工程量审计方法主要有以下几种：全面审核法、重点审核法、对比审核法、分组计算审核法、筛选法等。

（2）其各有不同的适用范围和优缺点，应根据具体情况科学选用。

一些图纸不明确的工程需要进行现场计量，审计人员则一定要到现场，按计量规则进行计量。对隐蔽工程可以通过查阅隐蔽工程验收记录来确定其真实情况。

（3）另外要特别重视施工组织设计，即技术标准在工程审计中的作用。

部分施工内容如大型机械种类、型号、进退场费、土方的开挖方式、堆放地点、运距、排水措施、混凝土品种的采用及其浇筑方式，以及牵扯造价的措施方法等，可依据施工组织设计和技术资料做出判断。

3．定额子目套用的审核是审计重点

（1）施工单位一般会通过高套定额、重复套用定额、调整定额子目、补充定额子目来提高工程造价。在审核套用预算单价时要注意以下几个问题：对直接套用定额单价的审核首先要注意采用的项目名称和内容与设计图纸的要求是否一致，如构件名称、断面形式、强度等级（砼或砂浆标号）、位置等；其次要注意工程项目是否重复套用，如块料面层下找平层、沥青卷材防水层、沥青隔气层下的冷底子油、预制构件中的铁件、属于建筑工程范畴的给排水设施等。在采用综合定额预算的项目中，这种现象尤为普遍，特别是项目工程与总包及分包有联系时，往往容易产生工程量的重复计算。各地的综合定额不一致，一定要注意。

对换算的定额单价的审核要注意换算内容是否允许换算，允许换算的内容是定额中的人工、材料或机械中的全部还是部分，换算的方法是否正确，采用的系数是否正确。

对补充定额单价的审核主要是检查编制的依据和方法是否正确，材料种类、含量、预算价格、人工工日含量、单价及机械台班种类、含量、台班单价是否科学合理。

（2）材料价格的审核是审计的重中之重

材料价格是影响工程总造价的敏感因素，亦是非常活跃的动态因素。

材料价格是工程造价的重要组成部分，直接影响到工程造价的高低。原则上应根据合同约定方法，再结合甲方现场签证确定材料价格。合同约定不予调整的，审计时不应调整；合同约定按施工期间信息价格调整的，可以根据施工日记及施工技术材料确定具体的施工期间及各种材料的具体使用期间：有些工程工期较长，或有阶段性停工的，可根据各种材料的使用时期采用使用期间的平均信息价，这样比较贴近工程真实造价。

对于信息价中没有发布的或甲方没有签证的材料价格，需要平时对材料价格的收集积累，必要时可以三方一起进行市场考察确定。随着社会的发展，新材料新工艺的应用，建材市场上出现很多新材料，特别是装潢材料，施工单位一般申报价格较高，应重视市场调查。

（3）签证的审核是审计成功的保障

不少施工单位采取低价获取工程，然后通过施工过程中增加签证来达到获利的目的。大多数工程的最终结算价都比合同价款高出很多．有的甚至成倍增长，原因固然是多样的，但签证是施工单位增加造价最重要最常用的工具。

审核签证的合法性、有效性，一是看手续是否符合程序要求、签字是否齐全有效，例如索赔是否在规定的时间内提出，证明材料是否具有足够的证力。

二是看其内容是否真实合理，费用是否应该由甲方承担。有些签证虽然程序合法、手续齐全，但究其内容并不合理，违背合同协议条款，对于此类签证不应按其结算费用。例如雨水排水费用、施工单位为确保工程质量的措施费等。

三是复核计算方法是否正确、工程量是否正确属实、单价的采用是否合理。例如对索赔项目的计算要注意在计算闲置费时，机械费不能按机械台班单价乘闲置天数，而只能计算机械闲置损失或租赁费等。对签证的复核审计是一项费时费力的工作，审计人员只有掌握较为全面的工程施工技术、预决算技术和现场管理知识，才能轻松面对，确保审计成功。

（4）费用的审核是审计的最后关口

取费应根据工程造价管理部门颁发的定额、文件及规定，结合工程相关文件（合同、招标投标书等）来确定费率。审核时应注意取费文件的时效性、执行的取费表是否与工程性质相符、费率计算是否正确、人工费及材料价差调整是否符合文件规定等等。如计算时的取费基数是否正确，是以人工费为基础还是以直接费为基础，对于费率下浮或总价下浮的工程，在结算时特别要增加造价部分是否同比例下浮等，另外在计算下浮时要注意把甲方供材扣除。

第二章　建筑工程造价管理

第一节　我国政府工程造价管理存在的问题及对策

一. 我国政府工程管理的模式

我国的工程项目建设已走过半个多世纪，积累了丰富的项目管理经验。目前我国政府投资项目管理模式主要有以下几种：

（一）工程指挥部模式

传统的工程管理模式中使用的是工程指挥部模式，是通过一个总的指挥部来统一管理工程。通常由政府部门的领导主管，从多个相关部门抽调人员组成。项目指挥部负责工程建设、资金管理、监督审核等，工程竣工后交由指定机构营运管理。有的单位由于经常需要建设，便设立一个专门固定的部门负责工程建设管理，如高校基建处等。

（二）代建制模式

代建制模式是将政府工程交由专业的项目管理公司负责管理政府负责投资，代建单位代行政府职责对工程建设进行管理。代建单位有专业的工程项目管理人才和具备项目管理的资质，政府通过招标等方式挑选出最合适代建单位。代建单位负责的内容包括：负责设计单位、施工单位、监理单位的招投标，对项目的投资、质量和工期进行控制监督，对项目建设中的人、财、物进行协调，项目建成后负责交付给使用单位。代建制模式优点在于更专业化、管理效率更高、有利于防止腐败等。

（三）项目法人管理模式

项目法人管理模式是指政府工程建设中通过设立独立性的法人机构对工程建设的所有活动进行管理。与指挥部模式和代建制模式不同，项目法人管理模式负责的范围更广，从项目策划、资金筹集等前期活动到设计、施工等建设实施，最后项目建成后还要对其进行经营管理，贯穿于项目的全部过程。项目法人管理模式在职责上比较明确，由法人负责到底，将筹备、建设、经营各环节联系在一起，有利于提高造价管理，减少资金浪费。目前实行项目法人管理模式的工程主要是高速公路、地铁等大型基础设施工程。

（四）总承包模式

总承包模式是指将整个项目进行外包，分为建筑工程管理方式、设计—采购—施工总承包、总价固定的交钥匙工程等。总承包模式是国际上应用比较广泛的管理模式，实行的是完全市场化管理。

以上四种模型中，目前我国政府投资工程大多数采用的代建制模式，造价管理也围绕着代建制模式开展。随着我国加入 WTO，工程项目造价管理逐渐向国际靠拢，不断地学习西方先进的工程造价管理理论和方法。在学习的同时我们也在不断地创新，国内学者开始对工程项目造价管理进行系统的分析和研究，并结合国内外工程造价管理经验提出了"全过程造价管理"和"全方位造价管理的概念"理论。在实际建设中，我国政府投资工程也主要是实行全过程造价管理模式，即对各阶段都实行造价管理。然而，我国政府投资工程在实行全过程造价管理方面还存在着许多问题。

二. 我国政府工程造价管理存在的主要问题

（一）立项阶段决策不科学

工程造价的管理从项目立项时便开始贯穿项目各个阶段，因此探讨工程造价需要从立项决策开始。在项目决策阶段，由于多种原因造成政府工程决策不科学和决策失误。首先，在项目可行性研究时，存在着政府部门专业的人才短缺、立项的过程中缺乏科学依据、对非经济因素的分析评估不合理等问题，使得对工程投资资金测算不够准确，对工程的经济性和社会效益评价不全面。其次，决策程序不完整。有些政府部门为了赶工赶时间故意将一些工作环节都略过，使得工程建设缺乏很多基础资料；有的直接跳过可行性研究进入初步设计阶段；有的在相关手续未办理的情况下就进行招投标环节、甚至进行施工。最后，有的单位为了争取政府投资资金，故意盲报或漏报一些配套设施，先以低的总投资拿下项目后到后期再进行变更，造成工程预算超标。另外，政府投资工程中涉及较多利益主体，且受益主体分散、层级复杂，造成了投资决策效率低下、超批复超规模等现象严重。

以南宁市 MZ 影城项目为例，此工程项目占地面积 22668 平方米，总建筑面积 40164 平方米，项目总投资额约 1.8 亿元，其中建安费用约 1.2 亿万元。此工程项目采用代建方式建设。包括土建工程、安装工程、消防工程等几个部分。项目于 2012 年 12 月完工，施工单位编制的竣工结算总造价为 1.76 亿元，超出预算 5600 万元，其中土建部分造价超预算最多。项目工程招投标时中标价即合同价格为 1.05 亿元，结算报审金额中土建部分的造价约 1.5 亿元，超出合同价 4500 万元。扣除政策性调整变更（因项目建设期间所导致的材料价格上涨和人工费用上涨等因素造成）830 万元和其他费用 420 万元等不可控费用外，因项目决策、设计缺陷、招标时工程量清单工程量偏差及施工过程中造价管理不善等原因导致合同价款增加的费用为 3250 万元。

　　此工程项目在立项的过程中由于时间紧和相关人员预见能力限制，使得在立项时对项目方案决策和投资估算并没有做到完善详尽，这导致了后期项目建设费用增加非常大。在立项方案设计的过程中，对于主体结构方案设计时存在考虑不周全的地方，在项目实施过程中发现工程主体结构高度未能满足项目使单位的功能布置要求，同时未考虑到本项目的基坑支护工程，这些设计欠佳的地方所对应的造价未列初步设计概算中，当然在工程招投标时，相应价款也没能列入工程承包合同中。首先，在原定的规划中该工程项目屋面结构标高为 34M，后来由于项目使用单位经过深入研究认为为了适应经济社会的发展，项目需增加其他一些功能，致使工程需调增高度 1M，即工程建筑高度变更为 35M。因此，需在原有设计的基础上进行设计变更。该工程建筑总高增加 1M 后需增加很多建设费用，致使工程合同价款作了较大变更。其次，在原先立项的方案设计过程中，没有考虑到基坑支护项目，后期在施工的过程中才增加采用钻孔灌注桩＋锚杆十喷硅面加固方式进行支护工程施工，致使工程造价增加。结算时发现，由于立项设计考虑不周全导致的工程造价增加约 1072 万元，其中主体结构增加 1M 使得工程造价增加约 525 万元，变更增加基础支护工程部分增加造价约 546 万元。

　　此外，由于立项设计漏项等原因导致工程实施过程中须增加相应的造价外，也会增加工程实施时所发生的措施费用。例如，上面所提的工程中原设计的室外自然地面高度为98.800m（平均值），增加基坑支护施工后场地的标高因边坡挖土方导致了原预设钢结构吊装场地的地面降低了约 4.1M，再加上设计变更使得主体结构增高 1M，原建筑顶部的钢结构吊装方案已不能满足现场吊装的施工要求。为了完成本工程建筑顶部的钢结构吊装工作，确保在现有条件下钢结构吊装的可行性和安全性，施工方重新编制方案和选择吊装设备，因为新的吊装方案中涉及更换更大型的吊装设备，因而需调整吊装设备的进出场及吊装台班的费用，造成合同价款变更增加约 110 万元。

　　此类因方案设计决策不科学而造成建设成本增加，浪费财政资金的还有南宁 SZ 国际校区项目。此项目选址所在位置回填土较厚，按常规做法应是先进行地基处理后再做建筑物基础设计，按此方案一般基础不会再设计桩基础，如此则会经济得多，基础部分的造价将能大幅度地降低，然而设计单位在做方案设计时直接按桩基础设计，并要求桩基入岩深度达到 10 米以上，加上过厚的回填土，此工程桩基础桩长达到近 40 米左右，这是工程施工中所罕见的做法，桩基础工程造价达约 4000 万元。按照设计单位要求为查探桩基底部是否存在软弱下卧层，还需每根桩做超前钻，如此一来又需花费近 500 万元。项目在实施过程中，通过建设行政、财政、发改等政府相关职能部门组织专家进行论证，并要求设计单位对桩长进行优化，调整超前钻数量，节约了近 500 万元的建设成本，但因开始时就已确定采用桩基础穿过回填土层进入岩层持力层的桩端承载的方案，基础造价已很难有大的节约，因此只能按原定设计方案，尽最大可能地降低工程建设。

（二）勘察设计缺陷多

设计阶段是影响工程造价很重要的阶段，虽然设计阶段所占用的资金并不多，但是对后期施工及整个工程项目的建设费用影响却非常大。设计阶段规定了项目施工时的主要活动，设计预算就是施工资金耗用的指导书。一般情况下，一旦设计图纸审核批复后，施工单位必须"按图施工"，不得随意变更。因此，设计不足，后期施工就会发生变更，甚至是重新设计和重新施工。我国政府投资工程造价管理一直以来存在的一个大的问题就是"重施工，轻设计"，即注重施工阶段的机器购买、材料消耗、人工台班管理等造价控制，而忽视了从设计阶段对工程整体的建设方案、规模、标准等方面进行预先控制。根据以往政府投资工程建设的经验，工程造价超标最主要的原因之一便是由于设计失误导致的，超过施工阶段控制不足所占的比例。在南宁市 MZ 影城工程项目中，由于前期设计不完善所导致的工程造价变更占主导原因，引起的变更费用达1900万元之多，占变更费用（3250万元）的58.5%。

从以往其他政府投资工程的造价管理情况看，设计阶段的设计问题而引起的工程造价增加仍有以下几个方面的表现：

1. 方案初步设计脱离原有的可行性研究报告

很多的政府投资工程在设计阶段并没有按照已经审批的可行性研究报告作为方案设计的依据，而是根据建设单位的要求另行设计。这样导致的结果是设计概算严重超出可行性研究所审批的投资估算。因为在设计的过程中没有严格进行限额设计，随意地扩大规模或增加建设内容。在设计的过程中，有的过分追求完美的外面体面设计和平面布置，随意增加工艺流程，使得工程量增加；有的在原来可研的基础上提高室内外装饰标准和增加豪华设施，如有的过度强调外墙面挂贴效果、使用高档石材装修地板和墙面、购买高档卫生洁具等；有的擅自提高混凝土强度等级、增大梁、柱截面，导致"肥梁、胖柱、深基础"等设计现象出现。这些现象无疑会增加了工程项目的建设成本，没能把有限的财力真正用到刀刃上，真正发挥出财政资金的效益。

2. 工程地质勘查不到位

在施工图设计之前，需要对项目的地质情况按国家规范标准进行勘察，为项目施工图设计提供科学准确的依据。若前期的地质勘查测量不准确就会影响到工程的设计质量，施工单位施工无法按照原有的设计进行施工，需要进行补充设计，增加了额外的工程量和造价。例如南宁 MZ 影城项目在施工的过程中发现，施工现场地质和地质勘查报告所反映的地质不相符合，不得不进行施工变更。如在84# 人工挖孔桩施工时出现大量涌水及流沙，流沙层厚度达 4-5m，原来地质勘查报告中并未体现出这个状况。最后为保证该孔桩进度及成桩质量，在84# 桩周边采取超前花管注浆桩降水方式施工，增加施工费万元。又如南宁市 JB 引水十渠项目中，2# 隧洞出口位置因初勘时地质勘查时地表仓库未拆除，导致隧洞口位置无法勘察工作，待实际施工时做了补勘工作后，发现该处存在较厚的淤泥质土层，此时为保证隧洞洞身开挖稳定性，确保施工安全，需采取加固和支护措施，此项目内容增加费用将近200万元。又比如南宁市JY基地的场地平整工程项目中，因事先未做任何地勘工作，待项目招标施工后，发现场地内存在大量泥岩，需采用破岩机构进行破除后，才能挖除装车，由此增加了工程费用约250万元。上述几个项目因勘察不到位或不进行进质勘察，导致在项目设计概算时没有列具的相应费用，自然这就成了项目结算超概算的一个重要因素。

3. 设计深度不足

设计单位在进行施工图设计的时候，由于对部分施工细节设计不够详细，导致预算的编制时出现很多的问题。在设计的时候，由于设计深度不够导致施工时造价增加的内容有几点：第一，设计中考虑不全面，细节设计上与主体设计要求不符合。例如南宁MZ影城项目中2010年9月发现工程的钢结构设计图纸没有进行深化设计，导致在型钢混凝土柱的设计中没有箍筋在钢骨柱腹板上穿孔的可行做法。由于该工程型钢柱箍筋为全程加密（间距为100mm），一旦在型钢柱腹板上按100mm的间距打孔穿箍筋将严重破坏型钢柱的承载性能，无法满足原设计要求。最后在图纸会审时发现问题才做的设计深化，认为型钢混凝土柱上部分箍筋不需要进行穿孔绑扎安装，可采用将箍筋直径焊接在型钢柱上，根据此方案施工后导致箍筋单焊接接头的预算超出29万元。2011年也出现同样的问题，结果导致钢结构设计补充更改的设计施工费用增加67万元。第二，部分细节被忽略，到施工时才发现缺少详细设计，需要进行补充设计。例如南宁MZ影城项目2011年11月补充设计中将68#，105#人工挖孔桩处各增加两根人工挖孔桩并设置JZI-1g和JZ工一2g连接，该项设计变更使工程造价增加约为16万元。

相关的技术标准、定额文件存在漏项，使得所施工内容在没有相应的施工定额可参照来计算造价，有时被列入暂定价中。

暂定价为后期施工单位提高造价提供了很大的弹性，使得工程造价增加。例如在南宁市MZ影城项目中，楼层高度分别为10m，15m，属于高大模板支架，因本工程招标时，高大模板定额子目在2005年《广西壮族自治区建筑工程消耗量定额》中属于缺项，最后施工单位按照其编制的经过专家组论证通过的高大模板安全专项方案进行施工，本子项工程造价约为360万元。

4. 人为失误

在设计的时候，设计单位对工程建设相关文件规定还不够熟悉，在细节上没有进行详细的检查和比对，致使所设计使用的材料不符合政府相关文件要求，导致在后期施工时需要进行材料调整，调整后工程的造价发生较大的改变。如南宁市MZ影城项目在原结构设计中"基础、基础底板、地下室外墙等"采用的抗渗硅中掺加10%SY-G，而SY-G属于《2005年广西壮族自治区建筑工程、装饰装修工程技术目录》中禁用的技术产品，属于禁用目录中的硅复合膨胀剂。根据广西区建设厅相关文件要求，对《2005年广西壮族自治区建筑工程、装饰装修工程技术目录》中限用和禁用的技术及产品，建设单位和施工单位不得在工程中使用。因而在 2010 年 7 月施工单位在进行地下室防水硅施工时，不得不进行调整，将防水硅中掺加的 SY-G 换成"欣生牌"Jx- Ⅲ 抗裂硅质防水剂，此项材料变更调增工程造价约 30 万元。2011 年 4 月，原设计中关于砌体施工所使用的砌筑砂浆及抹面砂浆不符合广西区住房和城乡建设厅规定的"砌筑和装饰蒸压加气混凝土砌块墙必须使用专用砌筑砂浆及抹面砂浆（包括界面处理剂）"的规定，因此必须进行调整，最后采取使用专用砌筑砂浆及抹面砂浆所增加的工程造价达 152 万元左右。2012 年 11 月，由于原设计的屋盖钢结构部分 W600 板施工中难以操作且不美观，不得不变更换为 DUROCL 工 P660NCLIP740 板，此项变更增加造价约 60 万元。

5. 设计与施工并行

有许多政府投资工程为了赶进度，采取快速设计，导致工程设计不够精细，导致在工程实施过程中出现许多问题，只能边施工边修改设计，由于设计的不完善造成较多的设计变更和签证，最终造成设计概算、施工图预算及工程结算都存在很大程度的偏差。如有的项目因为考虑到政绩因素，项目从提出项目建议书到要求开工建设，时间极其紧迫，出现了只局部进行地质勘查甚至未进行地质勘查就开展施工图设计的现象，而等到工程真正实施时才发现地质状况完全出乎意料，此时就须对基础地质进行相应的处理，甚至要改变原设计的基础形式，理所当然的就会增加了工程的造价。

（三）招投标阶段造价控制不严

我国政府采购方式主要有公开招标、询价、竞争性谈判等方式，其中公开招标是政府采购的主要采购方式。在工程施工招投标实际操作中普遍存在着串标、围标、违规邀标等现象，极大损害了国家和政府的利益。政府投资工程具有量大、投资高等特点，也就自然而然地成为许多施工单位追逐的对象，也就会出现行政干预招投标的现象。有些企业通过与主管部门、业主串通，搞量身定做，进行违规邀标、围标、串标，按招投标法和政府采购法理应实行公开招标的工程项目却人为设置条件改为按竞争性谈判的方式进行招标，致使工程招投标没能实现充分竞争，无形中损害了政府的利益。比如绿化工程项目采购时，按照建设单位意见和行业主管部门意见，认为实行施工和苗木采购分离实施，更有利于保证施工质量和苗木货源充足和质量，但却在苗木作为货物采购时按竞争性谈判的方式来进行采购，此种做法确实在很大程度上缩小的投标竞争范围，竞争深度广度都被限制了，结果自然会造成采购价格偏高。也有的业主为了赶进度，将工程化整为零规避招标，比如将总体工程拆成多个部分，然后仅仅对建筑安装主体工程进行招标，将配套工程进行直接发包。有的由于招标条件还不成熟就贸然进行招标（尤其是招标的文件和资料比较笼统），导致施工单位对工程量计算不准、对投标报价计算不符合现场施工实际情况，造成后期的工程费用增加。有的业主不重视对发包合同的严格审查管理，随意在施工过程中签订补充协议，合同条款订立不严密等均会导致结算时工程增加投资。

招标阶段除了围标、串标等恶意竞标行为会导致政府利益受到损害，以及本该实行公开招标却违规采用竞争性谈判方式采购导致增加工程造价外，招标工程量清单编制质量不高，工程量计算不准确甚至工程量清单漏项，对工程造价的影响也非常大。招标阶段最主要是根据招标文件选出合适的施工单位，各施工单位根据建设单位所公布的工程量清单制定竞标的竞标价。由于施工时主要是依据招标文件和施工合同进行造价管理的，因此建设单位所提供的工程量清单准确程度直接影响到工程建设费用的控制。例如，上述提到的南宁市 MZ 影城工程项目，在招标时所列的工程量清单中出现多个漏项，其中土建部分的漏项最多，主要包括：钢筋直螺纹连接（约 160 万元）、直型墙混凝土（约 18 万元）、地下室满堂脚手架（约 12 万元）、砖胎模抹灰（约 13 万元）、地下室砌块墙基座（约 4 万元）、基础垫层模板（约 2 万元）。具体的如 2012 年 10 月，根据设计院认可及南宁市建委已备案的石材幕墙施工图纸，为满足《金属与石材幕墙工程技术规范》和《建筑设计防火规范》的条文要求，需要在石材幕墙每 5 米高处设置一道防火隔离层，此子项在招标工程量清单中是缺项，并未算入合同造价中。工程实施过程中参建各方通过会议讨论确定按照国家相关规范关于要求设置防火隔离层的要求施工后，工程施工费用增加约为 24 万元。又如南宁 YG 特殊学校招标时工程量清单未列项目桩基础入岩增加费用，而根据地质勘察报告及现场实际施工发现，确实存在入岩，应计算入岩增加费，由此因招标清单漏项问题，结算时需计取约 50 万元的桩基础入岩费用。

此外，招投标过程中，投标人的严重不平衡投标报价，虚报工程造价，使政府的利益受到的损害。不平衡报价，是指在工程项目总报价不变的基础上，通过相应的专业技巧将项目中的内容进行调整报价，以获得更多的利润。虽然总造价没增加，但是工程项目的部分功能被替代或简化，有的甚至影响工程质量，是一种不诚信行为。

（四）施工阶段变更频繁、签证管理混乱

目前我国政府投资工程在施工阶段的管理主要是采用监理的方式来进行，在这个过程中也出现了很多问题。首先是有的项目在实施过程中不经过相关部门的批准就自行增加工程内容，扩大建设规模，提高建设标准，从而增加了投资额。其次是工程变更严重，有的是设计缺陷所导致工程不得不变更，也有的是施工单位在利益的驱动下故意提出变更以此向建设单位索赔，提高工程结算造价。在实施工程设计变更时，有的因监管不到位，未进行充分的论证就进行了变更，使工程建设的投资增加很多。如前面所列举的南宁市 MZ 影城项目，因设计调整主体结构增高 1M 和基坑支护工程边坡挖土方，导致了原预设钢结构吊装方案已不能满足现场吊装的施工要求。但建设单位、监理单位未要求施工单位针对新吊装的方案进行多方案比较，而是直接认可施工单位直接选择采用更大型号的吊装设备，没有与其他方案进行比较（如将吊装地面进行回填，提升地面高度使其满足原吊装设备的吊装要求），由于没有进行多方案设计并比较经济合理性，无形中政府方就会多支付了额外的费用。也有的项目设计变更存在着手续不完备和"先斩后奏"的问题，致使变更既成事实，相关政府职能部门控制工程投资很被动。第三，现场签证管理不善，前面也介绍过

了关于现场签证管理问题。工程签证所覆盖的内容非常广，也比较复杂。受利益的驱使，施工单位往往会想方设法多签证。

（五）竣工结算高估冒算现象严重

在政府投资工程中，工程竣工验收后，由施工单位根据施工合同约定和项目已完工程量编制工程竣工结算报告，报送到财政或审计部门进行审核后作为财政部门支付工程款的依据。由此可见，工程结算极为重要。由于利益的驱动，施工单位往往会多报、多算，工程结算高估冒算以此求得更多利益。由于现场签证管理混乱，加之缺乏相应的基础资料，因而有一些费用无法核实。一方面，施工企业利用工程量计算上的漏洞，将一些工程量多算、少扣、重复计算等，导致结算工程量增加。另一方面，采用隐瞒的手段将一些材料进行替换，将原本合同中规定的材料换成价低的材料，计算时仍按照原价进行结算，造成结算投资虚增。还有就是施工单位对于施工过程中新增项目在结算时会普遍将报审单价报高，让结算审计部门去核减，但在施工竣工验收后久拖不报结算，而建设单位又缺少施工过程中必要的询价过程资料时，就会给结算审计工作带来很大的麻烦。特别是设备价格，如施工过程采购时不进行必要询价并保存相关资料，待工程结算时再进行市场询价，则很容易造成询价结果与实际采购价存在大的偏差，如此一来，则可能施工单位得到超常规的利润，或者因审计结算价太低，不符合采购实际，造成工程结算纠纷。根据统计审结项目数据，财政或审计部门审定的工程造价核减率大多在 20% 左右，有的核减率会更高。

三. 我国政府投资工程造价管理问题的原因

（一）立项评审机制不健全

前期立项阶段是工程造价管理的开端，项目决策的科学性和合理性对后期勘察设计、招投标、施工和竣工环节的造价起着决定性的作用。立项阶段的主要内容包括三个方面：确定项目建设的内容、进行可行性论证和筛选方案。如果对这三个方面准备不足，缺乏科学依据，将会导致工程造价控制失控，出现"三超"现象。上一节中项目在决策时出现的决策不科学，可以从以下三个方面进行分析：

1. 政府投资工程管理相关规定未严格执行

项目业主由于惯性思维，认为批复的投资限额通常都可以在实施过程中进行调整，加上自身的专业水平有限，在确定项目建设的内容、项目规模大小、建设时间和地点、建设标准及要求时难以做到准确把控。项目实行代建制时，代建单位通常与项目使用单位通常未进行深入沟通，也就无法准确地抓住项目使用单位的需求，分析论证的过程就会产生偏差，造价工程投资不断进行调整。上一节中南宁市 MZ 影城项目发生工程主体结构高度增高，就是业主在立项时对于项目的定位不准、功能要求表达不完善，导致工程造价的增加。

2. 相关人员专业水平有限

项目可行性研究要求收集详细和资料、对非经济因素、经济效益和社会效益评价进行科学和合理的论证分析，对投资资金进行准确测算。这就对相关人员的专业水平提出高的要求，必须是在该领域有理论和经验的从业人员，否则如果相关人员的专业水平不足，就会使论证结果不科学。事实上，在决策阶段有很多参与的人员都不具备相应的专业水平或缺乏经验，有的甚至找行政人员代写，东抄西借，缺乏专业分析。前期项目论证不合理，必然会在后期出现很多未考虑的问题。

3. 责任落实不到位，缺乏考核监督

立项阶段是监管最弱的环节，对于项目可行性的评审工作缺乏应有的绩效考核机制，对于参与项目可研评审的部门代表或专家没有进行事后评价并追踪问责。一方面，立项阶段涉及的部门较多，有发改、财政、建委、环保、国土、水利等诸多部门，各部门参会代表更多的是认为自己属监管部门，对于项目的可行性和经济性方面难以进行深入评估，参与评审会议更多的是站在监督者的角度，因此对于项目决策方面是否科学自己所起作用不大；另一方面，参与项目评审的专家认为，自己参与项目评审时，查看资料时间有限，仅能从编制的依据是否准确、完整来提意见，对于经济性论证方面所提意见较少也较粗，所提意见也仅作为设计编制单位的参考，最终仍以设计编制单位意见为主。同样对于项目可研报告的编制单位以及项目业主也没有相应的绩效考核。由于没有确定参与评审会议的部门代表及专家对于项目评审的职责，监管也就无法对相应的决策进行考核，更无法对相应的责任单位进行追责，则难以保证项目可研究评审工作取得良好效果。

（二）对勘察设计重视不足

长期以来，我们在政府投资工程造价管理中普遍存在着"重施工，轻设计"的现象，忽视设计阶段项目的投资控制，而是往往把控制项目投资和工程造价的重点放在实施阶段，投入了大量的人力、物力去监管、审查施工阶段的造价，而对设计重视不足。上一节提到的设计阶段出现的六个方面的问题可以从以下几个主要原因进行分析：

1. 思想上不够重视

传统的观念认为工程造价的支出主要是在施工阶段，因此造价管理的重点应该放在施工阶段的管理，而非勘察设计阶段。这种观念没有从思想上对设计阶段给予足够的重视，也就导致了在设计阶段把关不严。有的认为施工中发生变更和索赔时很正常的，边施工边补救，而没有从源头上去思考是否由于设计时不足而造成的。有些项目由于受政治因素的影响，"形象工程""政绩工程"常有发生，建设单位工程前期准备工作不充分，给予设计单位设定的设计期限过短，造成设计单位的合理设计时间被压缩。设计人员为赶时间，对一些细节内容没有进行设计，甚至遗漏重大内容，设计深度达不到指导施工的要求。有的甚至因为时间过紧，未能全面了解一些设计使用材料方面的政策、规范要求，致使在设计过程中设计使用了被禁止使用的材料。这些由于设计期限短而没能使设计深度达标的问

题，都会在施工过程中暴露出来，使得工程不得不进行设计变更，从而增加了工程投资。于是便出现了上一节中边设计边施工现象。

2. 对于勘察设计经费的衡量标准不科学

目前，政府投资工程中支付设计费用时多以工程总造价的高低和建筑面积的大小作为计费标准，即工程总造价越高，设计部门所获得的设计费用就越高。在利益的驱使下，设计部门更多的是想着法子尽可能地提高工程总造价，而不会投入更多的精力去研究、去优化，使工程的设计真正达到安全、适用和经济合理的标准。在项目勘察阶段，勘察单位为获取更多利益，不按规范布设钻孔点，甚至直接参照采用周边项目的勘察成果，偷工减料，不劳而获。

3. 对勘察设计环节管理不严

一方面，方案设计只有一家单位负责，初步方案设计、技术设计和施工图设计没有一个制衡机制。现有政府投资工程在选择设计单位时按规定采取的是公开招标的形式，但实际操作中只是在方案设计阶段进行招标，而技术设计阶段和施工图设计阶段却不再招标，仍然由原来的设计单位设计。或者从一开始都采用，直接委托设计单位实施设计，而非采用招标方式确定设计单位。这种方式使得设计部门面临的竞争减少，只要在方案设计阶段中标，技术设计和施工图设计也由其一并负责，使得后续设计没有压力，对设计中的造价控制也就没有这么认真。个别情况下，甚至不进行公开招标，由一个设计单位垄断，导致后续备选方案少，不严谨，论证不充分，缺乏有效地约束。另一方面，缺乏对设计环节足够的监管和处罚。勘察设计中缺少对勘察、初步方案设计、技术设计和施工图设计几个环节的有力监管，勘察设计单位给出的勘察设计结果是否完整、是否达到最优等等都缺乏事前监管，只是在合同中和竣工后对设计出现的问题进行监管。在出现了工程地质勘查不到位、设计深度不足等问题后，对勘察设计单位的处罚又不到位，有时象征性的没收一部分设计费，有的甚至不处罚。

4. 勘察设计人员素质与经验问题

勘察设计单位的资质和从业人员的素质对勘察设计的结果有直接的影响，有的勘察设计单位资质不齐，靠挂靠到其他单位而获得项目；有的勘察设计单位拿到项目后又转包给一些小的勘察设计公司，导致人员素质参差不齐。另外，一些经验丰富的从业人员在遇到相关的技术标准、定额文件漏项时能更好地把握设计，而经验不足的从业人员则容易导致设计不足。另一方面，勘察设计人员的工作责任心其实才是关键问题，更为主要。

（三）招投标阶段监管不到位

招投标的目的是通过"公开、公平、公正"和"充分竞争"的形式，优化市场资源配置，为工程建设筛选出优质的施工单位。然而在实践运行中却出现了围标、串标、招标、工程量清单编制质量不高等问题，原因主要有以下几点：

1. 监督管理不严

在招投标的过程中出现的围标、串标、陪标等现象，很大程度上是因为在程序上把控不严，监督不到位。一方面招投标环节中公开程度不足，招投标的公告制度不够完善，对于招投标的内容、参与者、招投标过程和结果有时存在不透明的现象。只有足够透明公开，才能让公众监督到，才能保证公平、公正。另一方面，招投市场不够发达，基本由一个单位负责招投标事宜，容易滋生招投标腐败。另外，发现问题后惩罚不到位，对于围标、串标、陪标中相关的企业和当事人处罚力度不足，不能形成威慑力。

2. 投标人资质审查和管理体系不够完善

投标人资质审查不到位，使一些资质不够的企业入围、而一些拥有资质的企业却被排除在外。对于招标文件审查不够深入，缺乏足够的人手和时间对招投标文件进行详细研究，对不平衡报价问题发现不及时，对标书的质量把控不足。另外，缺乏一个完整的诚信体系来规范招投标企业，对于有不良行为的企业没有建立诚信档案，在招投标时难以及时的甄别。

3. 招标工程量清单和控制价编制人员素质、技术水平不足

在招投标阶段，投标人根据工程量清单计算投标书时，须编制招标控制价。编制招标控制价是一项专业性较强的工作，对编制人员必须具备相关的专业知识，投标人也可以委托具有相应资质的工程造价咨询人员来进行编制。招标控制价编制质量的好坏直接影响到招投标阶段的造价控制。招标控制价设置过低则会影响招标工作的顺利进行，而设置过高则失去拦标价的作用和意义，在投标出现围标、串标时，造成政府采购成本增加。然而目前，招标工程量清单及控制价编制的主要人员是刚从学校毕业的学生或造价工作经验不多的人员，编制人员因编制清单和控制价的经验少，工程施工工艺流程不熟悉等原因，所编制的成果往往出现清单漏项，工程量计算偏差大以及单价定价偏差等现象，加上工程造价咨询人内部质量控制欠缺或控制不严，由此招标人发布的工程量清单和控制价就存在着不少问题，导致工程结算时出现费用大大增加的现象。

（四）施工变更管理不严格

1. 对变更的管理不严

现场签证管理混乱的原因有三个方面：一是没有严格地按照变更的程序进行管理，擅自变更，重复变更，对于变更的细节审查不严。二是现场管理人员建设管理经验不足，技术水平和管理水平不足问题。如一些建设单位的现场管理人员在不熟悉施工合同条款的有关规定，将一些不应签证的项目不经核审核或审核不到位而给予了错误的签证，这样就导致工程造价大大增加。现场签证管理混乱的另一原因就是利益驱动的问题，有些建设单位的现场管理人员因为受利益驱动而审核不严，甚至与施工单位一起弄虚作假，套取国家资金。有的监理单位玩忽职守，对于变更监督不够。

2. 不重视合同管理

施工合同对施工的内容、变更程序、索赔等方面进行了详细的规定，然而在实际的操作中却忽视这些程序和方法。对于发生的变更没有按照规定的程序进行测量、记录、报备，签证手续随意，这就使得后期结算时难以鉴别，给施工单位谋取索赔创造便利。对于施工中出现较大变动，原合同中没有规定的，没有及时补充新的合同条款和相应的签证手续，致使出现纠纷。有时施工单位故意增加工程内容，以不可预见性为由，向建设单位提出索赔，甚至以中断施工来进行强行索赔。有时工程结算时出现造价超预算，双方有没有按照施工合同中违约责任进行索赔与反索赔。

（五）决算审计力度不足

1. 缺乏外部审查结算

由于审计部门需要审计所有政府投资的工程，因此工作量大，难免会出现人手不足、审计不到位的现象。对于施工单位在竣工结算报告中高估冒算的内容只能核减一部分。这时就需要外部审计进行第一轮把关，而目前我国的政府投资工程结算环节都是由审计部门完成，缺少第三方审计。

2. 决算缺乏责任审计和追究

政府投资工程项目从程序上来说是完整的，工程建设的管理也主要依靠合同进行管理，尤其是要求施工单位要严格按照合同条款进行施工。合同管理中已经明确各方的权责，按照合同规定应该追究责任方的责任。但是在实际执行时，政府投资工程却并没有追究责任方的责任，缺乏有效的责任追究机制来约束。如对与投资决策失误的责任人，却不追责。缺乏一个强有力的责任约束机制来约束各参与方，出了问题应该追谁的责，怎么追，这些都没有详细的规定，这就使得一些单位不重视工程造价的管理。正是因为事后没有追究责任，各单位对造价管理责任心不强，造成工程投资浪费。

如在南宁 MZ 影城项目中，勘察合同中对勘察失误的责任进行了明确规定，因勘察质量造成项目重大经济损失时，应当要求勘察单位进行赔偿，合同中规定"赔偿数额为所发生的直接经济损失费（含工程事故等一切费用）。如勘察人提交的勘察成果资料与施工地基开挖土质情况不符造成工程损失时，勘察人应按工程实际损失向发包人进行赔偿"，在进行地下室人工挖孔桩施工时出现大量流沙，而在勘察时并未发现，造成了工程造价增加，按照合同应该对勘察单位进行经济处罚，但是在项目结束时却不了了之。

同样的，该项目的设计招标合同中对设计违约责任进行了明确规定，如果由于设计单位失误造成工程质量事故或经济损失的，设计单位有责任对原设计进行补救，损失严重的还要赔偿相应的经济损失。另外，施工图审查合同中规定"由于乙方（设计单位）自身原因，未按合同约定时间交付施工图审查意见书，要求结算时扣减合同暂定价2096的违约金。施工图审查意见书深度未达到要求，除无条件在约定时间内返工完毕并达到要求外，费用结算时扣减合同暂定价 40% 的违约金。"承包合同中也对承包方（施工方）的违约责任作了详细的规定。此项目建设过程中既有设计失误、设计深度不足，也有施工单位刻意变更等原因，然而在项目结算审计时并没有对设计单位、施工单位等单位按照合同约定进行责任追究。

四．完善我国政府工程全过程造价管理的对策建议

全过程造价控制本身具有很多优点，也具有很强的操作性。目前，在我国政府投资工程中所推行的全过程造价管理对工程资金的使用起到了一定的控制作用，对提高财政资金的使用效益起到重要作用，但是全过程造价控制理论在实际执行的过程中却未能真正有效地执行，没能真正做到"事前、事中、事后"全过程控制，导致现有问题的出现。因此，针对我国政府投资工程造价管理的现状，提出了以下几点改进措施。

（一）将工程造价控制的重心前移

通过对南宁市 MZ 影城等项目的分析中我们可以发现，由于立项阶段考虑不足和设计不完善是工程造价超预算的主要原因。目前，我国政府投资工程的造价的评审主要是集中在工程结算和竣工决算阶段，属于事后评审，而对施工前的项目决策和设计阶段工作并不够重视，而恰恰是决策和设计阶段对工程造价影响很大。由于立项和设计阶段对工程造价影响较大，因此需要将工程造价的评审关口前移，加强政府投资工程投资估算、概算和预算的审核，加强项目施工过程的监督管理，严把事前、事中控制关。评审时将效能管理、风险管理结合，排查出项目中高估的部分，把超标的支出剔除，减少设计失误和漏项，提高财政投资管理水平。做好施工前的各项准备工作对政府投资工程造价控制具有非常重要意义，因此要坚持以预防为主的原则，尽可能地将施工过程中引起造价变更的因素消除在前期。做好施工前造价管理工程应从以下几个方面出发：

1. 项目立项阶段打好基础

立项阶段是政府投资工程建设的开端，是确定工程是否能开启的关键。在立项阶段，除了要严格按照立项的程序严格决策外还应该做好项目规划和可行性评估。首先，在进行项目申请时，要做好对项目建议书的审议。项目建议书中包括了项目的建设内容、用途、规模等信息，发改部门要做好对项目的评审，尤其是项目的合理性。在评审的过程中，要考察项目是否有必要建设、建设规模和标准是否科学合理，项目业主是否根据经济社会发展结合项目使用单位的实际需要来申报项目。这就要求发改部门必须做好前期的调查工作，深入业主单位实地考察建设需求，从源头上控制好整个项目的规模。在业主需求、建设标准、地点及投资额等审批确定后，后期必须严格按照这要求建设，不能随意更改。在南宁市 MZ 影城项目中，最后建成的楼高比原有楼高超出 1M，正是由于立项阶段对项目建设规模审议时不到位造成的，导致了工程量超出了原有的设计。这种现象严格来说是不应该发生的。其次，可行性研究必须科学评估。发改部门在委托专业评估机构进行可行性评估时，应对委托部门所做的研究报告进行严格审议。评估机构在做可行性研究时，应尽可能

地收集详细的编制资料，做到真实准确。评估的内容要全面，尤其是对可能面临的问题进行预判，以便建设单位做好预防。

2.将设计阶段作为造价管理的关键

设计阶段是最容易导致政府投资工程造价变更的环节，设计阶段对施工设计图审查控制严格与否，将对整个工程项目的建设投资起到很大的影响。设计阶段中的设计深度不足、设计失误、设计方案不合理等问题既有选择设计单位缺乏竞争性的原因，也有设计单位设计人员责任心和设计水平的原因，还有对设计审查不到位的原因。为了避免设计部门只重质量不关注经济性的现象，应积极推行限额设计，将工程设计和工程造价有机地统一起来。推行限额设计需要从三个方面入手：一要人员思想上树立以"价"定"量"的设计方法，按照立项时可行性研究报告所通过的投资估算进行初步设计不能超过，技术设计和施工图设计预算也不能超过初步设计总概算。一级控制一级，设计人员必须精心设计、仔细核算，既要保证工程质量和工期，也要控制好总体费用。二要优化设计方案。设计方案初稿出来以后，要从多个角度对其进行优化，在技术上要认真探讨是否达到了项目功能要求、工艺是否成熟、局部设计是否还可以继续优化。在经济上要对比对不同的材料价格、结构，设备的购买或租用，最后选出性价比最优的。三要加强对设计工作的监管，坚决贯彻限额设计方法，以设计限额控制施工造价，同时，还要尽可能引入第三方的专业设计监理机构，推行设计监理制，借助专业机构加强对设计的监理工作。

设计阶段的概预算审核是最容易被忽视的，事实上对施工图预算的审计对能够对政府投资工程造价管理起到非常重要的作用。由于设计费是按工程规模和投资总额来计算的，故设计单位在设计的过程中希望将投资总额提高或者通过设计漏项进行补充设计来提高设计费用，导致其对降低施工图预算的自觉意识不强。在这种情况下应该从审核上把控好政府投资工程造价管理第三关，即加强施工设计的审查。施工图审查单位主要是负责对设计单位出具的施工设计图和施工预算进行审计，审查的内容包括工程的安全性、可靠性、稳定性、技术可行性和经济性进行审查。现行的施工图设计审查费用也是采取固定费用，即按工程一定比例收取，存在着不合理性。应该将施工图审查审查费与其审查的效果挂钩，对于发现设计中重大问题予以额外的奖励，鼓励审查单位积极地对施工图和预算进行详细的审核。

3.改进完善招投标工作

在招投标阶段投标人围标、串标等违规行为和严重的不平衡报价，以及发包方所提供的工程量清单都将在很大程度上影响招投标合同价和工程的最终结算造价。对于围标、串标和严重的不平衡报价等现象，首先，要招投标监管部门加大监管和惩处力度，严格规范招标程序，确保招投标过程公平、公正、公开透明。政府采购监督管理部门要认真审查招标文件中关于投标人的资格，避免人为设置排斥潜在投标人的内容；同时加强对招标内容的审查，有关主管部门和参加投标的施工企业都要对报送的施工图要进行深入细致的审阅，做到对标书了解充分。在招标文件的制定环节中，应按照国家规定来编制工程标底，为投标企业防止因不正当竞争故意压力报价，必须规定最低限价，以免后期工程质量不达标或延误。在投标人的资格审核办法上注意结合项目的技术要求的实际情况合理选择资格预审或后审法，在评标办法上也应该积极创新，综合运用多种评估方法，做到科学、公正。加强对招投标程序进行公开，落实备案制、投标书面报告制，积极推行招标结果公示制度，发挥社会舆论的监督作用。

其次，对竞标方的资质进行审查，避免一些不符合招标资质的公司通过挂靠的方式中标。正式招标前要对招标人、招标代理机构、政府相关部门要做好对投标人的资格审查，并对其信息进行公示。逐步建立企业信用管理制度，完善各参与主体诚信档案的建立，将各方的基本信息、参与信息、历史行为记录等信息归集起来，并在网站上进行公布。对于有过不良行为的主体，要严格限制其参与招投标的资格。

防范和控制严重不平衡报价，认真审查。评标委员会应参照国家有关法律法规和文件材料对投标人的报价进行评审确认，对于投标人投标报价低于工程成本或者高于最高投标限价总价的予以否决。对于招标中发包方所提供的工程量清单应尽量做到详尽、准确，以方便竞标方根据工程量清单制定准确的标书。如果工程量清单不确定，就会导致中标时合同价不准确，如南宁市某影城项目在招投标时所列的工程量清单中工程量就存在较大偏差，存在清单漏项甚至主要建筑材料工程量遗漏较大，致使后期施工单位变更材料价格埋下了隐患。这就要求发包方提供的工程量清单时要准确地计算工程量、准备详细的项目资料，使各竞标方对项目建设有充足的了解。招标人在工程量清单编制时要预计到可能存在不平衡报价的项目，并采取相应措施进行防范和控制，如对于可能出现不平衡报价的项目采用最高限价办法，招标文件中约定超最高单价限价的作为废标处理。

（二）加大施工的监管力度

1. 加强工程设计变更管理

在施工过程中对于原设计出现遗漏或与现场情况不符而无法保证原设计质量的，应严格按照政府投资项目设计变更程序进行更改。建设单位要积极主动地做好施工单位的思想工作，尽量避设计变更的发生，通过严格造价管理使项目投资控制在批复的额度以内。财政、发改、监理、设计、建设等单位应到现场进行勘查，对变更的技术性、经济性进行认真研究，并提出合理可行的变更方案。变更方案必须要将造价增加的幅度控制在一定范围内，业主和监理单位要实时监督施工单位对工程变更的执行情况，杜绝先变更施工再申请设计变更的现象发生。另外，对调整后所增加的费用与原设计中对应的费用进行比较，扣除未发生的费用。若变更中设计到拆除的，应做好对已拆除材料、设备的回收，以便二次利用，并在后期增加的材料费、设备费中进行扣减。为避免施工单位利用不平衡报价策略而通过设计变更增加投资提高利润的不公平现象发生，在设计变更论证通过后，要项目业主、财政等部门在办理相关手续时，要注明设计变更部分调整造价的原则，以节约工程建设资金。当出现设计变更新增材料单价时，建设单位要及时做好询价工作，保存相关询价记录及资料，以便最终结算审计能有所参考，使工程结算价符合客观实际。

2. 重视施工合同管理

施工合同是投资人和施工单位签订的法律凭据，对于双方的权利和义务起到约束，加强合同管理就是加强对双方权责的保障。对于政府投资项目，若施工中出现较大变动，各方应及时补充新的合同条款，或做好相应的签证手续，同时向财政部门报备，以免交接时出现不必要的纠纷。做好施工合同管理，一方面要在签订施工合同前将有关工程建设质量、进度和投资方面的条款规定详尽，另一方面要加强对施工单位的监督，督促其按照施工合同的要求执行，特别是在投资控制方面，以属于施工单位责任范围的，必须由施工单位自己承担，不得进行费用签证。在工程竣工后，业主和施工方将按照承包合同所约定的内容进行移交，若工程结算时出现造价超预算，双方应按照施工合同中违约责任进行索赔与反索赔。

（三）加强后期结算审核

1. 建设单位加强结算审核

工程竣工后建设单位首先自己找第三方审计单位进行审计，设立第一道审计。为防止施工单位报审结算时高估冒算，造成财政资金的损失浪费，政府应出台相应的政府投资工程结算管理办法，必须要求建设单位履行自身的项目管理职责，自行加大结算审查力度，严格把关，在将结算资料报送财政部门或审计部门前应由建设单位先自我审查，委托第三方审计单位审核施工单位的结算报告后，由建设单位再认真复核确认后，再报送财政或审计部门，不得将水分含量很大的结算报送到财政、审计部门。

建设单位引入第三方审计，加强结算审核，必须设立一套可操作性强的审计机制。首先，要在立项阶段就把第三方审计纳入整个工程建设的程序中，在招投标的合同中也要将第三方审计的结果纳入到绩效考核中。第三方审计单位对结算文件审查时必须将大部分高估冒算的"水分"挤干，要求第三方审计必须具备相应的资质和配备充足技术人员，并加强其自身的内部复核控制制度。其次，为保证第三方审计的效果，建设单位可以通过签订合同来规定奖惩的方式，比如经第三方审计的结算成果，报经财政审计部门审定后，核减率超出一定范围时，建设单位不支付相应的咨询服务费用等等。为避免建设单位不尽职履责，甚至同施工单位一道把报审额水分抬高，政府投资项目的结算管理办法中要规定财政或审计部门的最终审定额（核减率）控制在一定的比例内，超出比例的造价咨询服务费由建设单位承担。从根本上解决建设单位只作二传手导致施工单位结算报审额偏差大的问题。

2. 财政审计严格审查结算

政府投资工程在项目完工后，由建设单位将自行审核确定的竣工结算文件按规定报财政部门或审计部门进行审核，最终工程结算造价以财政部门或审计部门审定为准。工程结算审计属事后审计监管，此阶段监管需认真审查结算送审资料是否已经建设单位审核确认，资料是否完整，特别是施工过程中的设计变更、洽商等资料是否手续完善。在核实完成的工程量时，财政、审计部门的审核人员需要深入项目现场核实工程实际发生的完成的工程内容和工作量，对于项目建设过程中不发生的工作内容，要坚决剔除出来，认真的核对工程量，审查定额套用、材料价格及费用费率取定方面的问题。财政、审计部门以"不唯增、不唯减、只唯实"的科学态度认真审核每一个项目的工程结算价。对于经建设单位审核过的结算经财政审计部门审定后，核减率达到一定标准的，应要求建设单位做出合理的解释，如建设单位未配备概预算审核人员，或者人员水平不足未能将结算中故意夸大工程的部分识别并剔除的，应对建设单位做出相应的处罚，激发建设单位的责任心，减少由于结算报审额虚夸而导致评审工作的矛盾、责任以及评审风险。财政、审计部门审核人员在项目结算价款审核确定后，要在审核报告中如实的反映项目建设存在的问题，并实事求是地提出有关问题处理的建议和意见。

（四）构建政府投资工程造价管理绩效评价体系

现有的政府投资工程中缺乏对整个项目建设的评价，项目竣工并移交后工作就结束了，对于项目建设效果如何很少进行总结。从前面的分析我们也看到，在采取全过程造价管理的过程中对相关部门的工作内容作了明确的规定，在现行工程实施中按照流程进行了立项审批、可行性研究论证、招投标等工作，但是很多部门只是走过场，对具体的工作管理不严。政府投资工程绩效评价是根据预先设定的绩效目标，运用科学的评价方法和评价标准对政府财政性支出项目造价管理的经济性、效率性进行评价。评价的内容即包括了政府投资工程在建设过程中的造价管理，也包含了对各参建主体对落实造价控制目标所采取的行动进行评价。具体可以从以下几个方面来进行：

1. 选择绩效评价指标

对政府投资工程造价管理绩效进行评价的前提是要有一个科学、规范、完整的指标评价体系。建立政府投资工程造价管理绩效评价体系包括选取评价内容、对各指标赋予权重和确定评价标准。第一，绩效评价指标的选择与绩效控制目标结合。绩效目标是指政府投资工程建设前预期所要达到的目标，在项目申请时已经确立了项目立项的目的和总投资额。绩效评价指标可以根据投资估算、设计概算和施工图预算内容来选择具体的造价考核指标，如预算控制价执行情况、变更费用大小及明细情况等；同时也要对各参建部门履行自身责任方面进行考核，如招投标程序是否规范、设计变更时是否经过相关部门批准等。第二，对各评价指标赋予相应的权重。在确立了政府投资工程造价管理绩效评价指标后，组织发改、财政、行业主管部门以及施工、监理单位对指标赋予权重。在赋值时要结合各指标对政府工程造价影响程度和相关部门对造价管理责任大小进行考量。采用德尔菲法进行多轮评价，最终得到一个统一的权重分配方案。第三，各方对指标评价的标准进行讨论，提出一个科学的评价依据。评价指标应尽可能量化，减少评价人主观评分的影响。将绩效评价的内容进行简化，使得操作起来有效、易行。

2．收集评价信息

政府投资工程造价管理绩效评价指标建立以后，需要运用相关的信息资料对这些内容进行评价。这些信息资料包括项目建议书、设计施工图、招投标材料、施工现场费用支出相关材料和验收评价资料等。这些信息资料比较分散，涉及的部门较多，整理起来比较麻烦。在实际的工作中，可以采用统一的资料收集表，如建立《项目信息调查表》。表中可以根据各单位、各阶段分别收集项目单位和造价管理信息，应尽量由考评人对各资料进行收集，避免被调查单位自己评价，尽量根据实际情况收集信息，保证材料客观真实。最后根据所收集的材料进行打分，汇总得到总分。

3．编写项目造价管理绩效评价报告

在评比结果出来后，还需要对结果进行评价，即作绩效评价报告。报告中应包含调查情况的介绍、考核情况、原因分析、提出建议和对策。重点介绍在项目建设过程中，整个项目造价控制情况，指出在哪些方面存在着控制不足。深入研究其原因，是客观环境导致造价管理超标还是主观管理失误甚至人为故意所造成的。根据所出现的问题和原因提出有针对性的意见和建议，为以后的政府投资工程建设管理提供借鉴，最大限度地避免财政资金的浪费，提高财政资金的使用效益。

4．对绩效考核结果进行奖惩

绩效考核结果出来后要实行奖惩，以促进各参建方更好地控制项目造价。一方面，对于在造价控制中出现问题的责任方进行追究。政府投资工程在进行招投标时，已经在合同中对各方的违约责任进行了规定，然而现实中由于设计单位、业主、勘察单位工作不到位原因引起的变更费用增加却往往不予以追究。正因对责任方不进行惩罚，使得他们缺少危机意识，不重视对造价的控制。因此，项目结束后要对造价变更的原因进行分析，找出责任方，并予以追究，增强对各参建单位的约束力。若是由于勘察设计单位的过错而导致的费用增加（如设计失误导致返修、加固、拆除等费用），依据合同管理规定的条款，应追究其相应的责任，做出相应的处罚；若是由监理单位失职而导致对政府工程造价监督不利的，可以向监理单位进行索赔；由于所采购的设备、材料质量不合格而增加的费用，应追究设备、材料供应商的责任；由于施工单位的原因，如施工不当或故意提高工程量、变更材料而导致的费用增加，应由施工单位负责，若对工程质量、工期造成重大影响的，还可以对施工单位进行索赔。如果是政府相关部门在审批、监管不到位而导致的造价管理超标，视情节轻重进行通报批评、取消相关部门和个人年度奖励、收回其收取的相关服务费等。另一方面，对于在造价控制中做得好的单位进行奖励。财政部门在进行项目预算的时候，设立一部分奖励资金，对于在工程建设过程中对各单位结合项目实际，优化建设方案、节约工程造价、及时发现施工问题并进行优化方案的，可在项目结束后给予一定资金的奖励。

第二节　全过程造价管理的基本内容

一．全过程造价管理的概念

全过程造价管理是由全面造价管理理论发展而来。全面造价管理最早是在 1991 年 RACE 西雅图年会上提出的，指的是有效地利用专业的专长和技术方法去计划、控制工程中的资源、造价、利润和风险。全面造价管理涉及的面非常广，包括建设单位、勘察、设计单位、监理、施工单位等多个主体。全面造价管理是包含了项目管理、预算控制、工程建设、风险管理等多个领域的知识，是一个系统性的方法集合。全面造价管理包括四个方面：项目全过程造价管理、全要素造价管理、全风险造价管理和全团队造价管理

全过程造价管理顾名思义就是将工程在每一阶段的造价进行控制，将工程费用控制在已批准的造价限额内，通过目标管理，不断调整建设过程出现的意外费用支出，使得项目建设中的人力、物力、财力利用达到最大效率，保障项目的经济效益。全过程造价管理主张项目造价管理由一个统一的单位负责，明确权责，避免多个单位重复低效管理，使整个项目顺利有效地开展。

全过程造价管理依据各阶段工作的不同分别对应着不同的造价管理内容。立项阶段的工作是做好编制投资估算，设计阶段的工作是做好设计概算和施工图预算，招标阶段的工作是确定合同承包价，施工阶段的工作是要控制好设计变更、增项可能导致合同价款增加的事项，控制好结算价，在竣工阶段时需要对项目进行造价决算。上一个阶段所确定的价格为下一个阶段提供参考，同时也会对下一阶段造价管理产生约束力。

二．全过程控制管理的理论来源

全过程造价管理理论是由多个管理理论发展而来的，主要包括控制论、系统论、价值工程：

（一）控制论

控制论一词最早来自希腊语，有管理、监督的意思。控制论起源于机械中控制机对系统各部分零件的控制原理，主机发出指令，通过信息的传输、加工、转化，使得各部件按要求工作。20 世纪 60 年代后逐渐发展成一门学科，即控制论，主要以系统功能为目标，通过多种方法来实现系统目标，并达到最优。控制论方法中最常见的方法有功能模拟法、黑箱方法、反馈控制方法。功能模拟法，主要关注的是形成相同功能的模型，而不注重对原模型内部结构的深入了解，不必完全复制原型。黑箱方法是指在无法弄清内部构成和原

理的时候，可以通过外部观察和实验的方式来认识事物的功能和特性，通过输入和输出来观察其原理。反馈控制法是指将输出结果反向传输到输入中，观察输入和输出之间的因果关系。反馈控制法能有效地发现各变量间的相互关系。

（二）系统论

系统论是一门用数学方法来描述某系统特征、功能的学问，并寻找出具有普遍适用性的原理、准则和数学模型。系统论注重从整体性、关联性、时序性等方面特征去思考问题，具有全面性和广泛性。系统论方法是由系统论发展而来，是一种从事物整体着眼，辩证地看待整体与局部、功能与结构、内因与外因的关系，运用运筹学、数学、系统工程、信息技术等多领域科学来提出最优方案的方法。系统方法的主要特点有：第一注重整体性，每一系统都是一个有机的整体，是多种要素的组合，每种要素的特性组合起来后会产生新的特性，因而需要从整体去研究这些性质和规律。第二注重动态性，事物的发展是一个动态的过程，其面临的内外部环境是不断变化的，因此在研究事物是必须时间动态、内外部环境变化去研究，准确地把握事物的规律和特征。第三最优性，系统论方法结合了数学、运筹学、计算机等多门科学，在筛选方案时会通过计算、测量、评估等多种环节，力求做出最优决策。第四模型化，系统方法常常会用到模型来推演真实的系统，已达到预测的效果。整体性、动态性、最优化、模型化四个特性是运用系统方法所应遵循的准则，在实际中具有广泛的适用性。系统论方法对后来的集成管理、全过程管理产生重大影响。

（三）价值工程

是一种研究如何以最低寿命周期成本，可靠地实现对象的必要功能，而进行功能分析的定量分析方法。价值工程致力于透过功能分析，合理地利用现有资源，生产物美价廉的产品和服务，实现价值的最大化。价值工程是以产品功能分析为核心，以提高产品的价值为目标，努力实现以最低寿命周期成本获得最大产品功能的分析方法。简单来说就是通过功能变量或成本变量来使产品的价值提高。价值工程常用的分析方法有 ABC 分析法、价值比较法、百分比分析法、强制确定法等。

三. 工程造价全过程控制管理的基本流程

了解完基本的概念和理论后，再来将全过程造价管理分解到各个阶段，介绍每个阶段的管理重点和主要采取的方法。各阶段造价控制的内容如下：

（一）立项阶段的造价控制管理

立项阶段是项目工程建设的最先阶段，是项目开展的标志。在立项阶段中，主要的决策内容包括：选择投资方案、对项目建设的必要性和可行性进行技术和经济性论证、对多个建设方案进行筛选判断和选择。在立项的过程中需要筛选和找出那些影响工程立项的主要因素，如项目建设时间和地点、要求、资金筹集、业主需求等。这些因素决定着工程建设方案的设计。

项目建设规模的大小对建设成本产生重要影响，规模过小，难以达到规模建设，单位成本过高。规模太大，建设周期和难度加大，工程投入增加、风险提高。项目建设时间和地点的选择对工程的建设影响巨大，如雨季将导致工期拖长、水利枢纽工程在丰水期建设、工程建设材料的运输距离等都将影响工程建设成本。建设标准即工程建设参考的依据，留意造价控制影响很大，标准定得太高，成本必将增加，容易造成投资浪费；标准过低，则项目达不到相关要求。确定工程建设标准时应该考虑长远利益，具有适当地前瞻性和安全性。资金筹集的多寡和时间将影响工程规划和工期，资金筹集充裕的，项目有较多的调整空间，资金筹集慢时将会导致工程支出断裂影响工期。

业主需求将影响着工程方案的选择和后期的设计。从以往一些工程的建设实践中得到的教训是，前期立项阶段论证不充分、项目立项不合理将会造成后期工程造价"三超"现象的发生，导致工程投资失控。因此加强项目决策的科学性和合理性，做好工程资料的收集，将为工程决策提供科学依据。立项阶段应做好以下工作：

1. 做好资料收集工作。工程项目在决策时需要参考大量的资料，如工程所在地地质、水纹、电路等资料，地价、原材料价格、相关工程造价资料等等。这些资料的准确性将影响可行性报告的编制，只有做到真实、准确，才能科学地对工程可行性进行论证分析。这就要求相关的人员做好充分的调研工作，准确掌握涉及项目立项的第一手资料。

2. 认真地编制可行性研究报告。首先，在编制可行性报告时必须尽量根据现有的真实材料来编写，保证可行性报告的真实性、有效性。其次，在编写可行性报告时应采取合理的计算方法，对成本、工期、效益的评估必须采用科学的方法进行计算，使报告更能反映现实情况。最后，报告的编制应尽量全面完整，要涵盖工程设计的主要方面，尤其是对不可预见风险的评估，做到事先预防。

3. 科学地选择最终方案。工程方案选择前，根据已有的建设标准、时间、地点、业主需求设计多个可供参考方案。方案选择时应在经济、技术及功能实用等方面进行分析对比，认真的论证各个方案的优缺点。按照工程建设的总目标对工程参考方案进行细致挑选，从技术、投入和未来收益等多个角度进行对比，确定最适合的方案。

4. 认真编制投资估算。选定方案后，根据既定方案编制投资估算。全过程造价管理要求造价人员从方案选择开始就开始进行造价管理，从全局进行把控。在编制投资估算时，一方面要按照建设时的要求，对工程量、施工器械、原材料、人员管理费用及项目后期运行维护费用等方面进行科学计算，控制好误差范围，一般情况下要求投资估算精度要控制误差不超过士 20%。另一方面，造价人员需要有一定的预见性，预测建设过程中可能发生的动态变化，预留出足够的资金来应对这些未知的变化。

（二）设计阶段的造价控制管理

设计阶段是指在技术、经济上对建设工程进行全面规划，是工程建设的重点。虽然设计费在整个工程费用中所占的比例不到1%，但是却对工程造价影响非常大。设计阶段进一步可以细分为初步设计阶段、技术设计阶段和施工设计阶段。据相关资料显示，对工程造价影响方面初步设计阶段可能达75% ~ 95%，技术设计阶段可能达到35% ~ 75%，施工设计阶段产生的影响可达到20% ~ 30%，而真正施工阶段对造价的影响仅为5% ~ 10%。这充分说明设计阶段对工程造价控制的重要性，因此必须重视此阶段的管理，将造价控制在施工前。

设计阶段的造价管理内容主要有：第一，初步设计阶段编制设计总概算。根据初步设计图纸、说明书和定额标准确定工程规模、建筑标准、结构形式和工程布局等。初步设计阶段的概算不超过投资估算，一经批准即为工程建设控制的最高限额，一般不能超过这个限额。设计阶段应做到细致、严格，避免错项、漏项，否则将可能导致后期出现严重偏差，甚至需要重新设计，给工程造价造成巨大影响。第二，技术设计阶段是初步设计阶段的延续，主要是将前一阶段的具体化，将设计进一步细化。这一阶段需要收集更为详细的资料和使用计算经济算法对初步设计的概算进行补充修正，做到使施工方便易行。此阶段一般是针对技术复杂、工程量大的项目设立的，对于技术简单、工程不大的项目可以省略此阶段。第三，编制施工设计图预算。此阶段根据已批准的初步设计中的内容、范围、投资额进行施工图设计，编制施工图预算。施工图预算将为后期承包合同的拟定、工程价款的结算提供依据。

设计阶段造价控制方法：

1. 推行设计招标，引入市场竞争机制。目前我国很多设计单位在设计阶段时，设计人员只考虑技术方面的细节，而很少考虑到项目投资额度的问题，缺乏对项目经济性多套方案论证。引入招标制度就是要引入多个设计方案，从项目的工艺流程、技术先进、经济性等多各方面全方位地比较，最终选择最经济合理的方案。在设计招标过程中，业主要将设计的经济性作为评比的一个方面，鼓励设计人员提供质优价低的方案。

2. 改革设计费，建立激励机制。现行的设计费收取方法存在着许多弊病，设计费的收取是按投资规模或平方米的标准进行的，只要出了设计图就要付设计费，忽略了工程设计的质量，对投资预算也不负任何经济责任。因此有必要对现行的设计费收取方式，建立一定的激励方式，鼓励设计人员在符合建设质量和安全标准下尽量节约工程费用。在设计中，对节约投资的设计人员予以奖励，对后期发生变更而增加投资费用的可以扣除一定的设计费。同时，将一部分设计费预留到工程竣工结算后再结清，这样就可以避免设计部门出完设计图后便置之不理的现象。

3. 利用价值工程优化设计方案。在方案设计时采用价值工程理论对设计方案进行测算，可以在提高项目功能的前提下尽量降低成本。价值工程主要理念是通过对项目功能及费用分析，提高项目的价值。利用价值工程时，一方面要设计出满足业主需求的方案，另一方面，要尽可能地剔除那些不必要的建筑功能。

4.推行工程项目限额设计。要控制设计预算还可以通过层层限制工程预算额度的方法，即限额设计。根据上一环节所限定的费用总额来控制下一环节的设计，要求既要努力保证达到项目使用功能，又要控制总投资额控制在限额以内。即施工图预算不能超过批准的初步设计总概算，初步设计总概算不能超过批准的投资估算总额，一环扣一环。在推行限额设计另外需要注意的是，除了静态的建筑安装工程费用外，还要充分考虑动态的费用，如资金的时间价值、价格发生变化而增加的费用等各种影响造价的因素。推行限额设计的关键是要保证每个环节的投资额必须科学合理，投资额过低会使限额设计难以达到项目立项时的要求，过高则不利于造价控制，也就脱离了实行限额设计的目的。

（三）招投标阶段的造价控制管理

建设工程招标是指在发包建设项目之前，招标人依据国家相关的法定程序，通过公开招标或者邀请招标方式，鼓励具备相应资格的投标人来竞标，最终评选出最优的投标人获得承包权的一种经济活动。所谓的工程投标人是指具备合法资格和能力的主体，他们依据招标文件约定在规定的时间内制定相应的标书，提出自己的报价参与招标活动。工程项目招标是项目建设的一个重要环节，目的是要挑选出合适的施工单位。设置招投标的本质是引入竞争机制，目的是在保证工程质量达标的前提下，使工程造价更加合理，提高工程的经济性。在实际的工程建设中，出现了一些规避招标、设置暗标、串标等虚假招标活动，因此为抵制这些现象必须实行严格公开招标。招标时应该遵循公开、透明、公平的原则，鼓励投标人通过提高工程质量、降低工程成本来获得项目，使那些建设实力强、质量管理优秀的企业得标。工程招标结束后，双方签订严密的施工承包合同，工程造价也基本上得以确定。合同价款有实行总价包干，有的实行综合单价包干。根据招标文件和施工合同的约定，实行总价包干的，项目实施过程中如施工图纸不存在变更，则结算价即为合同价，而实行综合单价包干的结算时以现场实际完成的工程量计算工程价款。 按照招标过程可将这一阶段分为招标活动准备、发布公告、资格预审、编制发布招标文件、勘查现场、召开投标预备会、投标、开标、评标、定标、签订合同等流程。招标阶段的造价控制应该从以下几方面展开：

1.对招标机构进行严格的监督检查

严格遵照建设的程序来进行招标，在施工图未提交或者相关机构审查合格的不能进行招投标。主管部门应做好对招标代理机构的审查，包括代理机构资质、及时公开完整的招标信息，同时加大对不良代理机构的处罚力度。

2.推行工程量清单招标

工程量清单招标是指招标人在招标过程中，依据施工设计图参照中央和地方颁布的工程量清单规范计算出标准的工程量，根据市场行情和本企业实际情况自主报价，避免投标人盲目报价和随意报价。工程量清单招标对于减少承包合同纠纷、保障工程质量具有重要的作用，它能对工程造价起到很好的控制作用。工程量清单招标相对于原有预算定额计价，能够有效地解决现行招标投标工作中虚假报价问题，更能适应变化的市场环境，有利于公开、公正、公平的招投标环境。通常政府工程项目都会要求推行工程量清单计价模式。

3. 严格审核招标控制价（预算）

第一要做好招投控制价的审核工作，认真地进行复核，减少清单漏项或清单项目表述模糊的项目，确保内容描述具体、界限分明。第二认真做好招标文件的编制，确保投标文件能准确地参考招标文件，使之不偏离招标文件。第三，加强监督管理，对招标程序进行严格审查，发现有不合理的单价，要及时地指出，要求投标方做出解释，防止出现严重不平衡报价的现象。在评标过程中不仅要审查投标总价，还要详细地审查主要清单项目的综合单价。

4. 在竣工结算时应进行复审

对原项目审定标底造价进行全面计算，检查标底中计价内容、预算项目、工程量清单、设备供应价格、措施费等内容进行详细审查。若审查出有问题的，应追根溯源追究责任方过失。

（四）施工阶段的造价控制管理

工程建设阶段是造价支出的主要阶段，这个阶段涉及大量的人、财、物，想要大量节约投资的可能性较小，但若管理不善却容易造成重大的浪费。因此，需要加强对施工阶段的管理和监督，有效地减少资金浪费。此阶段造价管理的主要内容包括以下5个方面：

1. 提高工程质量管理

加强工程质量管理就是在工程施工的过程中根据工程建设进度合理的安排工人、机械设备、原材料供应、运输等活动，保证各项物资的供应，提高资源的有效利用。在施工时，应事先编制好施工计划，排列施工顺序，做好人员排班，确定各项分项工程的工期，保证工程质量。严格把控工程质量，把各种隐患消除在发生前，避免造成重大的人、财、物的浪费。做好设备、原材料的采供管理工作，从源头把控好工程质量，杜绝腐败发生。

2. 做好工程进度管理

在施工中工期越长，所需支付的管理费、人工费就越多，最终将增加工程的造价。施工中会发生各种意想不到的情况可能会导致工期延误，项目主管人员要多进入现场进行监督，及时掌握工程进度。一旦某项工作没有按照预期完成，要及时采取措施纠正，同时合理地调整未完工程的进度安排。

3. 做好工程变更管理

施工过程中常常会出现一些意想不到的情况，有的会导致工程发生变更，给工程带来不利的影响。变更主要分为设计变更、施工条件变更、进度计划变更和工程项目变更。设计变更对工程影响很大，由于设计的不科学或者勘探失误而造成的影响是非常大的，可能导致工程需要拆除和重新施工，工期延误、导致造价大幅度上升。所以应尽可能在设计阶段把变更因素排除，以免导致后来产生大的变更。若施工单位提出设计变更时，要严格审查，除非证明确实不变更项目就无法继续开展，否则绝不允许变更。工程确需变更的，必须做好记录，对于工程质量及其他实质性变更的，必须经过设计单位、建设单位同意并签证。另外，严格控制好现场签证，严格按程序进行变更，做好现场资料的保存。签证的描述要求客观、准确，标明工艺、质量等完成情况，签证要求尽快办妥（如自发生之日起20天）。施工图以外的现场签证要写明时间、事由、原始数据，签证的审核应严格执行国家法定的有关规定，不得随意变通。

4. 认真对待索赔与反索赔

索赔是工程施工中经常发生的现象，是指在合同履行过程中非过错方要求责任方赔偿经济损失。引起索赔的原因有：加速施工、工期延误、不利自然条件的影响、施工中断或终止、拖延支付工程款、合同条文模糊不清或错误等。反索赔是建设单位向施工单位索赔施工中造成的经济损失。反索赔的主要原因有：施工单位由于措施不当延误工期、交叉作业中一方阻碍另一方正常的工作、施工时损坏了工程成品、承包商不正当放弃施工等。

（五）竣工结算阶段的造价控制

竣工结算是工程造价的最终控制环节，属于事后控制。竣工结算是在之前各阶段控制的成果上，根据确定合同价款模式，以承包合同为基础，结合发生的设计变更、技术经济签证等情况，科学合理地确定工程造价。

竣工结算主要涉及三个方面的内容：

1. 工程量的审核，要求核查全部的工程量，如工程的结构、质量、外观等，列出工程量清单，最后编制验收报告。要做好工程量的审核需要核对尺寸、工程量的计算方法、规则和限制范围等。

2. 套用单价的审核，一方面是对所套用定额单价的审核，审核项目的内容是否有重复套用、所套用的定额主材价格是否合理等。另一方面，审核好所套用的换算定额单价，换算的内容有哪些、换算的方法是否准确、换算的系数是否合理，同时审查好所套用的补充定额，如材料价格、人工及机械台班单价等。

3. 审核费用，如项目的造价管理文件及规定是否正确、及时，所执行的取费表是否合适，所依据的计算费率是否准确。竣工阶段的审核可以从三个方面入手：

第一重点审核法。此方法主要是对工程预结算中工程量大、费用高的主要子工程进行审核，如混凝土工程、基础工程等，有的项目还要对高层结构内外装饰工程进行审核。其次需要对上述工程量所对应的单价进行审核，还有对费用的计取、材差的价格也进行审核。

第二全面审核法。与重点审核法相对应的是对所有的内容进行审核，进行全面排查。全面审核法需要对项目的单价、工程量、费用进行全面的审核，在审核时需要参考原来所套用的施工设计、定额标准、承包合同等相关文件。这种方法比较适合投资小的项目。

第三分组计算审查法。此方法需要对工程划分若干分项工程，利用相邻分项工程中相近计算系数来审查另一个分项工程量，判断另一分项工程的准确度，以此推演到其他几个分项工程的准确度。

第三节　建筑工程造价管理需求

一. 系统设计的可行性分析

任何一个系统的设计开始之前必须要分析系统开发的可行性，这样才能避免投资的失误，以及最大程度的节约开发的成本。本建筑工程造价管理系统的可行性主要从以下几个方面进行分析：技术可行性、操作可行性、经济可行性。

（一）技术可行性

技术可行性就是分析本系统采用的系统开发技术是否能开发出完整的建筑工程造价管理系统。采用 J2EE 技术框架，内含许多的组件，可以大大的简化和规范系统的开发和部署，从而提高系统的可移植性，并具有高可靠性。J2EE 技术架构有利于企业的开发人员缩短系统投放到市场上的时间，具有较高的效率。它的可扩展性比较强，易维护，便于开发人员增加系统的功能，并改进相应的功能。MyEclipse 的开发平台功能强大，能够提供各式各样的插件，支持各类开源产品，完美支持网页 HTML，JSP，Java，JSP，JSF，JDBC 等多项功能。Oracle 数据库在处理大量的数据上面，具有强稳定性、可行性、扩展性等特性。综上所述，该系统开发技术上可行。

（二）操作可行性

操作可行性要求开发好的系统易被用户接受，用户学习起来没什么难度。本系统大都涉及一些增删改查的基础性工作，了解建筑行业基础知识的都能够迅速上手，不需要进行额外的学习培训，对于用户的技术水平要求比较低。本建筑工程造价管理系统设计出来以后，建筑工程的设计模板就不用反复设计，可以利用系统内已经设计好的模板，这就大大简化了用户的工作，提高了用户的工作效率。对于监督人员来说，他们不用去查看纸质的文书、报表，直接在系统内就可以根据自己的权限查看工程的任何信息，并根据工程进度、工程造价对工程进行控制，做出决策。对于工程造价人员来说，可以根据系统内存储的信息以及一些造价模板来对工程费用进行计算，大大推进了造价人员的工作进度，为下一步的决策做好充足的准备，而且更新的造价信息会进一步的存储在系统中，为日后的工程造价提供借鉴。本系统在满足用户的功能需求的基础上，交互界面友好，简洁，具有很强的导向性，用户上手快，具备很强的操作性。

（三）经济可行性

经济上的可行性即要控制系统开发的成本。本建筑工程造价管理系统的所需经费较低。用较低的经费就能开发出建筑工程造价管理系统，而建筑工程造价管理系统带给企业的不仅仅是工作效率的提升，更是让企业在信息化的发展中抢先了一步，占领了战略的制高点。工程造价管理系统给企业带来了一笔宝贵的财富，这笔投资从长远来看，给企业的快速发展铺平了道路，便于企业扩大自己的业务，在与同行的竞争中占得先机。

二．建筑工程造价管理系统的业务需求

结合前人对于工程造价管理系统设计的业务设计和该系统的相关业务实际，建筑工程系统的业务主要涉及用户管理业务、工程信息管理业务、造价管理业务、定额管理业务、材料设备管理业务、查询统计管理业务。

用户管理的业务主要包括用户的登录、查询业务和用户的更新业务。用户需要进入系统时，根据系统分配的账号进行登录，验证通过后进入系统查询相关信息。同时，当用户需要修改自己的信息时，登录系统，修改信息。当用户离职或职位变更时，用户可自行变更职位状态。

造价管理业务负责造价的有关工作，设计初步的概算，划分材料使用的范围和数量，确定材料的供应价格，对工程的进度进行审批，对工程的预算进行审核，对造价进行分析。其中主要涉及两项业务材料价格管理业务和工程进度款审批业务，材料价格管理业务主要由造价管理部门负责，造价管理部门首先查询材料在当地的市场价格，并与采购部门的采购部门进行对比，在经过一系列的统计分析之后，确定本企业相关材料的价格。如果市场价格发生很大的变化，造价管理部对相应的材料价格进行调整。

工程进度款审批业务首先由施工部门确定好自己的工程进度的计划表，统计好工程量，交由造价部门进行审核，审核通过后，由造价部门根据工程量计算工程款，并形成进度款表，施工部门根据单子到财务处领取工程款项。待施工部门结束工程后，由造价部门进行工程的款项结算和统计，并进行造价分析，形成报告进行存档，为日后的造价分析提供借鉴。

工程信息管理业务主要是对工程的相关信息进行管理，项目部根据实际情况首先对项目做一个大致的投资估算，编写本项目的建议书，并做一步的可行性研究，形成可行性报告，如果可行，交由设计部门进行方案的设计和技术设计，形成施工图纸。项目部根据设计的方案和图纸列出工程量清单，编写招标书。建设单位根据招标书结合自身的情况编写投标书。项目部根据建设单位的投标书选择最适合本项目的投标，并与建设单位签订合同，并进行存档。

材料设备管理业务主要是材料和设备的日常管理。材料部门编制材料计划，列出所需要的材料设备清单，交由采购部门，采购部门确认清单后，查看库存，当库存不足时，采购部门编制采购计划进行采购，向供应商处直接购买，与供应商签订购买合同，供应商供

应材料，采购部门验收材料，验收通过后，材料入库，并进行入库登记，再将仓库内的材料提供给施工部门，并进行出库登记。

定额管理业务主要是造价部门对材料、设备、人工的价格进行管理。首先要收集各地的定额信息，根据本地的市场价格信息，做出适当的调整，形成本地的定额。并对这些定额存档。由于定额是会变化的，所以定额管理实际上是一个动态管理，即根据时间和地点的变化，修改相应的定额，同时随着产业的发展，出现了新的价格信息，需要把这部分价格信息记录到定额信息当中。定额管理对于造价管理来说十分重要，他实现了造价管理的动态化。

查询统计业务主要是对系统中的信息进行查询，并生成相应的报表。用户输入关键字进行模糊查询，系统显示用户查询的结果。当用户需要打印查询的结果时，系统生成报表，用户打印报表。

三．建筑工程造价管理系统的功能性需求

根据上述建筑工程造价管理系统的业务流程分析，本系统包括六大功能模块：用户管理、工程信息管理、造价管理、定额管理、材料设备管理、查询统计管理。下面我们分别对这六个功能模块的功能做初步的分析。

（一）需求描述

1. 用户管理

用户管理主要实现对用户的信息进行管理，包括用户信息的增删改查。

（1）添加用户信息。增加新用户时，系统管理员需要将用户的信息添加到系统中，并进行存档，以方便用户进行查询或修改。输入用户信息时，应保证格式正确，当格式错误时，系统应进行提示，直到输入正确的用户信息。

（2）修改用户信息。用户的基本信息可以进行修改。随着工程项目的进行，要用户的一些基本信息可能会发生变化，比如职位，电话，这时用户可以对自己的信息进行修改，也可以对自己的账户密码进行修改。

（3）删除用户信息。当员工离职时，系统管理员可以注销用户的账号，删除用户的基本信息。当项目完成后，与项目有关联的用户今后不再发生关联时，系统管理员应删除指定用户的信息，删除用户信息时，系统应出现警告框，防止因操作不当造成的误删。

（4）查询用户信息。用户登入系统后，可以查询自己的基本信息。同时系统管理员也可以根据部门或者其他关键字对用户进行模糊查询。

（5）修改用户权限。随着项目的进行，用户的职位会发生变化，系统管理员应根据用户职位的变化赋予用户不同的权限，不同的权限实现的操作是不一样的。

2. 造价管理

造价管理主要实现对建筑工程的各个费用进行估计和审核，并且迅速做出调整。

（1）录入数据，录入一些基础数据，造价部门根据调研，确定各种材料和设备的价格，材料和设备的限制数量，并把它录入到系统中。当基础数据出现错误时，系统应能够自动识别，并弹出警告框。

（2）查询各种文书和报表，当用户查询与造价有关的材料时。应提供有关工程造价有关的文书和报表。

（3）调整价差和定额。当市场情况发生变化时，系统应容许造价部门的员工对有关材料、人工、设备的定额和价格进行调整。

3．工程信息管理

工程信息管理提供项目信息的增删改查。

（1）添加工程信息，即录入跟工程有关的信息，系统应提供工程信息的查错功能。当录入系统的工程信息出现格式错误时（格式应符合国家有关规定），系统应弹出警告框，提示输入错误，直到输入正确的工程信息。

②查询工程信息，用户应能快速查询到与工程有关的信息，系统的查询分为两类，一类是精确查询，另一类是模糊查询。

（3）修改工程信息，随着工程的推进，工程里的某些信息需要进行调整更新，用户（项目部员工）对可以更改的工程信息进行修改，并提交系统，审核通过后，工程信息修改成功。

（4）删除工程信息，随着项目结束，工程的有关信息可以进行删除，防止占用系统空间，删除工程信息时，系统弹出警告框，提示一旦删除将无法恢复。

4．材料设备管理

（1）编制采购计划，用户（采购部门员工）可以根据系统提供的采购计划模板，添加需要购买的材料，用户也可以自己创建新的模板添加材料购买的信息。并提供后续采购计划的增、删、改、查功能。

（2）签订采购合同，采购部门和供应商签订材料采购的合同，系统提供相应的采购合同模板，并提供采购合同的增、删、改、查功能。

（3）材料入库登记，采购部门从供应处采购到的材料，进入仓库，用户应录入入库材料的信息，生成相应的入库单，并提供入库单的增、删、改、查等功能。

（4）材料的出库登记，当采购部门向施工部门提供材料时，材料从仓库出库，用户应录入材料的出库记录，生成相应的出库单，并提供出库单的增、删、改、查等功能。

5．定额管理

定额管理主要实现对材料、人工、设备等定额信息的维护功能。

（1）添加定额信息。根据市场的变化，如果系统中不存在某类定额信息时，用户应及时把相应的定额录入系统，并确定相关定额的类型，当定额的信息录入错误时，系统应弹出警告框，提示定额信息录入不符合格式规范

（2）修改定额信息，当系统中已经存在的定额因为市场的变化发生变更时，用户应及时 更新系统中定额的信息，增强系统的实时性，提高工程估价的准确性。

（3）删除定额信息，当系统中的某项定额在当前形势下已经不再适用，用户应做及时的删除，防止工程造价误用此类定额。删除定额时，系统会弹出警告框，提示定额一旦删除将无法恢复。

（4）查询定额信息，系统有定额查询功能，分为两类，一类是模糊查询，另一类是精确查询，输入定额的类别，系统会显示此类别的所有定额信息，输入具体的定额编号和名称时，系统显示对应的定额信息。

6. 查询统计管理

查询统计管理主要实现对系统信息的查询、统计功能，统计结果将自动生成报表，并提供报表的打印功能，权限不同，查询到的结果不同。

（1）查询。用户可以查询系统内的信息，输入关键字进行模糊查询，系统会显示与此关键字有关的所有信息，这些信息包括材料、人工、设备、项目等。

（2）生成报表。当用户查询到你所需要的信息时，点击系统的生成报表功能，将自动生成你所要查询的数据信息。

（3）打印。当报表生成之后，用户可以对报表信息进行打印。

（二）类图设计

类图是描述类和类之间相互关联的静态图，类图可以通过上述的用例图进行提取，通过用例图可以提取类的种类，再经过业务流程分析类之间的关系，这样就能形成类图，用来反映系统的组成结构。

类图是由静态的属性和动态的操作所构成的，而类和关系又组成了类图。通过用例图，提取出了 10 个类，分别是：用户类、工程类、子工程类、工程量类、材料类、设备类、定额类、出库类、入库类、工程造价类。

（三）建筑工程造价管理系统的非功能性

需求系统开发首要条件是要满足功能性需求，但是仅仅有功能需求是不够的，要保证开发出的系统能够稳定流畅地运行，即要满足性能方面的要求。本系统的非功能性需求要满足四个特性：稳定性、安全性、可扩展性、易维护。

1. 稳定性。系统运行必须保证稳定，本系统采用 J2EE 技术，简洁规范，具有较高的可靠性。Oracle 数据库也在处理大事务量时有很强的稳定性。所采用的系统开发技术都能强有力的保证系统运行的稳定性。

2. 安全性。由于系统中存储的都是企业的机密信息，因此系统的安全性就显得尤为重要。这就要求系统要验证每位登入用户的身份，根据身份授予权限。同时，必须保证数据库的安全性，本系统采用 Oracle 数据库，可靠性高，稳定性强，较为安全

3. 可扩展性：随着企业的不断发展，企业的业务内容和业务形式必将发生很大的变化，这就要求系统必须要有很强的扩展性，以便随时添加新功能。本系统采用 J2EE 架构，可

扩展性强，并具有很高的效率。同时 MyEclipse 平台上众多的插件也可以满足系统的扩展性要求。因此本系统满足较强的扩展性

4. 易维护。网络世界瞬息万变，问题层出不穷，开发出来的系统要求便于维护人员维护，特别是后台数据库的维护。当系统的功能强大的同时，访问量增加，就会带来后台维护的困难。本系统采用 J2EE 架构，使系统的维护性大大增强。

第四节　造价管理在房屋建筑中的应用

随着我国建筑业的蓬勃发展，工程造价也越来越受到业内外人士的关注，造价也越来越科学化、合理化。工程造价对企业项目投资而言，工程造价的大小基本决定了一个建筑工程的投资情况。因此，加强造价控制管理，能够在建设过程中保证施工质量的同时合理地利用资金，减少不必要的经济开支，降低了项目投资的成本。有利于施工单位实现人力、物力、财力等资源的优化配置，获取最大的经济效益。

一. 房屋建筑工程造价的构成

在广义上讲，房屋建筑建设项目工程造价主要包括以下内容：施工设备和施工器具的购置成本、安装工程的成本、工程建设其他成本、固定资产投资方向的调节税以及工程建设期的贷款利息等等。

（一）项目安装工程的成本组成

根据市场的要求，除了交通行业和能源行业之外，我国的项目安装工程进行了精细地划分，即土建工程、装饰工程以及安装工程，同时，依照分部工程的具体特点，编制了具有针对性的收费与定额方法。工程成本的主要组成部分是：直接工程成本、间接成本以及其他成本等三部分。其中直接工程成本主要由直接成本、其他直接成本、现场经成本等三部分构成；间接成本主要由建筑企业的管理成本、财务成本、其他间接成本等三部分构成；其他成本费用主要由税金和其他费用等两部分构成。

（二）项目工程的其他成本

此处的"其他成本"主要是指除了项目安装工程成本、施工设备和施工器具购置成本之外的投资方需增加的费用。该费用具有非常大的弹性，不同的投资人具有不同的交纳费用种类。项目工程的其他成本主要包括以下内容：首先，土地使用成本。该部分成本主要包括土地征用成本、拆迁补偿成本、土地使用权出让金等，但是以上三部分成本会因为区域、地点的差异而具有较大的差别，但是均要占工程全部造价中的很大比例。其次，其他成本，例如建设单位的管理成本、勘察设计费用、建设单位现场成本、工程监理费、咨询

鉴定费用、工程保险费用、设备（和技术）成本、水电补贴费用、环卫成本、消防成本、电力成本、交通成本、地方政府管理费用等。

二. 影响房屋建筑工程造价科学性的因素

（一）工程设计不受限额控制的问题

当前由于设计的经济责任不落实，某些工程设计人员尚未从思想上明确认识到，工程设计是技术与经济的统一，设计阶段是合理确定和控制工程造价的关键环节。因此，接到设计任务后，从着手考虑方案就未能对工程造价的重要性引起足够重视，所做设计随便提高设计标准，任意打破面积定额。掌握标准从宽从高，计划指标仅做参考，这种设计原则，又何谈"量材设计"和控制造价呢。因此，工程设计不受限额控制是影响房屋建筑工程造价科学性的重要因素之一。

（二）设计阶段的盲目经济决策

当前从工程初步设计周期来看，许多工程项目，由于受主客观原因的影响，工程成熟条件较慢，影响设计工作的进展，拖延了设计周期。初步设计阶段，应将主要工作精力用在研究和确定工程的主要技术方案、进行经济分析、比较和经济论证上，以期达到工程设计的技术与经济的统一，使确定的设计方案建立在经济合理的基础上。

三. 房屋建筑工程中加强造价控制管理的措施

（一）决策阶段造价控制

投资决策是工程造价的主要来源，投资阶段的资金消耗决定了工程造价的大小。在项目决策阶段应重点从建设规模、建设标准、建设地点、材料设备这几个方面控制工程造价。

（二）设计阶段造价控制

据研究分析，设计费一般只相当于建设工程全寿命费用的 1% 以下，但正是这少于 1% 的费用对投资的影响却高达 75% 以上。设计阶段控制造价的方法有：利用价值工程对设计方案进行评估，进行限额设计，限额设计是设计阶段控制造价的好方法，这个限额不仅仅是一个单方造价，更重要的是：第一步要将这个限额按专业（单位工程）进行分解，看其合理否；第二步若第一步分解的答案合理，则应按各单位工程的分部工程再进行分解，看其是否合理。若以上的分解分析均得到满意的答案，则说明该限额可行，同时，在设计过程中要严格按照限额控制设计标准；若以上的分解分析（不论哪一步）没有得到满意的答案，则都说明该限额不可行，必须修改或调整限额，再按上面的步骤重新进行分析分解，直到得到满意的答案为止。

（三）施工阶段造价控制

施工阶段是一个较长的时期。在这一阶段的造价控制是一项涉及面广，从施工招标开始直至竣工验收这样较长时间内的关键性工作。

1. 抓好机械与材料管理。材料管理的成效直接影响到工程造价。作为施工单位，在施工过程中要注意材料的科学管理，避免不必要的浪费。

2. 优化施工方案。在工程实施过程中，除了应对组织专家对投标文件的施工组织设计进行审查外，还应对施工过程中的各个阶段的施工方案进行比选，比如，每个工程项目建点初期，都要涉及临时设施搭建问题，对临时设施可以采取自建、租用、自建与租用相结合等方案，每个方案成本投入是不同的。对工期较长、人力较多的项目，一般以自建为主，对工期较短、人力很少的项目，则以租用为主。

3. 加强工程变更审查。工程变更关系到进度、质量和投资控制，特别是对工程造价影响较大的工程变更，要先算账后变更。严禁通过设计变更扩大建设规模、增加建设内容、提高建设标准，工程变更发生后，其审查尤为重要。

4. 做好现场的签证工作。在工程项目的实施过程中，由于施工过程的复杂和设计深度、质量等方面原因，经常会出现工程量、地质、进度的变化，工程承发包双方在执行合同中需要修改变动的部分，须经双方同意，并采用书面形式予以记录。合同、预算中未包括的工程项目和费用，必须及时办理现场签证，以免事后补签而造成结算困难。

（四）竣工结算阶段工程造价控制

竣工验收阶段工程造价的内容包括：竣工结算的编制与审查，竣工决算的编制，保修费用的处理，建设项目后评估等。控制要点有：

1. 核对合同条款。首先，应该对核对竣工工程内容是否符合合同条件要求，工程是否竣工验收合格，只有按合同要求完成全部工程并验收合格才能列入竣工结算。其次，应按合同约定的结算方法、计价定额、取费标准、主材价格和优惠条款等，对工程竣工结算进行审核。

2. 检查隐蔽验收记录。审核竣工结算是应该对隐蔽工程施工记录和验收签证进行检查，手续完整、工程量与竣工图一致方可列入结算。

3. 落实实际变更签证。设计修改变更应由原设计单位出具设计变更通知单和修改图纸，设计、校审人员签字并加盖公章，经建设单位和监理工程师审查同意后才能列入结算。

4. 做好工程的索赔工作，索赔工作应是全部竣工结算的内容之一，施工单位应当重视索赔的理论和方法。当工程施工中，出现合同内容之外的自然因素、社会因素引起工程发生事故或拖延工期等，施工单位应及时收集文字依据，认真分析，提出索赔报告，追补损失。

　　建筑工程造价管理涉及面广，综合性强，贯穿于施工企业整个生产过程。它给企业管理人员及施工企业都提出了较高的要求。企业管理人员知识要趋向多元化，统筹兼顾，各节点工作要专业化，能够处理好各方面的问题。施工企业要注重新技术新材料的应用，并提高自己的管理水平，尤其注意成本核算与监控等关键节点要专业化，同时形成管理链，使建筑工程造价管理真正做到及时，快速，高效。

第三章　公路工程造价管理

第一节　公路工程造价管理体系

一. 我国公路工程造价管理程序

公路造价管理的基本程序，根据项目类别（分为：重大项目和一般项目）而有所差异。重大项目须得到国家级政府主管部门的审批，一般项目可由省级政府主管部门进行审批。以国家重大公路建设项目造价管理的流程为例，进行说明。

（一）投资决策阶段造价管理的程序

在公路项目的预、工可行性研究阶段中，咨询单位提交的项目估算首先经过省交通主管部门或者省交通主管部门委托省造价站审查，报省发展改革委员会审查并出具审查意见，举报交通部。交通部对上报的项目研究报告委托交通部规划研究院审核后进行审查，上报国家发展和改革委员会，由其委托机构审核并出审核意见。审核意见反馈后，国家发展改革委员会对项目报告研究进行审批。对企业投资且不使用政府性资金的公路建设项目由国家发改对其进行核准。

（二）设计阶段造价管理的程序

在设计阶段中，项目初步设计概算经省交通部门或其委托省造价站审查，上报交通部，由部委托的咨询机构进行审核，审核意见反馈后，交通部进行审批；在初步设计得到审批之后，项目可以进行施工图设计，项目施工图预算由省交通主管部门进行审查审批，省内设有造价站并承担审查职能的，造价站也参与审查预算。

（三）实施阶段造价管理的程序

在项目的施工图设计得到批准之后，项目建设管理单位就开始组织确定项目施工单位的招标工作。在运用合理低价中标方式的项目中，项目建设管理单位通常会组织一些具有估价经验的专家，结合项目预算、类似项目的经验制订一个项目的投标最高限价。参与投标的施工企业，若其投标资金数额超出最高限价，则会失去参加综合评分的资格。项目的中标价（根据设计工程量及工程量清单中的各项单价计算产生）作为项目的施工结算依据。省交通主管部门对整个招标过程及中标价格的合理性行使监督职责。

（四）交竣工阶段造价管理的程序

在交、竣工验收阶段，项目建设管理单位编制的工程决算须上报交通主管部门，并同时抄送造价管理站。在工程决算编制的基础上，项目建设管理单位完成竣工财务决算，其经过省交通主管部门审查或委托承担审查决算职能的省造价站进行审查，再由交通部进行审批。竣工验收需要经过交通行业内审计部门的审计。

（五）其他政府主管部门涉及的造价管理工作

其他涉及公路造价管理相关工作的政府机构还有：国家发展改革委员会、审计署、财政部和建设部。国家发展改革委员会下设重大项目稽查办公室、审计署是在项目建设过程中及完成后分别履行其稽查、审计的职能。其中国家发展改革委员会重大项目稽查办公室主要从公路建设项目资金的使用、概算控制的情况以及项目建设是否符合基本程序等方面进行稽查。审计署则是审计概预算的执行情况以及竣工决算方面。财政部是对公路建设项目（用财政性基本建设资金投资）的概算、预算及决算的审查。建设部主要是从建设行业管理角度制订相关的法规政策，与公路造价管理直接相关的法规及工作主要有：第一，2003年建设部与财政部联合颁布的《建筑安装工程费用项目组成》；第二，工程造价咨询企业资质的批准；第三，注册造价工程师的资质管理。

二. 我国公路工程造价管理内容

（一）计价依据编制和发布管理

当前，交通部颁布的全国性公路造价计价依据法规文件见表3-1-1。这些文件是在交通部的统一部署、组织领导下，由行业内的有关机构及专业人员共同参与编制、制订，并由交通部向全国发布实施。交通公路工程定额站及各省级造价站或定额站是参加制订这些文件的主要力量。因全国统一定额反映的是一个全国范围内的平均水平，以及统一定额的缺项及各地区的差异，各省份也在积极地编制、发布补充性的计价依据。补充性的计价依据是由各省公路造价管理执行机构编制，各省交通主管部门发布。公路造价的计价依据除了主要由交通行业部门编制和发布的之外，相关专业还参照国家其他行业相关部门的法规文件以及发布的补充规定。

表 3-1-1 现行部颁公路造价管理计价依据

发布时间	部颁计价依据的名称
1996	《公路工程估算指标》《公路基本建设工程投资估算编制办法》
2000	《公路基本建设工程交通工程概（预）算编制的规定》
2004	《公路建设项目工程决算编制办法》
2007	《公路基本建设项目概算预算编制办法》《公路工程概算定额》《公路工程机械台班费用定额》《公路工程预算定额》

（二）造价文件审查管理

根据前面造价管理程序要求对各阶段造价文件进行审查管理。

（三）造价从业人员和机构资质管理

1. 从业人员资质管理

针对公路造价从业人员的资格认证管理，交通部颁布的规章制度有：《公路工程造价人员资格认证管理办法》（交公路发〔1995〕1235 号）；《公路工程造价人员资格认证管理实施细则》（公设字〔1996〕039 号）。交通部公路司主管公路造价人员的资格认证管理工作，设立全国公路工程造价人员资格认证领导小组，统一规划和管理全国公路工程造价人员资格认证工作。交通公路工程定额站为全国公路工程造价人员资格认证的日常办事机构。各省、自治区、直辖市交通厅（局）设立本地区公路工程造价资格认证领导小组，并下设资格认证工作办公室，负责本地区资格认证的日常管理工作。针对整个建筑行业造价人员的资格管理，建设部与人事部联合颁布了《造价工程师注册管理办法》。

2. 从业机构资质管理

公路造价从业机构包括：公路造价咨询类企业、公路勘察设计类企业以及公路建设监理公司等。当前公路造价咨询和公路勘察设计的企业资质都是由建设部进行准入管理。建设部于 2006 年颁布的《工程造价咨询企业管理办法》中，对造价咨询企业的资质管理未划分专业，在管理办法的第六条规定"有关专业部门负责对本专业工程造价咨询企业实施监督管理"，但对如何实施监督管理并未作相应的规定，交通部也尚未出台相应的部门规章。

（四）造价信息管理

目前，我国公路造价信息发布方主要为省级造价管理管理执行机构。发布的渠道主要有两种，即：公路造价信息网和公路造价信息期刊。全国性的公路造价信息网尚未建立，对已完、在建及前期项目公路工程造价信息资料尚未建立数据库、进行系统管理。部分已经建立公路造价信息网的身份证准备筹建已完公路造价信息的数据库。也有部分省份每隔一段时间就通过公路造价信息期刊发布公路的造价信息。除了这两个发布渠道外，全国范围内还有五个公路工程造价管理联络网，即华东片区公路工程华北东北公路工程造价管理联络网、西北片区公路工程造价管理联络网、西南片区公路工程造价管理联络网、中南片区公路工程造价管理联络网。这五大公路造价联络网定期召开会议，对与公路工程造价相关的问题及事宜进行交流和研究。

现阶段，公路造价信息发布的内容主要有：市场材料价格、公路造价工程师资格认证情况、地方性公路工程补充定额及编制办法补充规定、法规制度转载、研究资料交流等，对已建完公路的造价信息管理涉及较少，其作用尚待充分发挥。

三. 我国公路工程造价控制机制

（一）四算控制机制

交通部于 2007 年颁布了《公路基本建设项目概算预算编制办法》，该办法规定：项目概算应控制在批准的项目建设可行性研究报告投资估算允许的幅度范围内（不超过±10%），否则要重新向审批单位申报可行性研究报告。概算经批准后就成为基本建设项目投资的最高限额；以批准的初步设计进行施工招标的工程，其标底应在批准的总概算范围内；以施工图设计进行招标的工程，施工图预算经审定后是编制工程标底的依据。施工图设计应控制在批准的初步设计及其概算范围内。因此，估算、概算、预算、决算这四算之间有如下关系：

预可估算 ×110% ＞工可估算＞预可估算 ×90%

工可估算 ×110% ＞初步设计概算＞工可估算 ×90%

初步设计概算＞施工图预算

初步设计概算＞工程决算

因此，初步设计概算实际就成为公路造价管理中的一个重要的控制性指标，而初步设计概算由于受到预、工可估算的制约，则预、工可估算的准确程度就成为影响公路造价控制依据的重要因素。

（二）设计变更审批机制

当前公路设计变更分为重大设计变更、较大设计变更和一般设计变更三种形式，具体的划分标准参见《公路工程设计变更管理办法》（以下简称管理办法）。公路工程较大、重大设计变更实行审批制。

公路工程勘察设计、施工及监理等单位可以向项目法人提出公路工程设计变更的建议，项目法人也可以直接提出公路工程设计变更的建议。对一般设计变更建议，由项目法人根据实际情况决定是否进行勘查设计工作。对较大设计变更和重大设计变更建议，由项目法人在审查论证后，向省级交通主管部门提出申请，在申请书中需要详细说明公路工程的基本情况、原设计单位、设计变更的种类、变更的内容和主要理由等。然后再由省级交通主管部门来决定是否开展设计变更的勘查设计工作。设计变更的勘察设计一般由原勘察设计单位承担，并由其负责形成设计变更文件。对一般设计变更，由项目法人审查确认后决定是否实施；对较大设计变更和重大设计变更须由项目法人审查确认后报省交通主管部门审查，其中交通部审批重大设计变更文件，省级交通主管部门审批较大设计变更文件并报部备案。如果设计变更与可行性研究报告批复内容不一致，需要征得原估算批复部门即国家发展和改革委员会的同意。

《公路工程设计变更管理办法》的第二十条指出"由于公路工程勘察设计、施工等有关单位的过失引起公路工程设计变更并造成损失的，有关单位应当承担相应的费用和相关责任"。现实中对勘察设计单位责任落实力度往往不强，缺少对其的管理办法。

四. 我国公路工程造价管理发展特点

（一）管理主体不因经济体制变化而变化（不变因素）

在计划经济时期，政府是公路造价管理的主体。由它来组织公路的投资建设，颁布公路工程定额和编制办法，组织人员收集公路造价资料和测定劳动定额。在市场经济体制下，尽管公路造价管理的职能增加了，但同样是由政府来承担。政府具体负责公路造价费用的审查、审批，颁布公路工程造价的计价依据和编制办法，定期或者不定期的发布工、料、机的价格，对公路工程造价人员的资质进行管理等。

这实际反映出：由于公路固有的共用品属性，只有政府才能履行为社会公众提供公路产品的基本责任。因此，那种认为"市场条件下，公路造价由市场确定，而不需要政府干预"的观点是片面的。首先，公路项目的决策计划阶段需要进行对投资的估价；其二，由于公路建设投资的主要资金来自政府财政，政府公路交通主管部门具有责任和义务保证这部分投资的合理、有效使用；第三，在市场条件下，由于存在竞争机制，政府对公路造价管理的难度远高于旧有的计划体制，因此，对原有公路造价管理体制进行必要的改革。

（二）计价手段、方式因经济体制变化而不断发生变化（变化因素）

从造价管理的发展历程可以看出，定额是在我国新中国成立后计划经济发展的过程中逐步产生、发展和成熟的。在计划经济时期，定额所反映的是测算造价的指令。因为计划经济时期的定额不仅规定工、料、机的消耗量，同时也规定了工、料、机的价格，即量价合一。这与计划经济时期人工、材料、机械执行国家计划价格密切相关。因此，这种体制下采用工程量乘以单位估价表便能容易地得出公路工程的造价。

实行市场经济后，各种物价逐步放开，定额中的各种材料价格和人工工资也逐步放开。此时定额的内容发生了转变，实行了"量价分离"的调整，即定额中仅对工、料、机的消耗量做了规定，工、料、机的价格采用公路建设项目发生地的价格。此时编制公路工程投资估算、概算、预算均是采用实物量法。随着市场经济的逐步深入公路施工实行了在工程量清单基础上的招投标。投标人针对工程量清单按照自己的劳动生产率、技术装备、施工工艺水平等因素对列出的工程量进行报价（综合单价），再在此基础上采用综合单价法计算出公路工程的造价。

（三）定额修订以10至15年为一个周期（渐变因素）

从公路工程造价管理发展历程的回顾可以发现，定额的制订和修编的时间先后为：1955年；1973年；1982年；1984年；1992年；1996年。从发生的时间上能够看出，定额等计价依据的修订工作大致是以10～15年为一个周期。

五. 我国公路工程造价管理存在的问题

（一）管理体制方面

1. 宏观管理部门权限交叉、责任不明

对公路项目前期的各阶段估价进行审批，是政府当前行使公路造价管理职能的一个重要手段。但实践中，审批的权限交叉现象较为严重。以国家重大公路项目的审批为例，在预工可设计咨询单位提交研究报告及投资估算之后，省级交通主管部门及省级投资计划部门要先对其进行审查。其后，项目研究报告及投资估算再上报至交通部进行审核，最后再由国家发改委进行审查、审批。这种权限交叉的最不利之处不是项目审批程序多、周期长（对于重大项目的投资需要经过审慎的决策过程），而在于：众多部门参与审批的项目一旦出现问题（如造价超支），由谁来承担过失和责任。如果没有机构承担责任，审批权限的交叉不但不会起到应有的制约、监督作用，反而成为寻租的重要机会。

2. 政策执行机构体制多样、力量不足

在计划经济体制下，公路造价管理的重心是定额编制及管理工作，各级公路交通定额站作为当时公路造价管理的政策执行机构，主要工作任务是在主管机构的统一组织下进行各项定额测定、修改工作。随着经济体制的变化，按定额规定计算造价并由企业按计算结果承包施工的"包干制"转变为通过竞争性招标确定项目的施工企业，及结算价格的"招投标制"。因此，政府定额的作用已从原先的强制性计价依据向参考性计价依据转变。在这种情况下，公路造价管理政策执行机构的工作重点就需要进行必要的调整，必须补充加强一些新的职能。随着1999年的机构改革，一些省份为适应行业发展的需要将过去的公路定额站改组为公路造价管理站，并赋予相应的审查职能，在一定程度上加强了公路造价管理的政策执行力度。但是，各地政策执行机构的管理体制五花八门。一些地方认为：定额工作的重要性已经大大减弱，造价的确定主要依靠市场。在这种情况下，公路定额工作受到一定忽视，而同时对市场条件下前期工作估价的准确性并未加以足够重视，另外对市场定价合理性的监督作用也有所忽视。总体来看，由于大的经济体制转型，公路造价的管理政策相应出现了许多重大变化，但造价管理政策执行机构的职能并未及时转变，其机构的管理体制多样以及人员、经费的不足是突出的表现。

3. 对从业人员与机构的监管有待加强

公路工程造价咨询的社会服务是一种智力密集型高层次的管理服务，从业人员和咨询

单位具有较高的素质并严格遵守相应的职业道德，否则难以胜任估价工作。目前，对从业人员准入管理方面，交通部与建设部分别制订了相关的部门规章。对从业机构准入管理方面，建设部与发展改革委员会已经或着手出台相关规定。与准入管理相比，对从业人员与机构的工作绩效及信用管理则比较欠缺。从业人员与机构一旦获得资格认证，就几乎不再受到其他的行业管理约束，其估价即便不准确、行为不符合职业要求也难以受到任何的惩戒。从工作程序上看，造价编制人员往往是造价形成的第一关，他们的估价质量若存在较大偏差或有意低估或高估造价，即便后续还有审查、审核把关，也很难杜绝这种行为给实施阶段造价控制管理带来的隐患。

4. 对公路造价信息缺乏系统管理

在市场经济社会中，能够及时准确的捕捉到建设市场价格的信息是公路施工单位保持竞争优势和取得赢利的关键。由于这些信息也是政府估价的重要依据，其对政府部门投资决策的参考作用更为真实、可靠。目前，全国范围内的公路造价信息管理制度尚未建立，一些造价信息（仅局限在建设材料价格、人员资格认证等零星信息）主要由省级造价站进行发布。缺乏对已完和在建项目公路造价的资料的统一、系统管理。已完公路的造价资料蕴含着大量的经济、技术信息，这些信息一方面反映了项目的技术经济特点，另一方面也是不同时期建设项目各个环节技术经济管理水平和建设经验教训的总结。利用这些信息可以为决策提供参考意见，为各阶段造价文件编制提供参考资料，为测算造价、编制修订定额提供基础数据，为优化设计提供依据，为项目管理提供科学根据，也为施工企业工程投标报价提供参考资料。但由于没有建立数据库，已完公路的造价资料所起的作用也就甚少。对在建工程造价资料进行统一、系统管理，有利于及时动态掌握项目的造价控制情况，及时了解发现的问题并采取对策。

（二）控制机制方面

1. 造价管控指标的设置

根据现行制度，初步设计概算是项目造价管理的一个重要管控指标，设立这种刚性的指标对造价管理无疑是非常必要的。但由于多方面因素的共同作用，使初步设计概算已经难以承担这样的角色。首先，初步设计概算受到预工可估算的制约，若其超出规定的幅度则项目将淘汰或需重新申报预可，因此，初步设计概算不会超出规定的工可估算幅度已经成为一个"潜规则"。而由于在项目预工可研究阶段，项目主管部门无论对时间和经费的投入都非常有限，导致这个阶段的研究深度不够，投资估算必然出现偏差（尤其对于地质特殊的复杂项目）。另外，许多项目在施工图设计之后或建设施工阶段，建设管理单位已经发现项目最终造价将超过概算，但由于建设投资需求的软约束，项目建设单位通常都会继续推动项目进展直到完工。因此，许多项目虽然超支但木已成舟，管理机构只能通过事后增加调整概算的方式解决问题矛盾。当前勘查设计工作方面存在的主要问题是设计周期短，使勘察设计深度不够，设计质量达不到规范的深度和要求，工程技术方案论证缺少优化设计比较。特别是对沿线工程地质的调查深度不够，地质不良地段钻探资料不足，导致施工时现场变更量大，比如隧道、桥梁地基、地质不良地段的处理等。其次在设计中对投资控制的认识不足也是一个问题。这主要体现在公路工程设计人员在设计中一般都比较注重设计产品的安全实用、技术先进、强调设计的产值，而对设计产品的经济性不够重视，不抓设计中的经济指标和成本控制工作。另外，现行的设计收费标准一般是以公路工程造价为取费基数，对设计中造成的浪费缺乏明确标准和控制措施，对设计单位而言，几乎没有任何的经济责任，同时由于公路工程设计缺乏激励和问责机制，设计单位没有优化设计进而降低工程造价的积极性。

2. 工程决算的作用

十五这两个五年期间我国已建设了相当数量的公路，在竣工验收之前做的决算往往仅停留在竣工财务决算的层面上，没有深入反映到量、价、费上，即工程决算方面。2004年交通部颁发了《公路建设项目工程决算编制办法》来加强公路建设项目投资管理。工程决算的内容主要从项目实际完成的工程量、采用的单价和费用支出，以及与批准的概预算对比情况等方面来反映公路工程造价的实际情况。办法中规定：工程决算文件由项目法人在交工验收后负责组织编制，并将工程决算文件及工程决算数据软盘各1份上报交通主管部门，同时抄送工程造价管理部门。但是该办法对工程决算的统计、分析、处理及整合的主体并没有做相应的规定，使得这些最能贴近市场、最能反映公路实际造价的资料没有得到充分的挖掘和利用，没有真正解决项目前期阶段中投资决策的信息不对称问题。

3. 对造价管理参与者的激励与约束

公路造价管理多方面的参与主体，既有政府的政策制订者和执行者，还有更多的从事具体工作的企业，这些企业及人员对公路造价管理也起着举足轻重的作用。比如，设计单位的估价人员进行造价测算、造价咨询机构的人员进行审核、监理咨询机构的人员确认隐避工程的数量等，这些环节都对造价管理产生重要影响。目前，对这些环节的工作缺乏必要绩效评价制度，因而以上机构及人员一旦从事工作，工作业绩好坏对其职业前途影响非常有限。

第二节　建设前期工程造价确定方法及技术应用

一. 投资决策阶段工程造价的确定

（一）阶段特点及存在问题

投资决策阶段的主要内容包括投资机会研究、项目建议书、可行性研究、项目评估和决策等内容，由于这些工作都是发生在投资之前运用现代工程学、经济学和管理学理论，采用市场调查、实际了解等技术手段，掌握大量信息资源的基础上一步一步进行的深入研究，从而为最终项目的报批或决策提供依据。高速公路项目由于建设规模庞大，涉及专业领域众多，内容标准日益复杂，技术手段日新月异，其投资前研究工作的质量将直接影响到项目的成败。作为项目决策的重要依据之一，投资估算的准确与否不仅影响到建设前期项目在经济、技术、财务、组织管理等多方面的投资决策，而且也直接关系到后面设计概算、施工图预算的正确编制以及项目建设期造价的有效管理与控制。可以说，投资决策阶段的公路工程造价控制具有先决性和指导作用。

表 3-2-1 投资决策阶段各项工作及要求

阶段	研究重点	投资估算方法	投资估算精度要求
投资机会研究	投资环境分析	参照类似项目套算	±30%
初步可行性研究	市场需求分析、项目宏观必要性、主要建设	指标估算法	±20%
可行性研究	全面深入研究	逐项估算法	±10%
项目评估	可行性研究的真实性、可靠性	逐项估算法	±10%

高速公路建设在投资决策阶段最为重要的两个环节分别是项目建议书阶段（初步可行性研究）和可行性研究阶段。其中项目建议书阶段的投资估算以指标估算法为主，此外也可以采用类比方法对比分析；可行性研究阶段的投资估算以逐项估算法为主。建议书阶段主要是为项目可行性进行初步判断，研究的主要目的是对项目投资的必要性，而可行性研究则是从技术、经济、工程等方面进行一调查研究和比较分析，并对项目建成以后可能取得的财务、经济效益及社会环境影响进行预测，从而提出该项目是否值得投资和如何进行建设，为项目决策提供依据的一种综合性的系统分析方法，因此高速公路建设项目的可行性研究具有预见性、公正性、可靠性和科学性的特点，成为高速公路建设报批的第一要件。

投资估算的编制单位必须严格按照设计任务书规定的编制深度，优选建设方案，熟悉设计意图，进行人工和材料实物量的分析计算，经有资质的造价咨询单位提出评估意见后由投资主管部门审查审批。在估算编制中要求既要防止漏项少算，又要防止高估多算，达到全面、准确、合理的目标使投资估算真正起到控制总价的作用。

这一阶段造价编制容易出现的问题主要有客观和主观两方面因素，客观因素上由于国家宏观政策及总体规划的变化，导致与某些其他工程相冲突而不得不调整设计方案，同时市场不断变化，按编制办法套公式计算时对市场价格信息的变动有欠考虑，使计算出来的价格与实际有较大出入，加之研究资料不够充分，对可能存在的问题考虑不全，致使设计变更多次，不能一次到位。主观因素包括思想上"重后期，轻前期"导致对该阶段的投资确定的重要性认识不够，同时由于踏勘深度不够，资料不全，很多未考虑的因素如地质不良等在下一阶段暴露出来，使估算失去了指导意义。以上这些问题都将直接导致公路工程造价在决策阶段的工程估算上出现重大偏差。

（二）主要管理手段

针对以上问题，提出此阶段的投资合理确定的主要改进政策措施有以下四点：

首先，应转变观念入手，意识到此阶段的投资估算的重要性，投资估算是公路项目决策的重要依据之一，各有关单位的人员都要从国家、社会的利益出发，让每一分钱都花到实处。

加强此阶段的控制力度，保证各阶段紧密联系，按照先后顺序逐步深化，无特殊情况不能有太多偏差，设计任务书一经批准，其投资估算与工程造价的误差应小于20%，不得任意突破，只有保证投资估算的质量，才能避免决策失误。

要全面掌握公路项目所在地的各种有关资料，注意与国家和地区整体的规划发展目标相协调，合理确定路线走向和技术等级标准，做到多方案比较，为以后的工作打下良好的基础，可行性研究阶段的投资估算是在项目建议书阶段的投资估算之后，初步设计概算之前，可行性研究阶段的投资估算既要注意与项目建议书阶段的投资估算衔接、补充其未考虑的因素，又要做好与初步设计概算的接口工作，将可能引起问题的不确定因素加深研究，避免下一阶段产生大的设计变更。

充分考虑市场经济等因素，定期公布材料的市场指导价格，恢复建设期间材料价格上涨预备费，使投资基本上符合实际需要，为以后合同文件中价差调整留有余地。

（三）人工神经网络法确定工程造价的方法

对于项目投资决策阶段，要确定合理的造价，就应当对影响造价的因素进行客观、全面地调查。但是这些影响因素与投资额的关系很难用一般函数关系来表示，近年来出现了多种用于快速确定工程造价的方法，主要有数理统计法、经验公式法、模糊数学法、灰色理论、自适应过滤技术以及人工神经网络法。人工神经网络模型以其通用性、适应性强而见长，它不排斥新样本，相反它会随着样本数的不断增加而提高自身的概括能力和预测能力。公路工程造价因受到多方因素影响，构成相对复杂，其内涵、外延具有较大的模糊性和不确定性。对于有经验的造价工程师而一言能根据以前类似条件下公路工程的特征对新工程进行预测。这种结构上和工程特征相似的特点就是采用人工网络技术的基础。

1.BP（Back-Propagation）学习算法

单层网络只能解决线性可分问题，解决较复杂的非线性函数问题的唯一方法是采用多层网络，即在输入及输出层之间加上隐层构成多层前馈网络。在这种网络中，各神经元接受前一层的输入，并输出给下一层，没有反馈，故称之为前馈网络。它由输入层、中间层（或隐层）和输出层组成，中间层可有若干层。多层前馈网络中每个神经元的激活函数都是可微的 Sigmoid 函数。

多层前馈神经网络具有独特的学习算法，该学习算法就是著名的 BP 算法，即误差反向传播算法，故把采用这种算法进行误差校正的多层前馈网络称为 BP 网。BP 学习过程可以描述如下：①工作信号正向传播：输入信号从输入层经隐层，传向输出层，在输出端产生输出信号，这是工作信号的正向传播。在信号向前传递过程中，网络的权值是固定不变的，每一层神经元的状态只影响下一层神经元的状态。如果在输出层不能得到期望的输出，则转入误差信号反向传播。②误差信号反向传播：网络的实际输出与期望输出之间的差值即为误差信号，误差信号由输出端开始逐层向前传播，这是误差信号的反向传播。在误差信号反向传播的过程中，网络的权值由误差反馈进行调节。通过权值的不断修正使网络的实际输出更接近期望输出。但是神经网络训练需要很长时间，迭代次数往往上千次、上万次，有时甚至落入局部最优，不能达到整体最优的情况。另外神经网络的初始连接及网络结构选择缺乏依据，具有很大随机性，因此经常采用动量法和自适应调整学习率以解决计算中的预测问题。

2. 项目建议书阶段造价预测的神经网络模型

（1）影响因素分析

项目一经决策就基本确定了投资规模和建设方案。因此，正确的决策是控制工程造价的首要前提，直接关系到整个建设项目的工程造价和投资效果。决策阶段影响工程造价的主要因素有：

任何一个建设项目都应选择合理的建设规模。在确定项目建设规模时既要考虑建设成本，又要考虑运行成本，既要考虑社会效益又要考虑企业长远效益，合理的建设规模是决策阶段控制工程造价的关键。

建设标准是否合理，对控制工程造价有很大影响建设标准应根据技术进步和投资者的实际情况制订，现阶段大多数建设项目应采用适当超前、安全可行的标准，既考虑现实投入，又考虑长远效益。

国家的产业政策、国民经济的长期发展规划和地区经济与社会发展规划，全国和地区的综合运输体系、路网状况。

建设项目的地位和作用、建设条件、环境保护、社会和经济效益。

项目的建设期限、实行招标情况、工程监理安排情况等。

地理位置、地形地貌、地质地震、气象、水文等自然条件。

建筑材料、能源、水源提供地、运输道路情况、运距、可提供的运输方式、工资标准、征地拆迁及临时工程、大型设备购置等内容。

（2）基于改进的 BP 神经网络的项目建议书阶段公路工程造价预测模型结构

理论上早已证明，具有偏差和至少一个 Sigmoid 型隐含层加上一个线性输出层的网络，能够逼近任何的有理函数。同时，神经网络的研究工作者对 BP 网的研究发现，BP 网络可在任意希望的精度上实现任意连续的函数。因此，选用三层 BP 神经网络来预测工程造价，即 1 个输入层、1 个隐含层、1 个输出层。在综合考虑公路工程造价主要相关影响因素的条件下，将建设成本、运营成本、社会效益、公路建设技术等级、地区经济发展水平、路网状况、项目建设期限、地理自然条件、材料来源九个影响因素作为输入层，输入层结点单元数为9。输出层的1个节点为公路工程造价。隐含层单元数目的选择目前尚无理论依据，在兼顾网络学习能力和学习速度的基础上，采用试算法确定，经过仿真试验后选用一个合适的数目。初始权值采用计算机随机数而确定，因而学习效果每次不尽相同。经过数次仿真试验学习速率选用0.1，冲量项系数选用0.9。

（3）预测模型的实现及构成

利用改进的BP神经网络预测公路工程造价分为三大步骤：第一步为训练样本的准备和归一化；第二步为神经网络的训练；第三步为利用训练后的神经网络对公路工程造价进行预测。

由于公路工程造价数值较大，应对其进行一定的预处理，可以采用极值化、等差变换或等比变换。通过这些变化可以有效地缩短神经网络的训练时间，从而加快网络的收敛速度。同时由于BP网络节点的输出值的区间为（0，1），因此本研究对所训练的样本对输入输出值进行处理，这里采用等差变换加等比变换的方法，即对样本对的输入输出值先加一常数，再除以一常数，使BP网的输入输出值限制在区间（0，1）之间，然后再输入网络进行计算。对于输入层中公路建设技术等级、路网状况、地理自然条件、材料来源等4个指标，不像其他5个指标可以直接用数量指标表征，那么就应当人为将其数量化，根据公路建设技术等级不同，分成若干类，每一类赋予一定值，这样技术等级相同的公路数值就是一样的。类似的对于路网状况、地理自然条件和材料来源这三个指标也采取这种赋值方法。公路工程造价预测采用计算机编程实现，共有四个模块构成，分别是样本录入与预处理模块，样本训练模块，预测模块和误差分析模块。

2. 可行性研究阶段造价预测的神经网络模型

在此阶段进行造价确定，仍然选择人工神经网络预测方法。其程序与项目建议书阶段是基本相同的，但也略有差别。区别在于，在可行性研究阶段造价控制的输入与项目建议书阶段有所不同，由于研究深度更进一步，所以在项目建议书阶段用到的9个输入指标的数据可能会有变动，并且可行性研究阶段的造价控制还要受到项目建议书阶段造价预测值的影响。因此在此阶段建立人工神经网络进行造价控制的时候，除了考虑上述9个输入指标外，还应当将项目建议书阶段的造价预测值作为输入项考虑到模型中，建立一个3层人工神经网络结构，其中输入层10个神经元，输出层1个神经元，而隐层神经元的个数仍然靠试算得到。在建立起网络模型后，仍然采用基于改进的BP神经网络算法对此阶段的造价进行预测。

二. 设计阶段工程造价的确定

（一）阶段特点及存在问题

如果说质量是工程的生命，那么设计就是工程建设的灵魂。实际上公路工程设计图纸一旦确定，公路工程的线位走向、线形布置、构造物的结构形式等就确定了，工程造价也基本确定，在我国现行公路建设项目造价审查审批上，概算也是整个建设项目控制的最高限额，这也更加确定了设计阶段在整个工程造价控制中的重要作用。现阶段公路工程设计阶段影响工程造价的因素很多，概括起来突出表现在以下四个方面：

1．设计管理制度不规范

（1）政府审查：目前公路工程设计行业形成了一种设计仅仅对业主负责，设计质量由设计单位自行把关的现象，政府主管部门对设计成果的审查缺乏针对性的评价标准，而对设计方案的经济性更是关注很少，这种审查方式使高速公路的勘察、设计与施工脱节不利于设计阶段政府部门对工程造价的合理确定。

（2）设计招标：早在1984年国家计委就印发了《工程设计招标投标暂行方法》，1995年建设部又印发了《城市建筑方案设计竞选管理办法》以及2000年颁布的《招标投标法》中也规定对符合条件的项目的勘察设计必须招标，但实际对于高速公路这样的大项目的设计招标项目比例一直很少，约占总项目的10%左右。

（3）设计周期：随着国家对基本建设投资力度增大，设计院的任务饱和，超过其原有的设计能力。为了承揽到该设计任务，设计院只好加班加点赶任务，力争在短时间内完成设计任务，因此可能会使设计出现差错或者瑕疵，同时有些业主为了早日开工建设盲目地缩短建设周期，造成设计文件深度不够，缺项漏项严重，最终导致工程造价失控。

（4）设计质量：随着人们生活水平和设计标准的不断提高，公路工程设计所涉及的相关专业越来越多，对设计人员的要求也越来越高。有些设计人员素质较低，缺乏必要的施工方面经验知识，对施工中的问题考虑不周到，而有的设计人员对各种专业交流、协调不够，设计结束后缺乏的图纸会审工作，致使各专业冲突、产生较多的矛盾，也会导致工程造价难以控制。

2．设计指导思想不明确

首先是业主方面的问题。一般情况下，业主更多是关注施工招标阶段承包商的投标价要低于标底，往往不关心设计方案的优化所带来的节约。同时一些业主对工程应具备功能及应达到目标不明确，随意性大，这两年出现的为图美观而赶时髦的所谓"样板工程"比比皆是，这些都导致了优化设计机制难以在工程实践中实现，从而在客观上导致了工程设计阶段的造价无法得到合理确定。第二是设计单位的问题。在工程建设领域，工程设计和投资控制工作联系不够紧密是一种普遍现象。一些参与过中国高速公路建设的国外同行的观点不无道理：中国工程技术人员的技术水平、工作能力、知识面跟国外同行相比几乎不分上下，但中国的设计人员大多缺乏经济意识，设计思想十分保守。设计单位缺乏工程造价控制的积极性，缺乏激励技术人员重视设计经济性的措施，而设计人员关心更多的是工程结构的安全性、可靠性，不重视工程造价的造价的合理性，对各阶段工程估算、概算、预算工程造价的确定没有连续性。

3．设计运行机制不合理

目前工程投资管理部门都采取分段式的管理方法，与之相应适应的估算、概算、预算和结算也是分段编制的。设计与施工分离，设计单位一般负责初步设计概算和施工图预算，但结算一般都不参与，现在新材料、新设备不断更新，价格不断变化，定额调整滞后，对工程造价的约束力降低，预算和结算差距不断增大。这是因为设计单位没有机会了解实际发生的工程成本，做不到评价前一阶段造价合理确定的质量，缺乏信息反馈，无法进行事后分析及积累经验，在以后的工作中遇到同样的问题也就不能有所突破，不能进一步提高造价确定工作的质量。

4. 设计计费模式不科学

由于目前业主对设计单位的费用是按工程造价比例计算，与工程投资的节约无关，甚至两设计质量都缺乏必要的考核约束手段。这就导致了设计单位没有动力对设计方案进行反复优化，而是追求高标准或为保险起见随意加大安全系数，造成投资浪费，甚至个别设计单位通过低费率中标，而在设计过程中想方设法增加工程造价，或采取减少设计人员投入，缩短设计周期降低消耗，以获得额外利润。这样造成设计深度不够，施工时一设计奎更多，为日后施工阶段的造价控制造成隐患。正是相当于建筑工程全寿命费用百分之一的设计费，基本决定了工程项目全部随后的费用。

（二）主要管理手段

1. 加强设计审查管理

进行公路国内工程设计审查时，加强对涉及公共利益及公共安全的审查，工程项目的投资应随设计方案的变化进行相应的调整，并实行动态的跟踪管理，以保证在施工阶段项目投资不突破最高限额。

2. 规范设计招投标制度

设计方案评标中要把工程造价指标的控制作为重要评价依据，增强设计人员竞争意识，使"功能良好、造价合理、施工方便"的设计方案胜出。利用设计招投标制度打破地区、部门、行业之间的封锁状态，形成统一开放的建筑设计市场，使工程造价在设计这一关键阶段得以有效地控制。

3. 建立设计监理制度

建设主管部门应加强工程设计的审查力度，对设计成果进行全面审查，通过行政手段推广标准滩规范、标准设计、公布合理的技术经济指标及考核指标，为优化设计奠定基础。尤其是创造推行设计阶段的监理制度的条件：一方面尽快建立设计监理单位资质的审批条件，加强设计监理人才的培训考核和注册，制定设计监理工作的职责、收费标准等；另一方面通过行政手段来保证设计监理的广度，为设计监理的社会化提供条件。

4. 推行设计—建设总承包制度

我国的工程建设长期以来一直都是设计与施工截然分开，设计、施工的承包各自独立地进行。这种模式最大的问题就是公路工程造价的合理确定与有效控制由两个不同责任主体实施，缺乏在一个主体下有效控制，协调成本高，难以发挥设计的主导作用。设计与施工脱节，不可避免的造成了施工的返工，从而提高了造价。采用设计—建造联合承包体的形成，有利于设计承包商从设计、施工全过程和整体上考虑和处理工程问题；有利于更加充分地考虑设备、材料采购以及现场施工安装的要求；有利于主动进行设计方案的优化，能更好地配合设备、材料采购和施工；能调动承包商的积极性，在确保项目产品功能和质量的前提下，对整个工程的造价进行有效的控制。

5．采取设计控制投资措施

（1）优化设计：通过优化设计来控制投资是一个综合性问题，既不能片面地强调节约投资，使项目达不到功能的倾向，又要反对设计过于保守的现象。设计人员应用价值工程的原理来进行设计方案分析，以提高价值为目标，以功能分析为核心，从而真正达到优化设计效果。

（2）标准化设计：标准化设计是指采用经国家或行业部门批准的建筑、结构和构件等整套标准技术文件、图纸。一般来说，通过多年大量工程实践，总结工程特点而形成的成熟设计方案，实施标准化设计可以加快设计进度，缩短设计周期，节省设计费用，同时有利于保证工程质量，降低工程费用。

（3）限额设计：限额设计就是指在设计中将总体造价严格控制在相应投资范围内，各专业设计时，在保证满足使用功能的前提下，按分配的投资限额进行分步控制。限额设计在方案比较、设计优化、设备造型和工艺改善工作中是切实可行的，是国内处控制投资普遍采用的有效途径，在我国目前农村公路建设中也是一项十分有效的制度安排。

（三）价值工程原理确定工程造价的方法

1．价值工程的基本理论

（1）价值工程的基本概念

价值工程，是运用集体智慧和通过有组织的活动，着重对产品进行功能分析，使之以最低的总成本，可靠地实现产品必要的功能，从而提高产品价值的一套科学的技术经济分析方法。价值工程中的"价值"是功能和实现这一功能所耗费用（成本）的比值。其表达式如下：

$$V = F / C$$

式中；V—价值系数；F—功能系数；C—成本系数。

（2）价值工程的特点

价值工程以提高产品价值为目的，用最低的寿命周期成本实现必要的功能，通过对功能的系统分析，找出存在的问题，提出更好的方法来实现功能，从而达到降低成本的目的，而不是单纯降低费用。这种以功能分析为核心，采取相应措施降低成本的方法是建立在可靠的依据之上的，因而在实践中更加可靠、有效。

（3）提高价值的途径

从价值工程的表达式可以看出，提高价值的途径有以下五种情况：

功能不变，用降低成本的方法提高价值：$V\uparrow = F/C\downarrow$

成本不变，用提高功能的方法提高价值：$V\uparrow = F\uparrow/C$

既提高功能又降低成本，这是提高价值的最佳方法 $V\uparrow = F\uparrow/C\uparrow$

小幅度提高成本，大幅度提高功能的方法来提高价值 $V\uparrow = F\uparrow\uparrow/C\uparrow$

小幅度降低功能，大幅度降低成本的方法来提高价值：$V\uparrow = F\downarrow/C\downarrow\downarrow$

2. 价值工程在公路工程造价控制中的应用

由于工程造价与选择的技术方案密切相关，所以对造价的合理确定问题本质成为如何选择最优的设计方案问题。我国目前对一设计阶段的方案比选却明显重视不够，一般凭从上到下的指定方案或仅靠专家的主观评定来确定，缺乏论证分析，因而无法判断所选择的方案是否最优，也就不能从根本上合理确定工程造价。因此，寻找确定科学、合理的工程方案成了设计阶段方案比选和投资控制的关键技术。

在公路工程的设计阶段，提出几种可能的技术方案，通过比较决定最佳设计方案。同一个建设项目，同一单项、单位工程，可以有不同的设计方案，这就会有不同的造价，可用价值工程进行方案的选择。在设计阶段运用价值工程控制造价，并不是片面地认为工程造价越低越好，而应把工程的功能和造价两个方面综合分析研究。只有价值系数最大，即满足必要功能的费用，消除不必要功能的费用，才是价值功能要求的，实际上也就是工程造价控制本身的要求。在确定了需要改进的分部分项工程后，就要对其提出改进方案。在提出的方案中应确定一个最优方案，即方案的优化选择问题。其结构模型步骤为：首先要确定所要解决问题的目标范围、影响因素及各因素的相互关系等，然后根据目标，将涉及的各影响因素和隶属关系层次化。最高层即目标层一般为一个元素，它是解决问题的目标；中间层即准则层是实现目标所要满足的要求和条件；最下层即方案层是实现目标的具体方案。

在此基础上即可运用价值工程进行判断，即通过对分部分项工程的功能分析，一方面找出目前成本过高的功能，另一方面找出过剩功能，并将功能和投资两个方面进行综合分析，选择投资相对较低，功能相对较高的方案，从而提高公路产品价值的一套科学的技术经济分析方法

三. 公路工程造价管理信息系统应用

通过前面对国外一些国家和地区在工程造价前期的研究可以看出，公路建设前期准备阶段主要包括投资决策阶段和设计两个主要阶段，这两个阶段对应着工程造价的估算、概算、预算都是建立在概预算定额体系上的，属于计划造价形成期，也就是"纸上谈兵"阶段，根据这两个阶段面临共同的核心问题是如何合理的确定工程造价。目前，各地公路造价管理部门和其他相关部门积累了大量的公路造价资料，但能够合理地存储、整理、分析和应用的工作却做得不够，这样导致了资源和信息的闲置，甚至是浪费，因此通过计算机

对造价资料的存储和分析，可方便用户将已完工的公路项目的造价信息应用到其他公路项目造价的管理和控制中，为公路工程造价工作提供服务。作者攻读博士学位期间作为主要完成人参与了由陕西省交通运输厅交通工程定额站，与西安财经学院联合完成的《公路工程造价管理信息系统研究与开发》课题研究，取得了阶段性成果，并于 2009 年 4 月 14 日被确认为陕西省科技成果（陕西省科学技术成果登记证号：9612009Y0047）。该管理信息系统是一个解决公路工程造价资料的存储、分类、查询、分析以及新工程造价的预测的综合数据库。系统的最终目的是建立完善的造价资料存储和对比分析，模拟计算估算总价，并且争取做到比较精确的预测，为高速公路工程造价提供高效率、现代化管理手段。

（一）公路工程造价管理信息系统总体设计

1. 系统设计思想和应用平台

本系统采用一般的信息管理系统设计理念与模块化管理的思想，通过数据驱动程序运行，实现多类型工程的操作，易于程序维护。系统采用面向对象的程序设计语言 V B 6.0 开发，使得系统开发简捷、方便，同时也方便于各种数据源接口。该语言开发系统通用性强，易于移植。基于以上思想实现该系统的研制与开发。

本系统采用面向对象的编程语言是 Vb6.0 及其子集 VbSript 及 JavaScript 采用面向对象的程序设计语言，首先它是以对象为核心，可以方便地表达和模拟现实世界，其次该语言代码和数据封装性好，代码可重复性强，编程效率高，第三，利用面向对象程序设计语言开发软件，除了软件易于维护外，更易于系统设计。

本系统主要功能是实现各种造价数据的存储和分析，因此，选择数据格式的定义和数据库选型就显得至关重要，根据本系统的特点，本系统拟采用 SQL-SERVER 2000 数据库。SQL-SERVER 2000 数据库是一种大型网络数据库管理系统，它提供的服务器体系结构、图表化管理特征和应用开发功能，可以很好地满足本系统的功能要求和数据使用。

在程序开发模式选择上，本系统采用 B/S 和 C/S 结合使用的模式，使本系统操作界面简单实用，并符合系统需要和用户的使用要求。

2. 系统目标设计

公路工程造价管理信息系统设计开发的主要目标是：针对当前公路工程造价工作仍然停滞在静态、人工造价的现实背景下，充分利用已完工程的估算、概算、预算、决算造价信息，通过对历史公路工程造价信息资料的整理，采用必要的技术手段为新公路工程造价的确定提供重要参考，从而进一步提高公路工程造价决策和设计阶段的合理性、准确性、科学性。其具体目标主要包括以下几个方面：

收集大量已批复公路工程估算、概算、预算、决算的造价信息，构建历史公路工程造价数据库，从而通过较为成熟的计算机数据库技术实现对历史公路工程造价数据的查询比较。

通过对历史公路工程造价数据库的规范化及其具体项目节的标准化处理，构建标准公路工程造价数据库，成为公路工程造价分析、预测的基础；

利用数理统计原理对标准公路工程造价数据库中大量造价数据进行统计分析，查找规律，利用不同数学模型实现对工程量的统计分析，材料价格的分类统计，技术经济指标的预测分析，从而使得公路工程造价更具有客观性，为新公路工程造价提供参考信息和决策依据。

3. 系统功能结构设计

信息管理系统从功能上划分为四个模块，即输入输出模块、查询模块、分析处理模块、造价预测模块。

任何一个软件系统，输入输出功能都是必需的，并且输入输出功能的好坏直接关系到软件的成功与否。因此，在本系统中，输入数据的方式主要有三种方式：直接输入，电子表格文件和文本文件，输出数据的方式主要有四种类型：直接屏幕和打印机输出、电子表格文件，文本文件和图形等。

查询模块属于基本功能设计，主要根据一些关键词对公路工程造价数据库中数据进行检索、查询。

分析处理模块利用历史工程数据进行材料、数量指数生成和插补。

造价预测模块根据标准化项目节表与指数库实现工程造价预测。

4. 系统数据流程设计

计算机信息系统数据流一般都是信息系统开发思想的核心体现，设计系统开发中数据调用与处理机制是实现公路工程造价预测的关键技术。本系统的数据流程设计主要基于主要材料季度价格外部数据、历史工程材料价格数据和历史工程项目金额数量数据等生成材料价格数据及其预测、工程项目节经济技术指标预测、公路工程数量预测等造价基本分析数据，从而实现对指定工程造价预测功能。在公路工程造价预测中相似工程的判断是进行预测的前提条件，价格指数的编制是实现公路工程造价的必要条件，而项目节工程量的预测和经济技术指标预测是我们进行准确预测的两大关键指标。

（二）公路工程造价管理信息系统关键技术

该系统研究核心功能是实现公路工程的造价的预测（估算、概算和预算），从而为工程投资决策、设计审查等前期重要环节提供直观参考，我们直接利用历史工程的数据进行预测，解决以下核心问题和关键技术：

1. 项目节数据结构标准化处理

由于历史工程造价预测中项目节名称并不统一，必然对历史工程信息的利用和分析带来困难，因此本系统首先要解决项目节结构的标准化处理问题，其基本原理如下。

2. 历史工程项目节费用可比性处理

每一个历史工程的公里长度可能不一相同，使得每一个工程相同的项目节费用不具有可比性。只有项目节单位金额（经济技术指标）才具有可比性，这样，依据经济技术指标进行预测具有可行性。

对于导入历史工程可能由于工程造价数据表建立过程中的操作失误造成工程数据表结构、项目节数据出现过度偏差，数据审核功能主要是针对数据表结构按照标准（标准的项目节表）结构、项目节数据出现过度偏差进行的审核。

对于与标准项目节表结构（位置、项目节单位等）不一致的历史工程数据的审核，是通过导入工程数据结构与标准项目节数据结构比较，根据比较不一致情况提出预报，并提示修改功能。其目的是保证导入工程数据结构与标准项目节表结构一致，从而保证导入项目数据的有效性。

对于项目节数据出现过度偏差情况，系统针对具体的项目节经济技术指标、数量指标提出可疑预报，用户可以进一步确认或者修改等，其目的保证所有导入工程数据的可信性，进而提高造价预测的可靠性。

3. 历史工程金额指数处理

由于历史工程是在不同时期完成的，由于价格变动因素使得历史工程金额不具有可比较性，因此，其项目节的单位金额也需要考虑价格变动因素，要实现公路工程的预测还需要考虑价格因素。材料的价格变动对经济技术指标的影响应当进行定量分析，即数量指数变化是定量分析的基础。材料价格指数生成的是以季度为最小单位，即生成季度材料价格指数。

4. 工程数量变动预测

相似工程单位公里项目节量的预测，是通过预测相似工程单位公里项目节数量指数，通过研究单位公里项目节数量指数的变化特征，进而进行预测实现其数量指数的预测，从而实现相似工程单位公里项目节量的预测。相似工程单位公里项目节数量在相似工程中其变化不大，但是随着时间的推进由于技术手段的改进其相似工程单位公里项目接数量发生明显的变化。比如，历史工程中，同样是相似工程但是越接近当前时间，随着施工手段的改进，人工土方单位公里数量在初步减少，而机械土方的数量则在增加。因此需要通过模型预测项目节单位公里的量的指数变化。由于技术手段在不断改良和进步，这些项目节单位公里量的变化体现为单调增加或者减少，根据模型应用特点选择一次指数平滑法更适合对相似工程项目节单位公里量的预测，该方法对于明显趋势的数列变化预测精度更高，能够准确预测项目节单位公里量的变化。因此，相似工程单位公里项目节数量指数的预测采用一次指数平滑法进行预测。

5. 历史工程相似性判断

在公路工程造价管理信息系统中作为数据库中的每个工程项目都含有诸多不同指标，其中最常见的就是其技术指标和经济指标，这些指标既是该工程项目区别于其他项目的特征，同时同类工程项目的各类指标又具有紧密的联系，根据各工程技术指标对工程造价指标进行预测，通过甄选从大量技术指标中选取直接影响工程造价的指标建立指标体系是在公路工程造价预测中相似工程的判断的基础。不同类型的工程造价之间具有明显的差异，只有同类型工程的数据才具有可比性，因此在我们造价预测中必须运用同类型工程数据作为造价参考信息。显然，进行预测前相似工程判断就成为预测的基本前提条件，如何设计相似判断方法是进行造价预测的关键。根据实际应用情况，相似工程判断的指标不能太少，指标太少相似工程的判断比较粗略，选择出的工程与要造价预测的工程相似程度较差，这样造价预测的准确性就比较差。当然，选择判断指标多准确性也高，但是可能历史工程选择数量甚至没有相似工程，其造价预测的效果也不好。

为确保公路工程造价管理信息系统指标体系既能达到满足预测中相似工程的判断的需要，又保证计算机数据库编程的便捷和规范，根据交通部《公路工程技术标准》（JTGBO1-2003），《公路路基设计规范》（JTGB30-2004）及建设部、国土资源部《公路建设项目用地指标》（1999 年版）等行业技术标准，共建立两大类，共 9 个指标。

1．一类指标分类及标准说明

一类指标以定性指标为主，主要反映公路工程的基本情况，主要包括公路等级、所处区域、建设性质、路基宽度、地形类型、地质类型、造价文件编制时间共 7 个单项指标，各指标定义如下：

（1）公路等级：高速公路、一级公路、二级公路、三级公路、四级公路。

（2）所处区域：陕北、关中、陕南（以陕西省为例）。

（3）建设性质：新建、改建、改扩建。

（4）地形类别：平原区、微丘区、山岭区三类。

平原区：指地形平坦，无明显起伏，地面自然坡度小于或等于 3° 的地区。

微丘区：指起伏不大的丘陵，地面自然坡度为 3°（不含 3°）~ 20°（含 20°）相对高差在 200m 以内的地区；

山岭重丘区：指地面自然坡度大于 20°，相对高差为 200 ~ 1000m 的地区。

（5）地质条件：一般路基地质条件、特殊路基地质条件

一般路基地质条件：未经特殊工程技术手段处理下的普通路基；

特殊路基地质条件：包括特殊土（岩）路基、不良地质路基和特殊条件下路基。

（6）造价文件编制时间：主要反映工程造价文件编制的编制时间。

2．二类指标分类及标准说明

二类指标以定量指标为主，主要反映影响公路工程造价较大的路基及构造物标准，主要包括路基宽度、桥梁比重、隧道比重 3 个参考指标。

因此，我们通过论证选择其核心指标作为相似工程判断的主要一级指标：公路等级、区域、建设性质、路基宽度、地形类型、地质类型、地貌类型。这些指标是影响公路相似性和造价的主要指标，为了模型的可扩展性，我们选择了桥梁比重、隧道比重、设计时速等指标作为二级备选指标。

3．模型算法的设计

系统中公路工程造价预测的模型实现对算法的精度要求比较高，同时系统开发编程工

作量大，因此如何实现算法的精度是本系统技术关键。该系统中模型预测模块采用了多个模型优化选择的方法实现工程项目节工程量和相似工程经济技术指标的预测。研究项目节技术经济指标主要受该项目节材料价格变动的影响，因此，本系统研究过程中采用依据该项目节主要材料回归预测项目节经济技术指标的方法。由于项目节经济技术指标不同特点，回归模型采用线性模型和曲线模型选择使用，其选择通过系统选择最优的模型形式进行项目节经济技术指标预测。当然，部分项目节受影响的主要材料不明显或者主要材料众多，或主要材料价格数据不完全，采用回归方法进行预测精度受到限制，因此本系统配合采用可迭代方法实现对项目节经济技术指标的预测。通过回归方法和迭带方法实现对项目节经济技术指标的预测，充分考虑到项目节经济技术指标预测中的实际问题，有效地实现了对全部项目节经济技术指标的完全预测。

（三）公路工程造价管理信息系统应用说明

见论文附录《公路工程造价管理信息系统应用说明》，由于公路造价信息数据量十分庞大，录入数据库并甄别是一件较为繁重的工作，加之一般公路建设数据相对而言不够规范也不易获得，因此在说明后仅列出目前该信息系统中陕西省近三年已建或在建的 13 条高速公路概算和预算的部分数据。

（四）公路工程造价管理信息系统应用前景

公路工程造价管理信息系统的总体设计达到了充分利用以往历史数据进行查询和预测的基本要求，同时为解决一些关键技术，在理论方法和应用技术方面进行了一些突破性的创新研究，归纳起来主要表现在以下几个方面：

1. 建立了公路工程造价数据库中标准化的项目节表

在历史公路工程造价中，项目节缺乏统一的设计标准，尤其在节和分项上不同工程设计的名称和编码具有随意性，这给历史工程造价数据信息的比较和综合运用带来了困难，在公路工程造价管理信息系统研究中设计了公路工程项目节标准化的结构表，并采用了标准的设计编码。这样的方法解决了公路工程造价管理中造价设计的标准化，并针对历史工程造价数据信息不规范的实际情况，设计开发了项目节匹配功能以及数据合并功能，为了使得该系统的可扩展性，系统允许维护人员对标准项目节表进行扩展，有效地解决了公路工程造价过程中的标准化问题，为估算、概算、预算各类不同公路工程造价数据提供了统一的标准。

2. 技术经济指标预测方法的综合运用

公路工程造价管理信息系统对于造价预测的主要依据之一，是根据历史工程信息对新工程经济技术指标的预测，本系统采用回归法和迭代法对新工程经济技术指标进行预测，并把两种方法综合运用。一般理论文献中，把回归法作为主要方法加以运用，但是回归法中需要通过主要影响材料价格建立回归方程进行预测，但是存在着部分项目节主要材料影响并不显著或者影响材料过多等问题，这必然给回归方程估计带来影响，预测结果的精度也受到较大影响。因此，系统对不能提供主要影响材料或者主要影响材料过多等情况下采用迭代算法，该方法对于项目节经济技术指标通过历史数据的迭代实现预测，有效地弥补了上述问题的缺陷，使项目节经济技术指标预测更加准确和可靠。

3. 单位公里项目节工程数量变化及其预测

一般认为单位公里项目节工程量在相似工程中是不变的常数，该认识没有考虑技术进步对项目节工程量变化的影响。比如，单位公里的人工土方和机械土方数量即使相似工程在不同时期也会发生变化，这主要是随着时期到期和技术进步人工土方数量逐步在减少，而机械土方数量在逐步增加，这是因为技术进步给施工方法带来变化从而影响了部分项目节工程量的变化，因此系统对项目节单位公里工程量通过一次指数平滑法进行了预测，从而考虑不同期单位公里项目节工程量因技术变化产生的影响。当然，对于单位公里数量不发生变化的项目节通过该方法预测不会产生影响，保证了这部分项目节数量预测的准确性。

4. 不同数据源的材料价格指数的综合运用

材料价格指数的变化对工程造价具有十分重要的影响，系统计算了材料价格指数，并根据材料价格指数的变化特征通过模型进行预测。不同工程通过"人工、材料、接卸"提供了材料的价格信息，这些信息无疑是准确地反映了过去历史时期材料采购的实际情况，信息计算的材料价格指数存在着严重缺陷，即，期间相邻的工程中间季度的价格指数靠插值法解决，这必然给描述材料价格指数特征产生影响。因此，系统通过公路造价管理机构公布的材料季度价格计算相邻期间各季度材料价格指数，保证了历史工程材料价格和公路造价管理部门公布的材料价格信息的综合运用，从而保证了材料价格指数特征描述的准确性，为准确预测材料价格指数提供充分依据。

5. 系统智能化多个造价预测模型选择的运用

造价预测模型采用多个模型选择和系统智能化选择方式，为操作者根据造价工程特点选择最合适的模型提供了可能，同时系统智能化选择也为操作者准确预测提供方便。系统根据定量分析的方法为系统提供了智能化选择模型的接口，实现了系统对用户友好的特性，保证系统应用的广泛性。

6. 系统开发中模型算法调用 EXCEL 函数实现，保证算法的优良胜和结果准确性

众所周知，模型算法的编程不是一件容易的事情，要保证算法的优良性是相当困难的问题，一方面编程复杂，工作量大；另一方面算法的可靠性很难保证，计算结果可信度不高。因此，为了保证模型算法的优良胜和计算结果的准确性，系统开发中通过调用 EXCEL 统计函数直接实现模型参数的估计，保证模型中参数估计的准确性，从而保证预测结果的可靠性。

7. 造价管理信息系统数据资源网络共享技术

一个优良的系统就是应用范围广泛和应用者之间资源的共享，该系统通过区域网络方式，实现了具有权限的用户对系统数据资源的建立和共享功能，从而保证了系统数据库资源的丰富性，也为公路工程造价准确预测提供了丰富的数据资源。具有不同用户权限的使

用者可以对系统不同功能进行访问和操作，从而保证了系统数据资源的安全性和权威性。

该系统开发也存在着一些不足，由于对于以前非标准化数据的利用还需要做大量的数据整理工作，目前系统数据库中数据量不足，对造价预测的精度产生影响，也对估算、概算和预算全面实现带来困难；桥梁和隧道工程标准项目节表的建立也需要充分的论证和讨论，在有限的时间内还不能完全建立桥梁和隧道工程造价预测功能；由于时间限制和数据资源的影响，系统信息管理功能还不能做深入和全面的管理，有待于未来做进一步开发。尽管该系统存在着一些不足和缺陷，但是通过新工程基本属性实现对其造价进行预测功能以及对造价理论研究并把这些理论实现已经达到了预期的研究设想和目的，为公路工程造价合理确定进行了前瞻性工作。

第三节　实施阶段工程造价控制模式分析

一. 招投标阶段工程造价控制分析

（一）阶段特点

从招投标阶段开始公路工程造价从之前按照概预算定额体系的模式下开始进入工程量清单体系模式，这时定额为基础的造价确定模式已经结束，而工程量清单则成为参与市场竞争的基本平台，在这个基础上各方根据自身经济、技术、管理、人才等优势及对市场的研判进行竞争性投标报价，并以此为基础签订合同，并明确各自的施工中的市场风险、价格调整、设计变更等方面的权利责任。其基本特点是严格按照一系列法律法规程序并遵循市场化竞争规则进行。目前我国已经建立了以《招投标法》为龙头的一系列法律法规体系，2000年国务院批准了《工程建设项目招标范围和规模标准规定》，2001年国家发改委等七部委联合发布了《评标委员会和评标方法暂行规定》以及随后发布的《国家重大建设项目招标投标监督暂行办法》都应经原则上确定了建设工程招标的范围、标准、方法等总体要求，成为开展建设工程招投标的基础法律性文件，2004年国务院办公厅又出台了《关于进一步规范招投标活动的若干意见》成为指导各行业开展招投标活动的指导性文件。在以上这些招投标法律法规文件框架下，交通部先后发布了《公路工程勘察设计招标投标管理办法》《公路工程施工监理招标投标管理办法》《公路工程施工招标投标管理办法》《公路工程招标资格预审办法》等规定，成为实施公路招标的规范性文件。初步设计概算文件已经审批，被列入国家或地方公路建设计划，业主已办理项目建设许可手续，资金到位且能保证连续施工的公路建设项目可进入施工招标阶段。公路工程招投标阶段的造价控制主要体现在三个环节：一是招标程序公开公正，二是评标方法科学有效，三是签订合同公平合理。

（二）主要控制环节

1. 招标程序

高速公路招投标一直以来被认为是腐败的高发区，这里更多是没有严格按照国家、行业有关制度进行，在这方面目前只能从加强法律、行政等手段入手，同时通过高速公路建设市场的不断成熟逐步解决，本文主要从招标程序中为控制造价节约成本而对招标数量方面进行的分析。由于对公路工程施工招投标加以经济分析、公开招标，有利于施工中提高资源的利用效率，但却会影响市场的交易效率，延长交易时间，增大交易成本。因此，为了减少这部分损失，可采取限制投标单位数量的邀请招标方式，使公路工程在一种有序的硬件环境下进入市场，以此来降低低于成本价中标的概率，作为整个招投标阶段造价控制的大前提。邀请招标虽然在一定程度上限制了竞争，但却提高了交易效率，减少了交易成本。由图 3-3-1 可见，总成本曲线是一条 U 型曲线，投标单位数量应该控制在总成本最小时的数量 Q_0，当小于或超过该数量时，其总成本都会增加，由于现在的公路工程市场，相对来说还是供不应求，施工单位竞相参加投标，数量 $Q>Q_0$，增加了总成本 $CT>C_0$，为了中标势必会出现低价抢标现象，不利于健康有序地开展市场竞争。而邀请招标只要将投标单位数量 Q 控制在 $Q_2 < Q < Q_3$，即可达到提高交易效率、减少交易成本的目的，当然邀请的投标单位一定要有竞争实力。经验表明，高速公路项目各项工程的投标单位控制在 5 ~ 8 家的邀请招标是有效的。

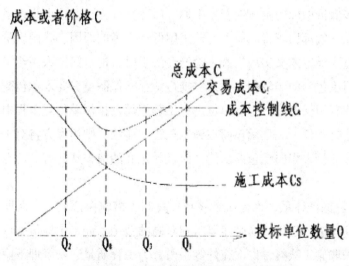

图 3-3-1 总成本曲线与投标数量关系图

2. 评标方法

为了有效控制工程造价必须采取合适的评标办法使所选定的施工单位是最适合、报价最合理的承包商。在交通部 2004 年发布的《关于改进公路工程施工招标评标办法的指导意见》和 2006 年发布的《公路工程施工招标投标管理办法》中均明确规定了合理低价法、最低评标价法、综合评估法、双信封评标法四种评标办法，并分别给出了各方法的适用范围和应注意问题。目前我国大部分高速公路项目在决定中标与否的关键报价评比环节上采用的都是合理低价法，而未采用最低评标价法。虽然合理低价评标法相对于其他评标方法与工程量清单计价很适应，但其缺点也十分明显，不能充分发挥招投标这个完全市场化定价的机制，将按照定额这个社会平均水平确定的工程造价中水分完全挤干。因此最低价中标法将是招标发展的必然趋势，投标报价低于个别成本的限制条件将逐渐淡化直到取消，评标委员可不对所报价格的合理性进行分析，报价完全由市场决定，报价最低的投标书应被评为"财务报价最有利者"，此标书就会被业主认可。这种趋势也是市场经济成熟的一个重要标志。在市场经济高度发达、法律体系健全完整的美国，政府规定10万美元以上的政府工程必须采用最低价中标法。

随着我国市场经济体制的逐步完善及各项法律规章制度的健全，从合理低价中标到低价中标将成为工程招标发展的必然趋势，同时也是有效降低公路工程造价的一个重要措施，但根据现阶段经济社会发展水平，实行最低价中标应采取以下保证措施。

（1）完善招投标法规制度，建立成熟建设市场环境（制度安排上）。只有从制度上保证低价中标的合法性，投标企业才会将最大程度提高自身技术水平和管理能力以降低成本，并充分发挥市场经济优胜劣汰的基本原理，标价不合理的投标企业会被淘汰出局。同时为了不至于出现亏损，施工企业自然会逐步编制适合自身水平的企业定额，类似于发达国家一样走上信息化、专业化的道路。

（2）严格执行合同文件，推行工程担保制度（经济手段上）。由于目前我国建设市场的不成熟，许多低价中标的企业抱着先中标，后变更的方法，这也是许多项目，尤其是我国高速公路工期一般都比较紧，业主不敢采用低价中标的原因。我国现阶段的银行贷款担保是一项具有重要借鉴意义实现规避风险的经济手段，通过第三人用经济责任关系规范制约了工程业主与承包商的经济利益关系。推行工程担保制度，要求承包商向业主提供银行履约保函或寻找有担保条件的担保单位进行工程担保，担保单位对工程中出现的问题与承包商一起承担连带责任。一旦承包商在施工过程中违约，则担保方将对工程业主的损失进行补偿，担保方的损失将向承包商求偿，而且承包商的信誉从此有了污点，最终是承包商自己害了自己。

（3）完善质量保证体系，推行质量终身负责制（措施保证上）。根据质量与费用的辩证关系，相对高质量的建筑产品必然要求相对高的费用。如果中标价太低，中标单位为减少损失，往往采取偷工减料，以次充好等手段，为工程质量、安全埋下隐患。因此在工程实施阶段采用最低价中标，更要建立完善的"政府监督、业主负责、监理抽检、企业自检"的质量保证体系就尤为重要，同时推行工程质量终身负责制，使各建设责任主体都要对工程质量在合理使用年限内负责，强化工程质量管理的监督制约机制，有效地避免质量事故的发生。

3. 签订合同

在签订合同时需要确定清单报价单价体系的合理性。工程量清单项目是一个综合实体，一个清单子目所表示的单价是综合单价，可能包含几个子目，在签订合同时应根据工程的具体实际情况，分析评价综合单价各组成部分的合理性，对于单价组成不合理的项目，在确定中标候选人进行合同谈判时加以明确，避免为实施阶段成为扯皮而增加工程费用。

二．施工阶段工程造价控制分析

（一）阶段特点及影响因素

施工阶段是公路工程产品的形成过程，是工程造价转化为实物消耗的时期，也是施工单位预计效益形成的关键阶段和直接体现工程造价的时期。因此，施工阶段的工程造价控制比其他各阶段都更有实际意义，需要采用合理的控制方法和措施，在保证工程建设任务的前提下，将造价控制在最低程度。施工阶段对工程造价的影响因素主要有八个方面，分别是工程施工原始材料调查、施工组织设计、施工方案、施工顺序、施工现场平面布置、材料采购运输、质量和安全、工期。

（二）主要控制措施和方法

施工阶段主要体现的是工程造价的第二种含义即建筑工程价格或合同价，因此，尽管此阶段涉及工程费用的因素较多，但根据工程整体进度对工程投资影响的相关性可知，由于有合同约束，从政府和业主角度出发只要严格执行合同文件、把好工程变更环节，剩下的造价控制的责任有承包方承担，而由于施工阶段工程造价的控制与不同工程类别具有较大相关性，总体而言，施工方应从以下四个方面重点做好造价控制，以节约成本。

优化施工组织设计降低工程造价。施工组织设计是用以指导施工准备乃至施工全过程的技术经济文件，其内容视工程的性质、规模、结构、施工复杂程度、工期要求和建设地区的自然经济条件不同而不同，一份好的施工组织设计能指导项目部合理利用人力、物力、财力，以最低投入满足合同要求。施工阶段的施工组织设计编制对工程造价的影响至关重要，采用的施工方案不同，所需的费用也不同，甚至相差很大。因此，在施工前应组织包括技术、质量、施工、机械、材料、劳力等相关人员进行现场情况调查，编制实时性施工组织设计。结合工程项目的性质和规模，工期的长短、工人的数量、机械装备程度、材料供应情况、构件生产情况就、运输条件、地质、气候条件等各项具体的技术经济条件，选择经济效果最优的可行方案，并对施工组织设计一、施工方案、施工进度计划进行优化，加以改进，使所选择的方案更趋合理。根据实际情况安排各项单位工程的施工工期，尽可能组织流水施工，使建设工作分期分批的进行，避免过分集中，避免了劳动力、机械材料的大进大出，保证了建设按计划，有节奏地进行，有效地削减了高峰工作量。减少了临时设施；充分利用现有机械设备，在企业内部合理调度，提高机械设备的利用率，从而做到真正降低工程成本。

建立企业定额控制工程造价。建立施工企业自己的定额并有效的运用是提高市场竞争力和实现企业内部工程造价的有效控制的重要手段。企业定额应反映企业的真实水平，包括企业的劳动生产率、现有机械设备、技术设备能力，企业常用的施工方法或研制的科技成果及在此方法或成果下所需的工、料、机消耗量以及企业管理层、作业层等比例情况。企业定额的制定过程，实际上是通过检验来调整和提高企业的生产能力和管理水平的过程。要使企业在市场经济条件下具有竞争力，企业定额必须高于社会平均先进水平。对于企业实际水平低于社会平均先进水平的定额部分应采取措施，调整和提高其水平，以满足市场竞争的需要。有了企业定额，技术经济管理就有了依据，不断修改完善，管理水平就会不断提高，其管理效益的潜力就能最大限度地被挖掘出来。另外，企业定额还可以帮助技术经济管理人员建立工、料、机的数量和价格概念，掌握施工高峰期的有关数据，预测以后工程的进展，从而有效地控制施工成本，合理的安排工程进度和恰当地进行工、料、机的调配，使企业最大限度地获得工程利润。

规范合同管理提高经济效益。合同是调整各种经济利益的关系的重要依据，施工合同管理是施工企业管理的重要内容，如果在施工合同管理上出现了较为混乱的局面，或者施工企业的合同管理人员对合同业务不够熟悉、目标不明，就会造成在处理合同业务时考虑不周全、条款斟酌不仔细，不仅造成经济损失，还会影响企业的信誉。因此，加强合同管理首先应树立合同意识，不管是企业的决策层、执行层，还是合同管理人员都应重视合同管理，认真学习国家的法律和法规，掌握业务知识，在制定施工企业合同时应认真把关；其次加强企业内部的合同管理，结合企业的实际情况，明确相关人员的责、权、利，规范企业内部合同管理；最后实行合同会签制度、合同评议制度，合同签订后，认真进行交底，施工人员特别是现场施工管理人员应认真学习合同，明确合同规定的施工范围及甲乙双方的责任、权利和义务。随着科技的发展和建筑市场的发育，工程项目的规模日益庞大，合同条款日趋复杂，合同文件的组成内容也越来越多。因此，迫切需要借助计算机技术建立合同管理系统，如合同档案库、合同分析系统、合同网络系统、合同监督系统，以及合同索赔管理系统。利用计算机合同管理体系，实现合同的订立、履行、监督和检查的系统管理，从而达到提高经济效益的目的。

加强现场过程管理减少费用浪费。施工现场经常会发生施工干扰、设计变更、工程分包或转包等现象，造成质量低下、工程拖延，人为导致工时、原材料的浪费及工程造价的提高，这就必须加强施工现场的组织协调，发挥业主、施工、设计、监理各自的作用。因此，在工程开工前，现场管理的施工人员必须对施工、技术、经济全面了解，并且要加强工程进度管理，制订合理的资金使用计划，使造价控制与进度控制相协调。建立现场管理责任制，做好原材料、半成品、设备以及隐蔽工程等的质量验收，加强施工现场的监督与控制。做到及时发现问题解决问题，少留或不留遗患。在现场常常会发生地质条件变化、设计变更、工程量增减、材料的代换等各种变化，施工现场的管理人员要认真如实地做好现场第一手资料记录；加强施工材料和机械设备的合理利用及管理。在工程施工中，要实施动态管理，把好质量关，最大限度地控制和降低成本和故障成本。同时随着科学技术和工程建设的发展，国内外出现了大量的新技术、新工艺、新材料，在可靠的实践基础上，大胆地采用新技术、新工艺、新材料，可降低工程投资，加快工程进度，提高工程质量，对降低工程造价具有特别重要意义。

在工程施工中采取以上控制措施的同时应采取一些技术控制方法，传统方法主要有：横道图法，表格法和曲线法，这里传统方法仅仅是对成本要素进行孤立的控制，由于项目的成本与工期是密切相关的。因此，在施工过程中，对造价进行动态控制要求把成本和进度结合起来，以准确直观、科学及时地反映进度和成本控制情况，并能分析偏差、预测发展趋势。"赢得值原理"是国际上工程公司普遍采用的项目管理方法，它对项目进行效果评价分析，对费用和进度综合控制。

三．竣工决算阶段的造价控制执行

竣工决算是控制工程造价的最后一道闸门，关系到建设单位和施工单位的切身利益。交通部分别于2000年和2004年发布了《交通基本建设项目竣工决算报告编制办法》和《公路建设项目工程决算编制办法》，成为开展竣工决算的法规性、技术性依据。尤其是公路建设项目工程决算，作为建设项目完成后从工程投资控制角度形成的成果，是工程估算、概算、预算、决算管理环节中的重要一环，同时满足不同管理部门对工程造价管理信息的需求。政府主管部门，作为投资宏观控制的主体，需从中得到的是造价管理的最终成果，即控制目标的实现程度；审计监督部门的工作重点是对资金流向及使用的合法性的判断，但需以其使用的必要性及形成的实物工程量为基础；造价管理部门，作为多次计价的最后一次确定造价，需要了解的重点是项目过程管理计价的必要性、合理性，并为造价资料的积累提供信息；建设单位则需从中总结管理经验，提高管理水平。通过工程决算的编制，能够真实地反映项目费用形成，考核各项费用支出的必要性和合理性，与批准的概算、预算对比反映执行情况，从而达到规范管理，堵塞漏洞的目的。

因此，这个阶段的主要任务就是严格执行工程决算和财务决算两个不同角度的工程决算，起到"秋后算账"的作用，同时应逐步引入工程独立审计，从法律和制度上保证前面各阶段造价控制措施能够真正落到实处。

四．公路工程造价控制模式设计

（一）五对应一平台含义

目前我国现行的公路工程造价计价模式主要分为两类，一类是投资决策阶段、设计阶段的概预算定额体系计价模式，另一类是招投标阶段、施工阶段的工程量清单体系计价模式。定额计价是公路工程一前期造价编制的基础，而清单计价是公路工程实施期造价核算的依据，两种计价模式分别属于不同体系，而两个系统又处于相对独立的状态，很难提取两个系统相对应的数据系统，也不利于数据统计工作的开展与造价管理的控制。以上深刻的原因直接导致公路工程造价管理的不连续，为此，有必要建立两个系统相统一的操作平台，实现公路工程估算、概算，预算、清单、决算五算的对应。在此理论的指引下，构建公路工程概预算定额与工程量清单的"五对应、一平台"计价新体系。

（二）宏观五算对应模式解析

为了将在建公路工程与已完工工程进行对比分析，实现估算、概算，预算、决算与清单五个阶段的对应关系，达到概预算定额—工程量清单的对接，基于工程造价全过程控制的原则提出概预算定额—工程量清单的"五对应"关系。通过这些比较可以直接反应各环节的管理成果，例如清单（工程合同）与批准的概（预）算的费用比较可以得到项目的招标效益；清单（标底）与清单（工程合同）的费用比较可以得到项目的投标效益；项目决算与批准的概（预）算的费用比较可以得到项目的执行效益；项目决算与清单（工程合同）的费用比较可以得到项目的管理效益。这些比较的结果既直接反映了建设方、施工方对工程实施管理的成绩，更重要的是通过对相应工程进行比较达到前者控制后者，后者检验前者的目的，有利于总结经验，提高规范化管理程度。

（三）微观五点对应模式解析

五算对应关系的外在表现形式就是将在建项目与已完工公路工程项目比较，评估其合理性，以及实现估算、概算、预算、清单、决算的对应关系，但由于公路工程项目的建设从投资决策、设计、招投标、施工、竣工运营必然经过一个长期的过程，同时在实施过程中可能随着工程实施的不断深入，建设条件会发生诸多变化，因此这些微观的可变因素必须加以考虑，否则会导致各阶段不具有可比性，五算对应无法实施。五点对应的实质是保证各阶段项目与完工项目、时空环境、施工组织、实物形态、构件功能五个方面相对应。

1. 与完工项目相对应

无论是估算、概算、预算还是清单计价在应用时都应该与已完工项目进行纵向比较。在项目投资与工程可行性研究阶段，公路工程造价估算的依据少，只能根据已完工项目，类比相似度比较大的工程，在其基础上进行相应的调整；设计阶段，体情况虽进行了进一步确认，需要已完工项目数据的支撑；估算子项进行了细化，但在材料单价、对于公路工程的总工程量的确定时仍招投标阶段采用清单计价模式，理论上采用企业内部定额，企业在确定综合单价时，有必要根据工程经验和已完成工程项目确定。施工、竣工决算阶段的造价控制方面，监理单位也应对项目进行纵向比较，评价造价控制的质量，对于与完工项目性质相似、工程量相当的，却与已完工项目造价相差较大的项目，及时查明原因。

2. 与工程投资的时空环境相对应

建立每一个项目各阶段对比时要充分考虑工程所处的区域及工程实施的时间，工程区位不同，会产生由于区位而造成的材料运输费用的差异；工程实施的时间不同，或者是工程延续时间较长，更应该考虑由于材料的市场价格变动而产生的材料价格的变动，从而引起概算、预算材料价格及工程量清单中综合单价的变化。

3. 与工程施工组织相对应

施工组织直接关系到公路工程的施工工期及施工的投入，从而影响工程的造价。将各项目与施工组织相对应，能够体现由于施工组织的不同而引起的造价的变化。工程定额在估、概、预算时，分部分项工程的列表与清单存在差别，只能初步确定施工所涉及的分项，而对于施工组织无明确的对应。而工程量清单所涉及的内容也仅是施工过程内容的罗列，缺乏与施工组织的对应关系。因此，工程定额—工程量清单应该统一与施工组织的对应，并保证定额与清单内部有关施工组织的关系对应。

4. 与工程的实物形态构成相对应

与工程的实物形成构成相对应是保证公路工程造价控制质量的基本措施之一。公路工程的实物构成比较复杂，相对于其他建设工程而言，隐蔽工程数量比较多，在进行工程量统计时，容易产生疏漏。而与工程的实物形态对应后，路基、桥梁、隧道等作为工程实体，在概预算定额—工程量清单体现，对于造价管理人员而言，方便、简捷。另外，与工程实物形态构成相对应，还能有效对应组成工程实体的各项施工内容，以防止隐蔽工程的少报、漏报。

5. 与工程构件功能相对应

公路工程施工过程中，经常会出现由于地质条件或者设计要求等引起的变更，多为匝道数量增减、桥梁宽度、高边坡防护工程等的变化等。因此，在概算、预算与清单编制时，就应与工程构件的功能对应起来，在变更时，只考虑工程构件数量上的变化，为竣工决算时，核查工程造价做好准备工作。

（四）一平台模式解析及应用

"一平台"简单说即将原来公路工程造价的概预算定额计价体系与工程量清单体系统一到一个通用的平台。目前我国公路工程造价实行两个平台，估、概、预算基于概预算定额平台，而投标价、结算价及决算都是基于工程量清单这一平台。随着我国公路工程造价体系的不断完善和对管理规范化要求的不断提高，必然要求统一两种计价模式下的操作平台，建立通用的操作平台，保证公路工程前后口径的一致性。使处于投资决策阶段、设计阶段、招投标阶段、施工阶段、竣工决算阶段这些相对离散的过程有了一个共同的平台，从而有利于实现公路工程的全过程控制，解决整体系统最优问题。通过定额与清单对应起来，搭建好适用于各自的平台，在使用中逐渐完善两者的对应关系，在实施"五对应"的过程中，注重将定额与清单的子项对应，实现两种计价模式在同一平台上的相互转换与对应。同时这一平台的实现可通过统一的软件平台来实现，最终达到既可实现各自的代码维护，又可实现两者的对应。

利用"五对应—平台"工程造价控制模式对国家高速公路网青（岛）至银（川）国道

主干线（GZ35）（陕西境）某项目工程造价控制的应用实例。该项目路线全长120.676公里，其中103公里按山岭重丘区高速公路标准设计，其余按平原微丘区标准设计，双向四车道，全立交，全封闭。其主要工程数量为路基土石方1626万立方米；防护排水工程26万立方米；特大中桥梁32公里/149座（含半幅），小桥50.42米/3座；通道74道，涵洞160道；互通式立交5处；分离式立交4处；跨线桥8处；沥青混凝土路面2016.82千平方米。概算投资约43.6亿元。该项目于2004年6月25日开工，2007年10月份建成通车，工期约40个月。为便于说明问题，在表6.1中仅对该工程路基、路面、桥涵、沿线设施、临时工程、房屋建设、设备购置、土地补偿、勘察设计、建设单位管理费、预备费、贷款利息等方面从建设前期工程造价确定的概算价，实施阶段市场定价的合同价以及竣工决算价三个最为重要的环节进行了比较，并通过对比列出其招标效益、执行效益、管理效益，归纳表中信息可以看出：

1. 该项目招标效益显著。通过采用工程招标的方式使工程造价比设计阶段预期最高限价整体下降了25.11%，工程施工整体下降了21.14%，充分证明了采用市场竞争机制可以大幅度挤压工程造价中的不合理部分，而且在法律体系健全，建设市场成熟的条件下，如果采用最低价评标法，工程造价将还会不断下降。

2. 该项目执行效益不良。最终决算超概达9.59%，比预计投资最高限额多花了4.2亿，针对这一较为严重的问题进一步对比各分部、分项工程发现，实际上在建安部分并未超概，相反比概算还少0.45%，同时设备及工器具购置也未超概，主要问题出在了土地补偿、研究实验费及建设期贷款利息上，这三项分别超概46.5%，2779%，182.3%。

3. 该项目管理效益较差。实际发生的总费用比招标确定的总费用要高46.33%，其中在工程施工中超过合同金额7.3亿，进一步分析可以发现发生费用变更比例较大的分别是：路基工程中的石方（168.25%）、防护工程（124.92%）、特殊路基处理（216.55%）；沿线设施中的养护设施（229.71%）、环保工程（128.15）；房建工程中的管理房屋（595.18%）、服务房屋（321.59%）。这种情况说明在工程实施过程中发生了较多的变更，有建设前期设计单位设计问题，如特殊路基处理数量较多，也有实施过程中施工单位要求增加的一些变更如路基石方，尤其是在房建方面发生了较大的费用增加，说明业主在最终管理、服务房屋建设方面进行了大的调整。

通过"五对应·一平台"工程造价控制模式对项目进行全方位、全过程比较，可以立即发现重点问题，从而为进一步查找深层次问题指明方向，同时在工程实施过程中及时对可能出现问题进行有效控制提供参考依据。

4. 实施控制模式的意义

实行"五对应一平台"控制模式，可使现有公路工程造价管理的力度大大加强，并解决或触及工程构件功能、工程建设顺序、实物形态反映、工程内在逻辑、资金融通问题、投资效益问题、成本管理问题、进度管理问题等工程建设中的根本问题。其重要意义在于：第一，有助于转变工程造价形成机制，促进市场经济条件下我国建设工程造价管理体制改革；第二，实现全过程、全方位的工程投资成本计划、控制和决策，为技术操作、工程管理等提供一个基础平台；第三，从最根本点出发，提高投资效益，搞好工程管理工作，充分发挥概预算定额与工程量清单的应用作用；第四，有助于将工程建设客观规律、价值规律和市场规律引入到概预算定额—工程量清单体系的运用中。

5. 保障控制模式实施的对策

新计价体系是按市场经济要求建立起来的一种造价控制和管理方式，对充分发挥市场机制作用，完善工程造价机制，规范建设市场，起到了积极的推动作用。但是新计价体系的实施应用尚未成熟，要建立起良好的配套环境，才能更好推动工程造价管理改革的深入和体制的创新，保障新计价体系的实施。

首先是制度保障，要建立、健全与新计价体系相配套的工程造价管理制度，目前我国已经有工程交竣工进行决算方面的要求，但更多是为了应付审计的需要，没有真正从工程建设全过程角度进行系统分析。

第二是管理完善，新计价体系核心是为了配合工程价格的管理制度改革，在新计价体系推广后，工程造价管理门需要更新观念和造价管理模式，以保障新计价体系实施的质量。

第三是技术推广，加强工程造价信息化建设，实现信息化管理，实现市场价格信息共享。应用现代化科技手段，建立公路工程造价信息系统，实现价格信息的共享。另外，由于工程定额与工程量清单的对应关系比较繁杂，并且需要根据实际工程动态改变，有必要开发工程定额与工程量清单软件，减少重要劳动，使研究成果为更多的工程共享。

总之，公路工程是一个庞大的、复杂的系统工程，其造价管理需要多方参与，不断推进造价数据的统计与造价控制模式的改革，而其中造价数据库的建立是一个十分重要的基础性工作，多年来，我国公路工程建设数据分散，没有一个统一的数据统计方式。新计价体系的"一平台"理念可弥补这一空白，实现公路建设数据的统计，为拟建工程的造价控制提供历史的、可靠的参考依据。

第四章　电力工程造价管理

第一节　电力工程造价管理理论综述

一．电力工程造价的构成

电力工程定额是电力建筑安装企业实行科学管理的必备条件。无论是设计、计划、分配、估价、结算等各项工作，都必须以它作为衡量工作的尺度。

企业在计算和平衡资源需要量、组织材料供应、编制施工进度计划和作业计划、组织劳动力、签发任务书、考核工料消耗、实行承包责任制等一系列管理工作时，都要以定额作为标准。因此，定额是加强企业管理，提高企业经济效益的工具。合理制定并认真执行定额，对改善企业经营管理，提高经济效益具有重要的意义。

（一）电力工程定额

电力工程定额主要由电力施工定额、电力工程预算定额和电力工程概算定额三部分组成。

电力施工定额，是规定建筑安装工人或班组，在正常施工条件下，完成单位合格建筑安装产品所消耗的人工、材料和机械台班的数量标准。它是由国家、电力相关部门或企业在有技术根据的基础上制定的，它规定了国家对电力建筑安装企业管理水平和经营成果的要求，也规定了国家和企业对工人生产成果的要求。

电力施工定额，包括劳动消耗定额、材料消耗定额和机械台班使用定额三个部分。由于它们之间存在着内在的密切联系，所以，在使用时应相互制约和密切配合。但从三种定额的性质和用途看，它们又可以根据不同的需要，单独发挥作用。

电力工程预算定额是规定消耗在工程单位（或工程基本构造要素，子项工程）上的劳动力，机械（台班）和材料的数量标准。其内容既包括人工、材料和机械台班的消耗量（实物量），又包括相应的人工费、材料费、机械台班费和预算价（价值量）。确定预算定额实物和价值两方面的数量标准必须以工程单位（或子项工程）为前提，只有对具体的明确的子项工程才能确定其数量标准，即定额。

电力工程概算定额是以电力工程预算定额或电力工程单位估价表为基础，根据通用设计和标准图等资料，经过适当综合扩大，所编制的一定计量单位的工程建设扩大结构构件、分部工程或扩大分项工程、每座小型独立构筑物所需人工、材料、施工机械台班及费用消耗的数量标准。由于电力工程概算定额综合了若干电力工程预算定额子目，因此使电力工程概算工程量的计算和概算书的编制都比编制电力工程施工图预算简化了很多。

（二）电力工程建设费用

电力工程建设费用，亦称电力工程造价，一般是指进行某项电力工程建设花费的全部费用，即该电力工程有计划进行固定资产再生产和形成最低量流动基金的一次性费用总和。它主要由设备工器具购置费用、建筑安装工程费用、工程建设其他费用组成。

设备工器具购置费投资是指按照电力工程设计文件要求，建设单位（或其委托单位）购置或自制达到固定资产标准的设备和新扩建项目配置的首套工器具及生产家具所需的投资。它由设备工器具原价和包括设备成套公司服务费在内的运杂费组成。在生产性建设项目中，设备工器具投资可称为"积极投资"，它占项目投资费用比重的提高，标志着技术的进步和生产部门有机构成的提高。建筑安装工程投资是指建设单位用于建筑安装工程方面投资，包括用于建筑物的建造及有关准备、清理等工程的投资，用于需要安装设备的安置、装配工程的投资，是以货币表现的建筑安装工程的价值，其特点是必须通过兴工动料、追加活动才能实现。

工程建设其他投资是指未纳入以上两项的由项目投资者支付的为保证工程建设顺利完成和交付使用后能够正常发挥效用而发生的各项费用总和。

电力工程费用的具体构成见表 4-1-1。

表 4-1-1 电力工程建设概预算费用组成

投资构成	费用项目		主要内容
建筑安装工程费	直接工程费		人工费
			材料费
			机械使用费
		其他直接费	冬雨季施工增加费
			夜间施工增加费
			特殊地区施工增加费
			施工工具使用费
			特殊工种技术培训费
			流动施工津贴
	间接费	施工管理费	办公及差旅费
			固定资产使用费
			职工教育经费
			工具、用具使用费
		其他间接费	劳动保险基金
			施工队伍调遣费
			流动资金贷款利息
	利润		建安工程应计取的利润
	税金		营业税、教育附加及城市建设维护税

续　表

投资构成	费用项目	主要内容
设备购置费		设备原价、设备运杂费
其他费用		建设场地划拨及清理
		项目建设管理费
		项目建设技术服务费
		生产准备费
		其他
		基本预备费
动态费用		价差预备费
		建设期贷款利息

二. 电力工程造价管理的特点

电力工程特别是对于大型火力发电站，大型变电站及高电压等级、长距离输送的送电线路工程项目具有投资大、建设周期长、技术工艺复杂、设计难度大的特点。电力建筑安装产品作为商品除了具有一般商品的特征外，它确实又不同于一般商品。如具有建设周期长、程序多、资源消耗量大、影响因素多、计价复杂等，反映在电力工程造价管理上则表现为电力工程的多主体性、阶段性、动态性、系统性等特征。

（一）电力工程造价管理的多主体性

电力工程造价管理的对象或客体是电力工程造价，而电力工程造价管理的主体则不仅仅是项目法人即各大电网公司或发电公司，政府主管部门、行业协会、造价咨询机构、施工单位、设计单位等也都是电力工程造价管理的主体。无论是政府主管部门颁布的法律、法规和条例，还是电力行业协会对工程造价管理实施的技术指导；无论是承发包双方针对电力工程造价实施的行为（如确定和控制电力工程造价），还是中介机构为承发包方提供的技术服务，其行为的对象无论站在什么样的角度都是围绕电力工程造价展开的。因而电力工程造价管理具有明显的多主体性。

（二）电力工程造价管理的阶段性

一个电力建设项目一般要经过可行性研究、工程设计、招标投标、工程施工、竣工验收等阶段，相应的工程造价文件为投资估算、设计概算预算、标底报价、工程结算和竣工决算。每个阶段的工程造价文件都有其特定的用途和作用。电力工程的投资估算是进行可行性研究的重要参数；设计概算预算是设计文件的组成部分和编制标底的依据；标底报价是进行招标投标、确定中标单位的重要依据；工程结算是承发包双方控制造价的重要手段；竣工决算是确定新增固定资产的依据。各个阶段的工程造价文件既相互联系又具有相对的独立性。因而电力工程造价管理具有明显的阶段性，而且每一个阶段要解决的重点问题以及解决的方法也是不同的。

（三）电力工程造价管理的动态性

电力工程造价管理的动态性表现在两个方面：一是电力工程造价管理的内容和重点在项目建设的各个阶段是动态的。例如：在可行性研究阶段电力工程造价管理的主要目标是根据决策内容编制一个可靠的投资估算以保证决策的正确性；在招标投标阶段则是要使标底和报价能够反映市场的变化和技术水平；在施工阶段电力工程造价管理的目标是在满足质量和进度的前提下尽可能地控制电力工程造价以提高投资效益。二是电力工程造价本身的动态性决定的。在电力工程建设中有许多不确定因素，如物价水平、社会因素、自然条件等，都具有动态性。因此电力工程造价管理也具有动态性特点。

（四）电力工程造价管理的系统性

系统是由相互作用和相互依赖的若干组成部分（要素）结合而成的，具有特定功能的有机整体。电力工程造价管理无论是从纵向，还是从横向来看都具备系统性的特点。从纵向来看，投资估算、设计概算（预算）、标底（报价）、工程结算和竣工决算组成了工程造价管理的系统。从横向来看，每个阶段的电力工程造价管理都可以组成一个系统。例如：可以按工程造价的构成组成系统，可以按资源消耗的性质组成系统，还可以单项或单位工程组成系统等。而且只有把电力工程造价管理当作一个系统来研究，用系统工程的原理、观点和方法来实施电力工程造价管理，才能从整体上实施有效的管理，真正实现最大的投资效益。

三. 电力工程造价管理的四个阶段

电力工程的生产过程是一个周期长，资源消耗数量大的生产消费过程，包括可行性研究在内的过程一般较长，而且要分阶段进行，逐步加深。电力工程造价管理主要分为四个管理阶段，即电力工程造价管理决策阶段、设计阶段、招投标阶段及工程施工阶段。为了适应电力工程建设过程中各方经济关系的建立，适应电力项目管理的要求，适应电力工程造价控制和管理的要求，需要按照这四个阶段多次进行计价，如图4-1-1。

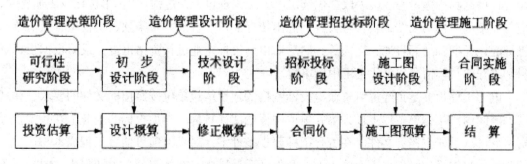

图 4-1-1 电力工程造价管理阶段

（一）电力工程造价管理的决策阶段

项目投资决策阶段是电力工程造价管理极其重要的阶段。在这个阶段，对电力工程项目建设进行可行性研究，编制工程的投资估算，根据投资估算结果进行经济评价，选择技术上可行，经济上合理的建设方案或者否定不可行的建设方案。电力工程决策阶段造价管理大致分成以下几个部分，建设项目的可行性研究，投资估算，建设项目的评价。

（二）电力工程造价管理的设计阶段

电力工程造价管理的设计阶段主要体现在设计概算及修正概算确定与控制管理。设计概算是指在初步设计阶段，根据设计方案和工程造价各组成要素对拟建项目的工程造价进行预测而编制的文件。一般由设计单位编制，它是初步设计文件的重要组成之一，受投资估算的控制。设计概算的主要作用是控制基本建设投资，设计概算一经批准便成为控制投资的最高限额，一般不允许突破。设计概算是设计方案经济性的反映，任何设计意图都要在概算中反映出来。它的一系列指标体系，如建设项目总造价、单项工程造价、单位工程造价、单位面积或体积造价、单位生产力投资、工程量指标、主要材料消耗指标等都可用来对不同的设计方案进行技术经济比较，以便选取最佳设计方案。设计概算分建设项目总概算、各单项工程概算和单位工程概算。

修正概算是指在技术设计阶段编制的工程造价文件。由于技术设计阶段是对初步设计成果的深化，具体解决建设项目重大的技术问题。因此修正的概算的准确性进一步提高。

（三）电力工程造价管理招投标阶段

电力工程造价管理招投标阶段的主要目的是确定合理的承包合同，确定合适的承包商。为此，必须事先确定电力工程所采用的承发包方式，明确该承发包方式所采用的合同的计价方法，合理地编制招标文件、标底及报价，然后采用合适的评标方法在同一基础上评价各家报价，选择合理的承包商，最终确定承包合同价。

电力工程招标是指建设单位就拟建的工程发布通告，以法定方式吸引建设承包单位参加竞争，从中选择条件优越者完成工程建设任务的法律行为。概括来说，电力工程招标就是建设单位利用标价等经济手段择优选定电力工程承包人的过程。招标单位在发表通告时，应首先编制招标书及图纸资料等文件，提出招标要求、合同主要条款、实物工程量清单、投标起止日期和开标日期、地点等，然后对申请投标企业进行资格审查，最后根据投标资料和工程的具体情况，择优选定中标单位。

电力工程投标是指经过审查获得投标资格的建设承包单位按照招标文件的要求，在规定的时间内向招标单位填报投标书并争取中标的法律行为。参加投标的企业，在获得投标资格后，认真研究招标文件，在符合招标要求条件下，对投标项目估算工程成本与造价，编制施工组织设计，提出主要施工方法及保证质量措施，在规定的施工期限内，向招标单位递交投标资料、报价，争取中标。投标单位在中标后，按照合同约定或经招标人同意，可以将中标项目的部分非主体、非关键性工作分包给他人完成。

（四）电力工程造价管理施工阶段

电力工程造价管理施工阶段主要体现在对施工图预算及结算价确定与控制管理方面。

电力工程施工图预算是落实或调整年度建设计划的依据。在委托承包时，电力工程施工图预算是签订工程承包合同和办理工程贷款和工程结算的依据。电力工程施工图预算是施工单位编制施工计划、加强施工企业实行经济核算的依据。

编制电力工程施工图预算，首先根据施工图设计文件、定额和价格等资料，以一定的方法编制单位工程的施工图预算；然后汇总所有各单位工程施工图预算，成为单项电力工程施工图预算；再汇总所有单项工程施工图预算，得到一个建设项目建筑安装电力工程的预算造价。

四．工程造价管理的内容

工程造价管理是以建设项目为内容，为在目标的工程造价计划值以内实现项目而对工程建设活动中的造价所进行的确定、控制和管理。

（一）工程造价的确定

工程造价的确定主要是计算或确定工程建设各个阶段工程造价的费用目标，即工程造价目标值的确定。要合理确定和有效控制工程造价，提高投资效益，就必须在整个建设过程中，由宏观到微观、由粗到细分阶段预先定价，也就是按照建设程序和阶段划分，在影响工程造价的各主要阶段，分阶段事先定价，上阶段控制下阶段，层层控制，这样才能充分、有效的使用有限的人力、物力和财力资源。这也是由工程建设客观规律和建筑安装生产方式特殊性决定的。

（二）工程造价的控制

工程造价控制就是根据动态控制原理，以工程造价规划为目标的计划值，控制实际工程造价，最终实现工程项目的造价目标。

为确保固定资产投资计划的顺利完成，保证建设工程造价不突破预先确定的投资限额，对工程造价必须按建设程序实行层层控制。在电力工程管理四个阶段中，批准的可行性研究报告中的投资估算，是拟建项目的计划控制造价，批准的初步设计总概算是控制工程造价的最高限额，其后各个阶段的工程造价均应控制在上阶段确定的造价限额之内，无特殊情况，不得任意突破。

控制是为确保目标实现而服务的，应有科学的依据。具体来讲，投资估算应是设计方案选择和进行初步设计的建设项目造价控制目标；设计概算应是进行技术设计和施工图设计的工程造价控制目标；设计预算或建安工程承包合同则应是施工阶段控制建安工程造价的目标。有机联系的阶段目标相互制约，相互补充，前者控制后者，后者补充前者，共同组成工程造价控制的目标系统。

第二节　我国电力工程造价管理现状及存在问题

一．我国电力工程造价管理现状

目前，我国电力工程造价管理贯穿于整个电力工程的生产过程中，从工程决策阶段开始一直到工程施工阶段结束为止，因此造价管理是一个多阶段、动态管理过程。

（一）电力工程决策阶段造价管理主要表现在可行性研究、投资估算的编制、财务经济评价方面上。由于电力工程造价管理自身的多主体性、动态性、系统性的特点决定了决策阶段造价管理本身就是复杂系统工程。

决策阶段影响电力工程造价管理因素较多，既有客观的又有主观的因素，客观因素包括项目合理规模、建设标准、建设地点、生产工艺、设备选用、资金筹措等直接影响电力工程造价。主观因素主要体现决策部门对这些方案的选择上。这些主客观因素直接影响着投资估算的编制，而投资估算编制又决定了可研报告的编写及财务分析的评定，可研报告及财务分析最后决定了工程项目的决策。

财务评价是在国家现行财税制度和价格体系下，计算项目范围内的效益和费用，分析项目的盈利能力、清偿能力，以考察项目在财务上的可行性。在财务评价中，评价价格的选用是项目经济评价的关键，直接影响评价的质量。目前在经济评价报告中，产品销售价格按市场价格计算，不考虑计算期内价格相对变动，这样，若产品销售价格逐年下降，那么就夸大了项目的效益，如果产品的价格是逐年上升的，就缩小了项目的效益。显然，经济评价仅用当时的市场价格来编制是不够的，这就要求评价人员针对不同项目的特点，结合市场分析、竞争力分析、不确定性分析等因素选取多种价格方案并加以分析，以使投资者对项目未来的效益有充分的了解和减少项目投资风险。

通常情况下在项目取舍上实行效益否决制，进行多方案比选，没有经济效益或经济效益差的项目，不安排建设，列入建设计划的项目，必须做可行性研究，可行性研究必须有经济效益评价，没有经济效益评价的可行性研究报告或方案不予评审，达不到经济效益标准的项目不予立项，突出项目前期工作的超前性。

当前，由于前几年积累的电力建设项目缓建导致各地区用电紧张，使得全国各地区普遍开展跃进式电力建设，这些电力工程建设，尤其是电源建设受到全国性缺电影响，很多项目可研做得不细或者没有可研，投资估算更是草率，财务分析走走形式就匆匆立项投资，由于违背电力工程基本建设程序，不可避免地导致电力工程盲目上马，从而引起新一轮电力工程投资热潮，为电力工程投资过剩带来隐患。

（二）电力工程设计阶段是造价管理一个非常重要的管理阶段，从国内外工程实践及工程造价资料分析表明，设计阶段对工程造价的影响程度为 40% ~ 85%。显然，设计阶段是控制工程造价的关键环节。设计方案选定、结构的优化、新材料的采用，先进的设计理念和方法等无一不是影响电力工程造价的重要因素。同时设计决定了工程量的大小，也决定了资源的消耗量，每一个标高、尺寸的确定都直接影响了工程量的大小，这就是人们常说的"图上一条线，投资千千万"。设计的质量、设计的深度也决定了电力工程造价的可靠程度。往往由于设计质量不高、设计深度不够，造成大量的设计变更，使电力工程造价失控。

设计阶段既是控制电力工程造价最有效的阶段，也是最难以控制的阶段。首先，设计是一项创造性的劳动，建筑物既是物质产品，也是精神产品，其设计质量受到设计者主观因素的影响，如设计者的技术水平、知识结构、经验、爱好习惯、风格等都对设计质量产生一定的影响。其次，设计质量的好坏很难用一个尺度去度量。尽管如此，设计成果的优劣还是要有一个客观的标准，即是否满足了功能要求，是否有效地控制了工程造价。

长期以来，尤其是在计划经济条件下，只负技术责任、不负经济责任的现象，使得电力工程造价一而再、再而三的突破，造成投资效益低下。随着市场经济体制的逐步建立，投资效益成为主要关注的对象，设计阶段越来越受到重视，如在设计阶段引入竞争的机制，采用电力工程限额设计。通过竞争来选择设计队伍，通过限额设计控制电力工程造价。

在电力工程项目建设过程中采用限额设计是电力工程建设领域控制投资支出，有效使用建设资金的有力措施。所谓限额设计就是按照批准的投资估算控制初步设计，按照批准的初步设计总概算控制施工图设计，同时各专业在保证达到使用功能的前提下，按分配的投资限额控制设计，严格控制技术设计和施工图设计的不合理变更，保证总投资限额不被突破。

限额设计并不是一味考虑节约投资，也绝不是简单地将投资砍一刀，而是包含了尊重科学，尊重实际，实事求是，精心设计和保证设计科学性的实际内容。投资分解和工程量控制是实行限额设计的有效途径和主要方法。限额设计是将上阶段设计审定的投资额和工程量先行分解到各专业，然后再分解到各单位工程和分部工程。限额设计的目标体现了设计标准、规模、原则的合理确定及有关概预算基础资料的合理取定，通过层层分解，实现了对投资限额的控制与管理，也就同时实现了对设计规模、设计标准、工程数量与概预算指标等各个方面的控制。

（三）招投标是一种市场行为，它是招标人通过招标活动来选择招标项目的最佳承担者和投标人选择项目以获得更丰厚的利润和商务活动。电力工程招标包括项目勘查、设计、施工、监理以及与工程建设有关的重要设备、材料等的招标。本论文所指招投标阶段是指施工阶段的招投标。

电力工程招标是指招标单位将确定的施工任务发包，鼓励施工企业投标竞争，从中选出技术能力强、管理水平高、信誉可靠且报价合理的承包单位，并以签订合同的方式约束双方在施工工程中行为的经济活动，电力工程招标行为必须遵守《招标投标法》，通过招标、投标、中标、签订合同来完成交易活动。

电力工程招投标最大的特点是遵守《招标投标法》，引入市场竞争机制，实行公开、公平、公正的原则，让各个投标单位站在同一标准下，通过各自的投标报价、工程的施工方案以及企业的综合实力获得工程的施工权利。因此，招投标阶段造价管理特点就是竞争，招标单位在众多的投标单位中选择具有价格优势、企业综合实力强的队伍中标。

但是，由于电力工程本身专业性质较强，电力工程的施工企业均为电力行业内部施工企业，因此在电力工程招投标阶段存在行业垄断，地区封锁，缺乏公平竞争的机制，使得工程招标流于形式，令人遗憾地在招投标过程中出现明招暗定、条子工程、领导工程等不公平竞争现象。

竞争机制的缺失使得企业对投标报价分析处理、资料的收集重视程度大大降低。事实上，工程造价资料的搜集、分析与处理对投标报价有举足轻重的作用，因为大多数工程在招标阶段还无法提供详细的工程量清单，投标单位只能根据工程的建设规模、建设地点、结构特征，借用以往类似工程的造价资料进行投标报价。为此，如何保证工程造价资料的真实性、合理性就显得格外重要，工程造价资料虽不具有法定性，但要真正实现它的使用价值，就必须讲质量。资料积累工作不仅仅是原始资料的搜集，还必须经过加工、整理。为保证资料的真实性，资料的搜集就不能仅停留在设计概算和施工图预算上，还必须立足于企业以往工程的投标价、合同价、企业内部经济考核指标、竣工决算等资料；为保证其合理性，就必须将竣工决算价与投标价、合同价、企业内部经济考核指标、预算价进行分析对比，去粗取精，去伪存真，使造价资料能真实反映企业的施工能力和管理水平，最终形成具有竞争力的企业内部定额和单价。

（四）施工阶段是电力工程实体实施阶段，也是工程建设中花钱最多阶段。施工阶段的特点是可控周期长，控制面广、费用支付划分点多，造价是动态控制。在这个阶段，建设单位与施工单位围绕着合同开展工程建设工作，在合同范围内明确工程设计变更和工程索赔界限和内容。

由于电力工程施工条件复杂，影响因素较多，工程变更难以避免。工程变更既有建设单位原因造成，如建设单位要求对设计的修改、工程的缩短等；也有监理和设计单位造成的工程变更，如监理对施工顺序提出改变、设计对设计图纸的改变等；也有承包单位造成的工程变更；还有自然因素造成的工程变更。一般情况下，工程变更都会带来合同价的调整，而合同价的调整又是双方利益的焦点。合理处理好工程变更可以减少不必要纠纷、保证合同的顺利实施，也是有利于保护承包双方的利益。

另外受到水文气象、地质条件的变化影响，以及规划设计变更和人为因素干扰，在电力工程项目的工期、造价管理方面都存在变化因素，超出合同规定的事项时有发生；同时，业主和承包商对工程技术要求和有关合同文件的解释也不可能始终一致。因此，不可避免地会发生工程索赔和造价纠纷。电力工程索赔是指在电力工程建设过程中，对于并非自己的过错而遭受实际损失，根据合同应该由对方承担责任而提出的补偿要求。由于电力工程建设的复杂性，索赔事件的发生是难以避免的，因此索赔是合同执行中重要的内容之一。

电力工程索赔必须以合同为依据。索赔是合同赋予双方的权力，索赔能否成立，既不以事件发生的真实性为依据，也不以是否遭受实际损失为依据。索赔事件必须是在合同实施过程中确实存在的，索赔事件必须具有关联性，即索赔事件的发生确实是他人的行为或其他影响因素造成的，因果关系明确。索赔的处理必须及时。一方面索赔处理的时间限制在合同中有明确规定，超过规定的时间，索赔就不能成立；另一方面，索赔事件发生后如果不及时处理，随着时间的推移，会降低处理索赔的合理性，尤其是持续时间较短的索赔事件，一旦时过境迁很难准确处理。同时要加强索赔的前瞻性，尽量避免索赔事件的发生。对于索赔，无论是发包人、承包人还是工程师都不希望发生，因为索赔的处理会牵涉到各方的利益，论证、谈判工作量大，需要付出较多的时间和精力。加强索赔的前瞻性，尽量避免索赔事件的发生，对于各方都是有利的，当然避免不是回避，一旦索赔事件发生了，还是应该认真对待。

另外一点，虽然合同制定较为详细，但是由于工程项目的先天不足，例如由于某种原因工期要求比较短，而施工条件又不具备，施工手续未办完、施工图纸不全，导致施工单位无法执行施工合同；同时，电力工程建设单位与施工单位通常均为电力系统内部企业，可能是上下级关系或者平级关系单位，所以工程合同的书面意义往往要大于实际意义，常常是工程合同价格已定，但是由于各种原因，最后合同价格成为参考价格。

二. 我国电力工程造价管理存在的问题

（一）决策阶段电力工程造价管理存在的问题

由于电力产品的特殊性，要占用大量资源，建设周期长且市场反馈信号相对滞后，都对电力工程规划提出了更高的要求。2004 年，全国出现了近 20 年来最严峻的缺电局面。全国 24 个省、市、自治区出现缺电局面，在 2004 年一片"电力紧缺"的呼声中，国务院调整了电力建设"十五"规划，我国电源及电网电力建设出现了爆炸式的增长。但在高增长的背后，一些令人担忧的深层次问题也开始逐渐显露出来。电源电力建设一哄而上会对社会经济产生不良影响。第一，有限的资源得不到合理利用，会在无序竞争中被白白浪费，加剧我国资源短缺局面。第二，许多地方没有进行周密的可行性研究，自行订购发电设备，既违反了国家基本建设程序，又增加了电力工程造价水平。据不完全统计，今年违反国家建设程序、自行开工建设的电源电力项目规模有 2000 多万千瓦。第三，电源电力建设盲目布局，不利于电力结构的优化调整。第四，集中开工带来的必然是集中投产，会在几年内形成新的暂时的过剩状况。

电源电力建设如何走出"缺电—上项目—过剩—减少投资—缺电"的怪圈？如何把握好这个度，是决策阶段电力工程造价管理所要解决的主要问题。

（二）设计阶段电力工程造价管理中的不足

目前，在电力工程设计阶段广泛采用限额设计。在积极推行电力工程限额设计的同时，还应清醒地认识到它的不足。电力工程限额设计不足主要表现在以下方面：

1.电力工程限额设计的本质特征是投资控制的主动性，因而贯彻限额设计，重要的一环是在初步设计和施工图设计前，就对各电力工程项目、各单位工程、各分部工程进行合理的投资分配，以控制设计，体现控制投资的主动性。如果在设计完成后发现概预算超了，再进行设计变更，满足限额设计要求，则会使投资控制处于被动地位，也会降低设计的合理性，因此限额设计的理论及其可操作性有待于进一步发展。

2.电力工程限额设计由于突出地强调了设计限额的重要性，使价值工程中有两条提高价值的途径在电力工程限额设计中不能得到充分运用：即造价不变，功能提高；造价提高，功能有更大程度提高。尤其后者，在电力工程限额设计中运用受到极大限制，这样也就限制了设计人员在这两方面的创造性，有一些新颖别致的设计往往受设计限额的限制不能得以实现。

3.电力工程限额设计中的限额包括投资估算、设计概算、设计预算等，均是指电力工程建设项目的一次性投资，而对电力工程项目建成后的维护使用费，项目使用期满后的报废拆除费用则考虑较少，这样就可能出现限额设计效果较好，使项目的全部寿命费用不一定很经济的现象。

（三）招投标阶段电力工程造价管理存在的问题

电力工程招标投标是在国家法律的保护和监督下法人之间的经济活动，是在双方同意基础上的一种交易行为。招投标的最大特点是竞争，电力工程招投标必须具有公开性、公正性、公平性及竞争性。

但是，由于电力工程的施工企业与电力工程发包企业往往都是电力系统内部企业，因此在工程招投标过程中公平、公正、公开做得还不够，存在一定程度照顾成分，以及领导关系平衡，使得招投标的竞争性没有充分体现，招投标流于形式、明招暗定、不公平竞争、条子工程、领导工程。例如某省在去年招标一个220千伏变电所工程，当时一共有六家电力安装企业来竞标，经过公开报价以后，价格较低、企业施工能力强、综合成绩排在前两名的企业没有拿到该项工程，而是排在第三位置的施工单位由于相关领导的关照最终拿到了该项电力工程。

另外当前电力工程报价过程中做出详细的报价分析企业很少，而是千方百计利用各种关系收集该工程标底内容以及标底的制定方法，通过对招标方标底的研究和分析做出判断，缺少企业长远发展的眼光，而是采用急功近利的办法。

（四）施工阶段电力工程造价管理存在的问题

电力建设项目施工阶段是项目实体形成的阶段。在这个阶段，工作量大，涉及面广，施工周期长，影响工程造价的因素多。在此阶段，不能严格执行基建程序以及不能认真履行合同等问题经常发生。

项目法人不按基建程序办事。尤其从去年开始，由于全国范围的缺电，导致当前电力工程任务繁重，建设单位为了电力工程早日竣工投产，在未获得相关手续，如项目未审批、征地手续不全、施工图纸未出的情况下就开始工程施工，工程往往是一边施工，一边办手续，一边出设计，结果出现工程征地、施工过程费用较高。

业主与承包商双方不能认真履行电力建设工程合同。在电力工程承包合同中一般明确约定合同双方的权利和义务，对工程项目造价影响的变动因素进行约定，在合同中事先考虑造价变动因素和变动量，对设计变更和索赔处理都有说明。由于业主与承包商站在不同利益角度，通常对工程的合同条款出现不同解释。施工单位通常为了获得更大的利润，或者为了弥补在工程投标阶段报价降低的损失，通常会采用设计变更以及索赔的方式获得利润。同时有些业主为了降低工程成本，对于应与赔偿的设计变更等项增加费用却不予理赔，从而引起双方未能认真执行电力工程合同。

第三节　我国电力工程造价的影响因素分析

一. 决策阶段电力工程造价的影响因素分析

电力工程造价管理决策阶段通过对投资估算的经济分析和判断，选择技术上可行、经济上合理的建设方案或者否定不可行的建设方案。在项目决策阶段影响工程造价的主要有：项目合理规模的决策、建设标准的确定、建设地点的选择、生产工艺的确定、设备的选用、资金筹措等。

（一）项目规模与电力工程造价

一般而言，电力工程项目规模越大，电力工程造价越高，反之越低。但项目规模的确定并不依赖于工程造价的多少，而是取决于项目的规模效益、市场因素、技术条件、社会经济环境等。

项目的规模效益。项目的决策与项目的经济效益密切相关，而项目的经济效益与项目的规模也有密切的关系。在一定的条件下，项目的规模扩大一倍，而项目的投入并不会扩大一倍，这就意味着，单位产品的成本具有随着生产规模的扩大而下降的趋势，而单位产品的报酬随生产规模的扩大而增加。在经济学中，这一现象被称为规模效益递增。但同时，这一现象也不可能永久地持续下去，即当规模达到一定程度时，又会出现效益递减的现象。因此，项目规模的确定不仅会影响工程造价，更重要的是会影响项目的经济效益，从而也影响项目的决策。对于一些非生产性项目规模的确定，一般按其功能要求和有关指标来确定。

市场因素。市场因素是制约项目规模的重要因素。市场的需求量是确定项目生产规模的前提。市场因素的影响表现在三方面：

项目的生产规模以市场预测的需求量为限。在进行项目决策时，必须对市场的需求量做充分的调查。

项目产品投放市场后引起的连锁反应。按需求理论，当供给增加时，价格就会降低，这对项目的效益必然产生影响。因此，项目规模的确定也要考虑供给增加所带来的影响。

项目建设的资源消耗对建筑材料市场的影响。项目建设具有消耗资源量大的特点。项目的建设在一定范围内会引起建筑材料市场的波动，从而也会影响工程造价。一般来讲，项目的规模越大这种影响越大。

技术条件。技术条件是项目决策的重要因素之一。技术上的可行性和先进性是项目决策的基础，也是项目经济效益的保证。技术上的先进性不仅能保证项目生产规模的实现，也能使生产成本降低以保障项目的经济效益。但技术水平的提高也应该适度。因为过高的技术水平也会带来获取技术成本的增加和管理难度的提高。盲目地追求过高的技术水平，也可能导致难以充分发挥技术水平，造成项目投资降低，达不到预期的投资效益，即便是工程投资估算再精确也毫无意义。

社会经济环境。必须承认地区发展不平衡的客观规律。一定的经济发展水平和经济环境与项目的规模有一定的关系。在项目规模决策中要考虑的主要环境因素有土地与资源条件、运输与通信条件，产业政策以及区域经济发展规划等。实际上这些因素有时制约着项目规模的确定。

（二）建设标准与工程造价

建设标准是项目投资决策的重要内容之一，也是影响电力工程造价高低的重要因素。建设标准的主要内容包括：建设规模、占地面积、工艺装备、建筑标准、配套设施等方面的标准和指标。建设标准是编制、评价、审批项目可行性研究的重要依据，是衡量工程造价是否合理及监督检查项目建设的客观尺度。

建设标准能否起到控制电力工程造价、指导建设的作用，关键在于标准水平订得是否合理。标准定得过高会脱离我国的实际情况和财力、物力的承受能力，加大投资风险，造成投资浪费；标准定得过低，则会妨碍科学技术的进步，降低项目的投资效益，表面上控制了电力工程造价，实际上也会造成投资浪费。因此，建设标准的确定应与当前的经济发展水平相适应。对于不同地区、不同规模的建设项目，其建设标准应根据具体实际合理地确定。一般以中等适用的标准为原则。经济发达地区，项目技术含量较高或有特殊要求的项目，标准可适当提高一些。在建筑方面，应坚持"安全、适用、经济、美观"的建筑方针。

1. 建设地点

建设地点与电力工程造价有密切的联系，如果地点选择不当会大大增加工程造价。如项目的总体平面布置、"三通一平"等都直接与建设地点的选择有关。不仅如此，还会对建设速度、投产后的经营成本等产生影响。因此，合理地选择建设地点，不仅可以降低电力工程造价，也可以提高项目经济效益。在建设地点选择上，一般从自然条件、社会经济条件、建筑施工条件和城市条件等方面综合考虑

2. 生产工艺

生产工艺的确定是项目决策的重要内容之一，它关系到项目在技术上的可行性和经济上的合理性。生产工艺的选择一般以先进适用、经济合理为原则。

先进与适用的关系是对立统一的。在确定生产工艺时，既要强调其先进些，又不能脱离其适用性。过分地强调先进性或适用性，都可能导致决策的失败。

经济合理是指所选用的工艺既能在经济上能够承受，又能获得令人满意的经济效果。在确定生产工艺时，应提出不同的工艺方案，在先进适用的原则下选择经济效益好的工艺。生产工艺的选择对厂区平面布置有较大的影响，可以说，生产工艺大体决定了平面布置，因此在生产工艺的选择过程中应充分考虑建设地点的地形、地貌特征。

3. 设备

设备费是电力工程造价的重要组成部分之一，其对电力工程造价的影响是显而易见的。设备作为项目最积极、最活跃的投资，是项目获得预期效益的基本保证。随着科学技术的不断发展，设备投资占电力工程造价的比重越来越大。设备的选用不仅关系到电力工程造价，更关系到项目的技术先进性和投资效益。设备的选用也应该遵循先进适用、经济合理的原则。先进的设备具有较多的技术含量，它是实现项目目标的技术保证。同时技术含量高的设备附加值也高，即投资大。在注意先进性的同时也要考虑其适用性，考虑其配套设备技术的稳定性等综合因素。既要经济，又要能满足项目的要求。

4. 资金筹措

项目资金的筹措是市场经济条件下投资多元化所必须面临的问题。筹资方式、筹资结构、筹资风险、筹资成本是项目中必须认真研究的问题，也是项目投资决策的内容之一。筹资成本（建设期贷款利息）也是工程造价的组成部分。

筹资的方式包括：股份集资、发行债券、信贷筹资、自然筹资、租赁筹资以及建设项目的 BOT 方式等。筹资结构即资金来源的构成。合理的筹资结构有利于降低项目的经营风险。

筹资风险是指因改变筹资结构而增加的丧失偿债能力的可能和自有资金利润率降低的可能。筹资成本是指企业取得资金成本所付出的代价。筹资成本包括筹资过程中所发生的费用和使用过程中必须支付给出资者的报酬。前者为筹资费，如发行债券时支付的注册费、代办费等，贷款中的手续费、承诺费等。后者称为筹资的使用费，如利息支付、股息等。项目在建设期所要付出的筹资成本均属于工程造价的组成部分。对于大型建设项目，由于建设周期长，其建设期的贷款利息支出对工程造价的影响也是不容忽视的。

二．设计阶段电力工程造价的影响因素分析

（一）建筑标准

建筑标准高则工程造价高，反之则低。建筑标准的确定一般应根据建筑物、构筑物的使用性质、使用功能以及业主的经济实力等因素确定。对于重要的、具有标志性的建筑、建筑标准可适当提高。建筑标准的确定不仅要考虑一次性建设费用，也要考虑维护和运行费用，使之从整体上达到最优。例如中空玻璃窗会增加工程造价，但其隔热性能却有显著提高，从其保温性能来看，可以减少能源的消耗，在寿命期内可能更加经济。

（二）设计者的知识水平

设计者的知识水平对工程造价的影响是客观存在的，好的设计师在于能充分利用现代设计理念，运用科学的设计方法去优化设计成果，从而保证设计质量，降低工程造价。既懂技术又懂经济，善于将技术与经济相结合才能创造出优秀的设计成果。引入竞争机制、选择设计单位是比较好的方式，也是控制工程造价的有效方法。

（三）设计方案

好的设计方案是技术上的可行性和经济上的合理性的完美结合。好的设计方案应该是对平面布置、空间组合、结构选型、材料选择等方面进行充分的分析和论证。

平面布置。平面布置既要满足功能要求，又要经济合理。例如，在平面布置中，合理加大房屋进深，可以减少外墙周长，减小外墙面积系数以利保温，从而降低工程造价；增加建筑单元组合数，也可以减少墙体数量降低工程造价；在设计中尽量采用规则的平面外形，避免凹凸不平，也有利于技术方案的经济性。在总平面布置中，对于物流的组织，工艺流程的顺序应合理安排，以减少道路长度以及提高生产效率。

1.空间组合。空间的组合包括层高、层数、室内外高差的确定。适当地降低层高即能缩小建筑物的间距，节约用地，又能降低工程造价。有关资料表明：层高降低100m，可降低1%左右的工程造价。层数不同，则载荷不同，其对基础的要求也不同，同时也影响用地面积，一般而言，对于砖混结构5～6层是比较经济的层数。在工业建筑中，多层厂房比单房经济，但超过4～5层工程造价又呈上升趋势。室内外高差的确定对工程造价也有较大的影响，高差过大工程造价提高，高差过小又影响使用以及卫生要求。

2.结构型式。结构型式不同其力学性能不同，结构型式的选择一是要满足力学要求，同时又必须考虑其经济性。对于大跨度结构，选用钢结构明显优于混凝土结构，对于高层或超高层结构，框剪结构和简体结构比较经济。结构型式的选择不仅与建筑物的特性有关，也与建筑物的地点、环境相关，如对于抗震要求较多的地区，混合结构由于整体性差，不宜采用。木结构不宜用于防火要求较高的建筑等等。

3.建筑材料。建筑材料费用一般占工程造价的 60% 左右，在设计中一般应优先考虑采用当地材料以控制工程造价。当地没有的或不生产的材料在不影响质量安全的前提下应充分考虑其经济性。建筑材料费用不仅所占比重大。而且也是建筑物主要荷载之一。采用轻质材料既能减小荷载，又能降低基础工程的造价，同时对垂直、水平运输以及施工都能降低费用。

（四）现场条件

现场条件包括地质、水文、地形、地貌、现场环境等因素。地质、水文气象条件对基础型式的选择、基础的埋深（持力层、冻土线）均会产生影响。地形地貌对于平面布置以及室外标高的确定也会产生影响。现场环境即场地大小、邻近建筑物地上附着物等，这些因素对平面布置、建筑层数、基础型式及埋深等都会产生影响。现场条件是制约设计方案的重要因素之一，它对工程造价会产生重要的影响。

三. 招投标阶段电力工程造价的影响因素分析

在招投标阶段影响工程等造价的因素，主要包括电力工程市场的供需状况，业主的价值取向，招标目的特点、投标人的策略等。

（一）电力工程市场的供需状况是影响工程造价的重要因素之一

当电力工程市场繁荣时，承包商在成本中加上较大幅度的利润后，仍有把握中标；而在电力工程市场萧条时，这时的利润幅度较低甚至为零，这是市场经济条件下的必然规律。据有关资料表明，美国在电力工程市场繁荣期，利润可达20%，而在萧条期，则仅为5%左右。近年来我国电力工程市场的状况同样也反映了这一规律。

电力工程市场的供需状况对工程造价的影响是客观存在的。影响程度的大小取决于市场竞争的状况。当电力工程市场处于完全竞争时，其对工程造价的影响非常敏感的。市场任何微小的变化均会反映在工程造价的改变上，当市场处于不完全竞争时，其影响程度相对减小。由于市场被分割成信息不对称，市场的不完全和充分。实际上电力工程市场不可能处在完全竞争的状态，其原因在于：其一电力行业并不能自由出入，都有市场准入的问题，电力建设是被分割的市场：其二，业主并不能完全了解市场流行的价格，存在信息的不对称。

（二）业主的价值取向

业主的价值取向反映在招标工程的质量、进度和价格上。当然，质量好、进度快、造价低是每个业主所期望的，但这并不是理性的，也不符合客观实际。任何商品的生产都有其质量的标准，电力产品也不例外。如质量验收规范，对电力工程所要达到的标准进行了详细描述，如果业主以超过国家的质量标准为目标，显然需要承包商投入更大人、物力、财力和时间，其价格自然会提高。在某些情况下业主可能以最短建筑周期为目标，力图尽快组织生产占领市场。这样，由于承包商施工资源不合理配置导致生产效率低下、成本增加，为保证适当的利润水平而提高投标报价。总之，业主为了获得更高的质量或加快建设进度，必然付出一定的代价。

（三）招标项目的特点

招标项目的特点与工程造价也有密切的关系，这主要表现在：招标项目的技术含量，建设地点、建筑的规模大小等。

招标项目的技术含量是指完成项目所需要的技术支撑。如当项目的建设采用新型结构、新的生产工艺、新的施工方法等的时候，工程造价可能会提高。其原因在于：这些新的结构、新的生产工艺、新的施工方法等对业主来说还不能准确掌握市场的价格信息，即信息的不对称，容易形成垄断价格。此外，新的技术的运用存在一定的风险，需要付出一定的代价。因此承包商在报价时也要考虑风险因素；

建设地点的环境既影响投标人的吸引力也影响建设成本。环境对投标人来说需要一定的回报，同时也会增加设备材料的进场、临时设施的费用；

建设规模大，各项费用的摊销就会减少。许多费用并不与工程量呈线性变化。大的规模可以带来成本的降低，这时，投标人会根据建设规模大小实行不同的报价策略。即建设规模大适当报低价，反之则会适当报高价。这也是薄利多销的基本原则。

（四）投标人的策略

投标人作为电力工程的生产者，其对电力工程的定价与其投标的策略有密切关系。在报价的过程中除了要考虑自身实力和市场条件外，还要考虑企业的经营策略和竞争程度。如基于进入市场时往往会报低价，竞争激烈又急于中标时也会报低价。

四. 施工阶段电力工程造价的影响因素分析

电力工程建设是一个开放的系统，与外界有许多信息的交流。社会的、经济的、自然的等因素不断地作用与工程建设这个系统。其表现之一在于对电力工程造价的影响。施工阶段影响电力工程造价的因素，可概括为三个方面：社会经济因素、人为因素和自然因素。

（一）社会经济因素

社会经济因素是不可控制的因素，但它对电力工程造价的影响却是直接的，社会经济因素是工程造价动态控制的重要内容。

政府的干预。政府的干预是指宏观的财政税收政策以及利率、汇率的变化和调整等。在施工阶段，遇到国家财政政策和税收政策的变化将会直接影响工程造价。通常情况下，对于财政税收政策的变化或调整，在签订工程承包合同时，均不在承包人应承担的风险范围内，即一旦发生政策的变化对工程造价都进行调整。利率的调整将会直接影响建设期内贷款利息的支出，从而影响工程造价。对于承包商而言，也可能影响到流动资金、贷款利息的变化和成本的变动。对于有利用外汇的建设项目，汇率的变化也直接影响工程造价。这类因素往往就是变更合同价调整，系统费用的计算及风险识别与分担计算的直接依据。对于业主和承包商都是十分重要的。比如利率的变化，可能会影响到工程造价的动态控制问题，也会影响到工程款延期支付的利息索赔计算等。

1. 物价因素

在施工阶段之前，关于物价上涨的影响都进行了预测和估算，比如价差额预备费的计算。而在施工实施阶段则已成为一个现实问题，是合同双方利益的焦点。物价因素对工程造价的影响是非常敏感的，尤其是建设周期长的工程。物价因素对工程的影响主要表现在可调价合同中，一般对物价上涨的影响明确了具体的调整办法。对于固定价合同（无论是固定总价还是固定单价）虽然形式上在施工阶段对物价上涨波动不予调整，即不影响工程造价。但实际上，物价上涨的风险费用已包含在合同价之中，这一点应该是十分明确的。

2. 人为因素

人的认知是有限的，因此，人的行为也会出现偏差。例如在施工阶段，对事件的主观判断失误、错误的指令、不合理的变更、认知的局限性，管理的不当行为等都可能导致工程造价的增加。人为因素对工程造价的影响包括：业主的行为因素，承包商的行为因素，工程师的行为因素和设计方的行为因素。

3. 自然因素

电力工程建设项目施工阶段的一个重要特点就是受自然因素的制约大。自然因素可分为两类，第一类是不可抗力的自然灾害，如洪水、台风、地震、滑坡等，这类因素具有随机性。毫无疑问，在电力工程建设施工阶段若遇到不可抗力的自然灾害，对电力工程造价的影响将是巨大的。这类风险的回避一般采用工程保险转嫁风险。但是，保险费无疑也是工程造价的组成部分，客观上增加了工程造价。第二类是自然条件，如地质、地貌、气象、气温等。不利的地质条件变化和水文条件的变化是施工中常常遇到的问题，其往往导致设计的变更和施工难度的增加，而设计变更和施工方案的改变会引起工程造价的增加。特殊异常的气候条件应加以约定，气温状况也是影响工程造价的因素之一。如高温天气混凝土拌和的出料温控以及低温天气混凝土的保温养护都会增加工程造价。

第四节　我国电力工程造价管理的改进

通过前几章对电力工程造价管理现状介绍和分析，目前我国面临电力建设繁重任务、"厂网分开、竞价上网"的改革的形势迫切需要我们不断加强管理，提高电力建设水平，努力降低电力工程造价，才能使我国电力工程在激烈的市场竞争中更具竞争力。因此我们可以看到目前电力工程造价管理的关键就是工程造价确定和控制，针对电力工程的四个阶段工程造价的确定和控制是电力工程造价管理关键所在。

一．决策阶段电力工程造价管理的改进措施

决策阶段电力工程造价控制的目的是按照决策的内容使电力工程造价全面地、准确地反映建设项目所需的投资额，为建设项目正确投资提供可靠地技术经济指标。如何改进决策阶段电力工程造价管理应从以下几个方面入手：

（一）选择合理的电力工程造价计价方法

选择合理的工程造价计价方法是提高电力工程造价精度的关键因数之一。首先必须收集尽可能多的已建类似项目的电力工程造价资料，并对这些材料进行分析、整理以及已建类似项目的工程特点、工艺特点、技术水平的程度进行描述。第二，对拟建项目和已建项目进行比较、分析。重点是建筑工程的结构、地址地形条件、工艺选择及工艺水平以及设备选型等。第三，根据以上分析确定工程造价的计价方法。如：当拟建项目和已建项目生产能力相差不大、建筑结构形式相似、生产工艺相近时可考虑采用生产能力指数法计算。第四，计算方法确定后应重点对计算中所取得参数进行比较细致的测算。这些参数的确定队工程造价的精度有较大的影响。

（二）做好投资估算工作

投资估算是在项目可行性研究阶段编制的。一项好的可行性研究应通过多方案（站址）的投资估算及技术经济评价比较，向投资方推荐出最佳的方案。其研究结论，应使投资方明确，从经济效益的角度看该项目是否值得投资建设；使主管部门明确，从国家角度看该项目是否值得支持和批准；使银行和其他资金提供者明确，从贷款者角度看该项目是否能够按期或提前偿还所投资金。该阶段需要解决的问题是此项目是否有效益，重点则是技术经济评价。对于投资方而言，即从企业的角度分析测算项目的效益和费用等财务预测数据，计算出项目在财务上的获利能力。这就要求技术经济人员所搜集掌握的数据必须真实可靠，由此得出的结论才能够成为投资决策的依据。而在实际工作中，有些项目并没有做到这一点，以至于造成项目投资决策失误，自投产起即开始亏损。如某工程项目投资额4000多万元，由于在做项目可行性研究时，对于市场需求没做很好的调研，对于预期的销售收入计算过高，待项目投产后，实际生产能力只达到了设计能力的10%，造成了决策失误。再如某热电联产项目，在做财务评价时内部收益率为8.85%，资本金净收益率为15.61%，该项目看似效益很好，但经分析存在许多问题，如：销售电价未考虑所在地区上网电价水平，比上网电价高30%以上；销售热价未得到地方主管部门的承诺，未考虑所在地区居民平均收入水平及承受能力；燃料成本是按理论值计算的耗煤量，未考虑实际运行时的各种因素，而实际耗煤量要比理论值高10%以上。此类技术经济评价得出的结论不能真实反映

预期的经济效益。因此，做好项目技术经济评价是投资者估算阶段的重点工作。其步骤如下：首先，要认真做好市场调研，了解落实项目所在地区近期及远期对于产品的需求情况，落实产品价格及销售收入；其次，设计部门对于编制技术经济评价的基础数据要做认真细致地调查分析，应综合考虑各种动态因素。

（三）严格执行决策阶段工程造价的控制过程

建设项目在决策阶段的主要任务是对项目建设的必要性、可行性和经济性做出评价。必要性取决于社会或市场的需求状况，可行性是指项目在建设和运营种的技术难易程度，经济性指项目投资的经济效果。项目的经济性是项目决策的核心问题。而项目的投资（工程造价）是影响项目经济效益最为敏感的因数之一。因此，决策阶段工程造价的控制具有十分重要的意义。

决策阶段工程造价控制的过程不同于传统的控制过程，其主要问题表现在没有界限清楚一致的标准。决策阶段工程造价控制的目的不在于控制工程造价的多少，而在于控制项目投资效益的好坏。即工程造价控制的目标是动态的，它以满足项目获得最大效益为目标。

二．设计阶段电力工程造价管理的改进措施

（一）限额设计控制工程造价

限额设计就是按照国家有关部门批准的可行性研究报告和投资估算，各专业在保证满足使用功能的前提下，严格控制不合理变更，确保总投资额不被突破。限额设计是控制工程造价的重要手段，在设计中工程量的控制就是造价控制的核心。因此，设计单位要坚持"中等、经济、适用"的原则，设计人员必须提出多方案供技术经济人员优选最佳方案。设计人员和技经人员要密切配合，使设计做到先算经济账后画图，把各专业设计都控制在投资限额之内。设计单位在贯标工作和全面质量管理中，要制定限额设计考评细则，在各专业中开展限额设计考评，定期检查，把限额设计作为创优设计、评定设计等级的重要内容。在设计人员中树立技术经济统一的观念，把限额设计落到实处，以达到控制工程造价的目的。另外，设计人员在每个工程项目开始设计之前，都要认真参考通用设计资料，以便在具体工程设计中参照使用。如果有超过参考设计标准和工程量的，要进一步做深一层的分析工作，并要专门附论证资料做好投资分析，报审查部门审定后方可实施。可见，采用参考设计，保证设计质量，也是控制工程造价的重要一环。

（二）价值分析控制工程造价

价值工程就是通过对产品功能的分析，以最低的总成本实现用户所需要的功能，达到提高经济效益的目的。价值工程虽然在我国刚刚起步，但实践证明它在工程设计中对于控制工程投资，提高工程价值大有用武之地。这种方法有利于多种设计方案选择和竞争，从

中优选最佳方案，有利于控制工程投资。因此，价值工程理论也是一种已经得公认的有效的设计管理方法，它在工程设计过程中，最大有可为的。对于同一个工程，不同的设计方案就会出现不同的造价，因此我们可以运用价值工程对各方案进行比较优选。通过技术与经济，功能与成本的结合实现生产者与使用者的有机结合。通过运用价值工程理论来评价设计，从而改进设计，就可以使工程设计达到最优，造价最低。

三. 招投标阶段的电力工程造价管理的改进措施

招投标是一种市场行为，它是招标人通过招标活动来选择招标项目的最佳承担者，和投标人选择项目以获得更丰厚的利润的商务活动。招投标过程中，招标文件的编制是十分重要的环节，它既是投标文件编制的依据，也是签订合同的重要内容之一。招标文件必须对招标文件的实质性的要求和条件做出实质上的响应。任何对招标文件的实质性的偏离或保留都将视为废标。因此，招标文件的编制对于顺利完成招标过程，控制工程造价都有十分重要的意义。

（一）合理分标电力工程

对于一个大型电力工程建设项目施工，往往需要划分若干个标段。标段的合理划分，对于电力工程的顺利实施和工程造价的控制具有十分重要的意义。适当地进行分标有利于造成竞争的态势。标段的划分应该遵循以下的原则：

适度的工程量。在划分标段时应该考虑各个标段的工作任务量，工程量太大，则起不到分标的作用；工程量太小，则承包商投标的积极性不高，同时，也会加大承包商的成本开支，不利于控制工程造价。

各标段应该相对独立，减少相互干扰。各个标段应该能独立组织施工。尽可能减少各个标段之间的干扰，以免造成索赔事件的发生。

尽可能按专项技术分标。即充分发挥具有专项技术的企业的特长。既可以保证工程质量，又可以降低工程造价。

从系统理论的角度合理分标以保证整体最优。建设项目是一个系统工程，局部最优并不能保证整体最优。在划分标段时，应该从整体的角度，合理分标。

（二）合理确定电力工程标底

电力工程标底作为评标的客观尺度，在招标投标中具有重要作用。尽管无标底评标技术已经应用到招标实践中去了，但无标底评标并不等于不编制标底，只是弱化了其作用，即不以标底作为判断报价合理性的唯一依据。标底对于业主来说，仍然具有重要的意义。首先，它预先明确了业主在招标工程上的财务尺度。其次，标底是业主的电力工程预期价格，也是业主控制造价的基本目标。总之，标底是业主（或者委托具有资质单位）编制的，能够反映业主期望和招标工程实际的预期工程造价。标底的编制应该考虑以下的因素：

满足招标工程的质量要求。对于特殊的质量要求（超过国家质量标准），应该考虑适当的费用。就我国目前的电力工程造价计价方法而言，均是以完成合格产品所花费的费用。如地面混凝土垫层的规范标准为 ±10mm，如果提出达到 - 4 ~ 5mm，则需要更多的投入，即加大成本。

标底应该适应目标工期的要求。工期与工程造价有密切的关系。当招标文件的目标工期短于定额工期时，承包商需要加大施工资源的投入，并且可能降低了生产效益，造成成本上升。标底应该反映由于缩短工期造成的成本增加。一般来说，当目标工期短于定额工期20，则应考虑将赶工费计入标底。

标底的编制反映建筑材料的采购方式和市场价格。对于大宗的材料往往也实行招标。在计算标底时，应该以材料的采购方式进行计算。目前各地和行业公布的材料价格信息，是综合的指导性的，并不能真实反映市场价格。

标底编制中应考虑招标工程的特点和自然地理条件，当前我国电力工程造价的编制方法基本采用定额法，这种方法的最大特点是只考虑一般性，对于具体工程的特点等并不能反映。

此外，编制一个比较合理的标底，还要把工程项目的施工组织设计做得深入、透彻，有一个比较先进、比较切合实际的施工规划，包括合理的施工方案、施工进度安排、施工总平面布置和施工资源估算，要认真分析已颁布的各种定额，认真分析国内的施工水平和可能前来投标的承包人的实际水平，从而采用比较合理的定额水平编制标底；还要分析建筑市场的动态，比较切实地把握招标投标的形式。要正确处理招标方与投标方的利益关系，坚持客观、公平、公正的原则。

（三）加强对电力工程投标报价的分析

初步报价估算出来之后，必须对其进行多方面的分析与评估。分析评估的目的是探讨初步报价的盈利和风险，从而做出最终报价的决策。分析的方法可以从静态分析和动态分析两方面进行。

报价的静态分析。报价的静态分析是依据本企业长期工程实践中积累的大量经验数据，用类比方法判断初步报价的合理性。可从以下几个方面进行分析：分项统计计算书中的汇总数字，并计算其比例指标；从宏观方面分析报价结构的合理性；探讨工期与报价的关系；分析单位产品价格和用工量、用料量的合理性；对明显不合理的报价构成部分进行微观方面的分析检查报价的动态分析。报价的动态分析是假定某些因素发生变化，测算报价的变化幅度，特别是这些变化对报价中利润的影响。

报价的盈亏分析。初步计算的报价经过上述几方面进一步的分析后，可能需要对某些分项的单价做出必要的调整，然后形成基础标价，再经盈亏分析，提出可能的低标价和高标价，供投标报价决策时选择。盈亏分析包括盈余分析和亏损分析两个方面。盈余分析是从标价组成的各个方面挖掘潜力、节约开支，计算出基础标价可能降低的数额，即所谓"挖潜盈余"，进而算出低标价。亏损分析是分析在计算报价时由于对未来施工过程中可能出现的不利因素考虑不周和估计不足，可能产生的费用增加和损失。

报价决策。报价决策是投标人召集报价人员和本公司有关领导或高级咨询人员共同研究，就上述初步计算报价结果、报价静态分析、动态分析及盈亏分析的情况进行讨论，做出有关投标报价的最后决定。

四. 施工阶段的电力工程造价管理改进措施

电力建设项目实施阶段是项目实体形成的阶段，是人力、物力、财力消耗的主要阶段。在这个阶段，工作量大，涉及面广，施工周期长，影响工程造价的因素多。项目法人要从全方位加强这个阶段的工程管理和监督，以提高电力工程建设质量、控制工程造价。

（一）严格按基建程序办事，加强对开工前的各项准备工作的管理

项目法人应严格按基建程序办事，选择适当的工程开工时机，以利于建设资金的合理安排和工程的顺利进行。首先，加强对征地、动迁等工作的管理。电力建设工程一般占地较多，工程征地、施工用地费用较高，项目法人在征地工作中应严格把关，按批准文件确定的用地规模，不能擅自突破。要由熟悉政策具有实际工作经验的人员来承担这些工作，各类赔偿项目必须合理，费用计算符合规定，争取得到地方政府的支持和配合，有效地控制建设用地费用的支出。其次，加强工程招投标工作的管理。在电力建设工程中实行施工、监理、设备材料采购等招投标制度，可以充分发挥市场机制和竞争机制，促进施工企业、监理单位和设备材料供货商提高生产管理和技术水平，在保证工程施工质量、监理质量和设备材料供应质量的前提下，有效降低电力建设工程造价。

（二）认真履行电力建设工程合同，加强施工过程中的各项管理

在工程承包合同中明确约定合同双方的权利和义务，对工程项目造价影响的变动因素进行详细而周到的约定，在合同中事先考虑造价变动因素和变动量，对设计变更和索赔的结算处理有明确的说明，避免合同执行中出现纠纷，结算时出现麻烦。

项目法人要合理安排各个施工单位的施工场地布置，优化施工总平面管理。尊重科学，尽量减少施工占地，合理土方调配，避免施工设施反复搬迁、土方往返运输、地下设施反复开挖等浪费现象。同时也要认真地审查施工单位的施工组织设计，严格施工措施的编制和审核，在保证施工质量、施工安全的基础上，优先采用成本较低的施工方案，以有效地控制和降低工程造价。

设计变更必然引起工程量的变化，往往造成工程造价提高，使工程投资失控。施工图纸经会审确定后，在施工时要严格按施工图施工，监理单位和项目法人要严格按施工图进行监督和管理，尽量减少和避免设计变更，这样有利于保证工程质量，加快建设进度，也有利于控制工程造价。

在电力建设工程造价中，设备、材料占很大的比例，为了有效地控制和降低工程造价，要加强设备、材料采购管理。对于设备和材料的采购，要加强信息管理，及时、准确地掌握材料价格信息、市场供求动态，货比三家，择优选择；工程材料、物资采购应发挥主渠道作用，依靠批量优势，减少中间环节，降低材料购买价格；做好主机和大型辅机设备的招投标工作并严格执行供货合同。

在电力工程安装完毕，进入调试阶段时，要积极采用新技术、新工艺，缩短调试时间，减少燃料、化学药品等物资的消耗。对调试期间的燃料消耗进行考核，对燃料消耗超标的，要查明原因，由责任单位承担相应的经济损失。机组的试运必须满足《启动验收规程》要求，做到系统完整，现场条件具备，尽量减少过渡措施，这样可以有效地控制和降低调试和试运阶段的费用支出。

在电力建设工程中实行监理制，可使监理单位协助项目法人对整个工程质量和造价进行监督、控制，并运用自身拥有的丰富知识和特长以及大量的工程实践经验，帮助项目法人避免决策失误，力求决策优化，确保项目目标的最佳实现。

（三）合理安排资金使用，加强资金和工程竣工决算管理

建设期间要优化工程进度安排，合理安排各单位工程的开工顺序和开工时间，以压缩设备储备时间。加强建设中工程资金的支付管理，根据施工组织和工程进度合理安排建设资金，以便控制全局并采取纠偏措施。对于工程材料也要按工程进度有计划地购买，以缩短材料储备时间和对资金的占用时间，减少建设期间由于筹措资金而发生的利息支出。

为了有效地控制工程造价，在办理工程决算时，项目法人要认真全面地审核施工单位的工程报价，对于工程中的设计变更和施工索赔，要严格审查报告单，控制支出额度，并对施工中出现的问题提出反索赔。

五. 加强电力工程的造价管理的审计

（一）充分发挥电力工程项目审计的作用

电力工程项目审计主要指对发输变电建设项目（包括基本建设项目合计书改造项目）进行审计，是对电力工程项目投资活动以及与之相联系的各项工作进行的审查、评价和监督工作。电力工程项目具有规模大、周期长、设备投资比重大的特点，通过审计发现电力工程项目管理的缺陷和薄弱环节，核减不合法、不合规、不合理的投资支出，控制工程造价，促进项目法人责任制的落实。因此，加强电力工程审计可以起到以下几方面的作用：

1. 可以监督有关电力建设项目投资法律法规、政策和制度的贯彻执行。

2. 可以促进建立健全电力工程项目责任制和项目投资活动的各项规章制度，改善和加强电力工程项目内部管理，控制电力工程造价，提高投资效益。

3. 可以发现和查处违纪问题，维护正常经济秩序，制止挤占挪用电力工程项目资金额

和损失浪费等行为，保护国家和企业利益。

4.可以发现电力工程项目投资结构、规模、投向等方面的问题并提出改进的合理化建议。

（二）坚决贯彻执行电力工程审计的原则

1.坚持依法审计的原则

审计监督制度是我国法制建设的一项重要内容。在实施审计监督中必须自始至终坚持依法审计。电力建设工作无论从宏观管理的投资规模、布局、结构、方向上看，还是从项目法人（建设单位）和建筑安装企业的经营管理和财务收支上看，它的合法性和政策性意义都是很强的。因此，进行电力工程项目审计，必须遵照国家法律和电力建设法规制度进行。

坚持对投资规模实行宏观控制审计的原则。电力建设项目的特点之一是耗费大、周期长，往往是几年时间内只投入不产出。如果投资规模过大，必将占用企业的人力、物力和财力，导致生产和发展比例失调；反之，投资安排少，就无法保证社会扩大再生产和企业发展的需要。因此，科学合理地控制和掌握不同时期的投资规模，是国家对固定资产投资活动进行宏观管理的重点，也是电力工业投资管理和投资决策考虑的重要问题。电力工程项目审计就要围绕对电力项目投资规模控制，使其发挥较高层次监督的重要作用。

2.坚持按照电力项目建设程序审查的原则

电力工程项目审计要按电力项目建设程序进行，这是由电力项目建设特点不同于一般工业企业而决定。大中型电力项目建设耗费大、周期长、见效慢，特别是涉及部门、环节多，项目建设涉及的各部门、各环节，都要按照既定程序有条不紊地、有步骤地、有秩序地进行。在进行电力工程项目审计时，除需严格审查建设项目的设计者、组织者和施工者是否按程序规定办事外，审计工作本身也需要按工程的不同阶段，一步一步地审查各工作阶段的合法性和合理性，坚持按电力项目建设程序审计的原则。

3.坚持投资效益性原则

进行电力项目建设的目的，就是要获取投资的经济效益。电力工程项目审计，必须以经济效益为中心，评价项目建设活动中的成败业绩和全部经营管理活动，离开了这个中心，工作就会失去目标，因此，坚持提高投资效益是电力建设项目审计的一项重要原则。

第五章　机电安装工程造价管理

第一节　国内及国外目前的研究状况

一．目前机电安装工程造价管理在国外研究的状况

通过对美、英等经济发达国家的工程造价管理领域了解，在市场经济体制下，机电工程造价领域在市场经济环境下运行，实现了规范化、标准化、系统化的管理。对于相应行业价格管理与确定上，以市场与社会的认可作为取向，民间行业组织在机电工程造价领域的管理发挥着很大的作用。政府也出台了相应的措施进行了宏观上的调控。国外领先的计价标准、定价方式、咨询服务，以及信息发布的多渠道等，体现了当前的工程总价领域的国际标准，符合世贸组织的基本原则。

（一）国外工程造价管理体系的特点简单概括如下：

1. 政府的宏观调控卓有成效；
2. 计价的根据有章可循；
3. 信息发布途径多；
4. 计算方法采取的是量价分离；
5. 咨询服务业成熟。

因此，经济发达的国家的机电工程造价管理软件应用很普遍，价格的信息由专业咨询机构定期发布更新，配套以完善的网络体系，使得发达国家机电工程造价具有很高的信息化水平。

二．目前机电安装工程造价管理在国内研究的状况

"工程造价"以前被称之为"建筑工程概预算"或者是"建筑产品价格"。20世纪80年代之前，建筑产品价格这一概念出现的同时，"工程造价"也随之出现在政府的文件中。由于行政部门的使用，"工程造价"也逐渐在其他各种机构、组织、单位中被广泛应用。当时，"建筑产品价格"和"工程造价"两者的定义还存在争议。事实上，"建筑产品价

格"的含义是很明确的，在国内出版的一些著作中对于这一概念的理解是统一的，例如《建筑经济学》《价格学》中的界定。而工程造价的定义也确实是不太明确。当我们说到"降低和控制工程造价"时，这里的"工程造价"就是指投资主体和控制建筑工程投资费用；但是政府部门在阐述工程造价时，却又指的是建筑产品价格。工程造价是在我国当前的政治经济体制下，投资管理和建筑业管理结合的环境下形成的。

到了 20 世纪 90 年代中期，中国建设工程管理造价协会（以下简称为"中价协"）在工程造价管理组织内，为澄清人们认识上的混乱，正本清源，做了大量工作。在 1996 年，中价协界定工程造价一词为多义词，具有两种含义。第一种含义，指一项工程预期或实际开支的全部固定资产投资费用，其中包括所有的有形和无形资产的全部费用。也就是说，工程造价指的是工程建设过程所产生的投资费用，建设工程项目造价就是项目建设所需固定资产投资所发生的费用。第二种含义指的是工程的价格。而工程的价格是依据市场为导向的。在多次的预估的情况下，工程作为特殊的商品进行交易，通过招标、承发包以及其他的交易手段，以市场为导向，从而形成价格。

由于受到计划经济的影响，我国过去一直只认可工程造价的第一种含义，认为工程项目建设是一种计划行为，而不是一种参与市场的商品，因此出现了国内建筑市场的产品价格歪曲的情况，也就是价格不能反映其商品的实际价值。之所以区别开工程造价的两种含义的原因在于，为在建筑领域中的市场行为提供一定的理论根据。如果政府将工程造价的价格降低，将利润率提高，从而得到更高的实际利润时，那么政府是要完成其作为一个施工供给主要方面的管理目标。这是由于在市场条件下，不同的利益主体不能被混淆。

依据原国家计委颁布的《投资项目可行性研究指南》以及原建设部颁布的"关于印发《建筑安装工程费用项目组成》的通知"，规定我国工程造价的组成为：设备及工器具购置费，建筑安装工程费，其他费用，预备费用，贷款利息，固定资产投资调节税等。

对于工程量计算软件，国内软件常采用图形法。第一种方法是在识图的基础上，专业人员用该软件在电脑中输入图纸中的各种器件及其相应的尺寸，工程量清单经过系统自动计算便可得出。第二种方法是扫描工程图纸然后形成光栅文件，由软件进行矢量化处理后，提取其特性，然后用模式识别的方法辨识各种器件的类型及其相应的集合参数，进而进行工程量计算。第三种则是在 CAD 文件已经形成的条件下，在 CAD 环境中进行模式辨识。

在对图纸的特征表示和建模进行大量的研究之后，利用汉字辨识技术，分析研究图纸的特征，提取构件的特征和参数，最后利用人工智能技术代替人完成识图工作。最后一种方法，是在 CAD 软件中加入构件参数的各种属性，在进行结构设计时使用已经定义好的各种对象进行设计，在作图的过程中不直接使用线条。

工程造价计算软件的主要用于套定额计算工程造价。工程造价软件即套价软件作为最先被开发投入的应用软件之一，现在已经较为成熟并得到广泛应用且卓有成效。在工程造价软件出现之前，工程造价预算编制过程非常烦琐，只能依据定额准则，利用纸笔来进行。如果要完成一项工程的造价预算，要进行套定额、分析工料、调材价、算出开支，再到出概预算书，就要经过很长一段时间，计算的程序复杂，工作量多，概预算得出的结果也有不小的误差。如今，工程造价计算软件（含机电工程造价软件）不断发展成熟，可以很快得到清单。再将定额子目输入造价软件，选定先前预设的模板，通过运算和整合，很快会得到用户所需的报表。整个过程只需要很短的时间，工作效率提高，概预算人员就能把时间用到其他更为重要的方面，从而大大提升概预算的质量。

第二节　机电安装工程造价管理系统需求

一．机电安装工程量清单计价概述

2008 年国家质量监督检验检疫总局、城乡建设部等部门联合发布《建设工程工程量清单计价规范》，并与 2008 年 12 月 1 日起正式实施，其中《计价规范》对工程量清单相关定义做了具体规定。

（一）工程量清单的定义

清单中包含项目合同规定的应当实施的所有工程内容与相关取费，并以表格的形式按照工程项目的属性将其单价、数量、总价等排列，作为投标报价与计算工程款的依据，是项目合同的重要组成部分。

依据施工设计图纸与招标要求的规定，工程量清单中分部分项工程实物量需按照统一规定的子目分项，和计算规则将工程包含的所有项目与内容进行分类为原则统计和计算，并附于招标文件中。

工程量清单并不同于工程量与施工设计图纸量的概念。

（二）工程量清单的编制要求与主要作用

是招标工程项目的标底价、投标报价、工程结算的重要编制依据；

必须依据国家有关部门指定的相关规则、标准、图纸、文件等进行编制；

工程量清单必须要委托具备相关资质等级的造价咨询机构进行编制；

编制的工程量清单要满足设计文件、国家及地方有关的规定和规范等要求。

（三）工程量清单的组成部分

按分部分项工程单价进行分类：

1. 直接费单价

由人工费、材料费以及机械费组成。直接费单价是依据国家预算定额中规定的材料及机械消耗标准、人工、预算价格以及可进入直接费来确定。

2. 综合单价（部分费用单价）

依据计算公式在直接费的基础上增加管理费和综合利润计算得出。

3. 全费用单价

是在综合单价的基础上增加措施费、其他项目、规费、税金计算而得的，可以作为完整的单价合同，作为独立的子目分项进行编制。

（四）工程量清单计价与定额计价的差异

1. 定额计价模式是定额、费用以及文件规定报价的和，价格受行政管制，具有强制性，带有很强的计划经济色彩，在招标投标的过程中，标底的编制与投标方的报价均按照定额计价模式计算，定价容易脱离市场，造成计价误差。随着市场经济的发展，曾提出过多种定额计价改革方案，都由于没有触及根本而改革失败。工程量清单计价模式是伴随市场经济发展而产生的计价模式，量价分离，通过市场竞争定价是其显著特征。

2. 工程量清单计价是不同于定额计价模式的全新计价模式，其主导思想在统一计算规则的基础上放开市场价格，鼓励企业自主报价、发挥市场竞争机制，以提升竞争，使招标方更加便于了解项目的造价和成本的控制。

3. 相比定额计价模式，工程量清单计价不单单是计价方法等形式上的改变，更是定额管理方式与理念上的改变。定额计价模式在我国计划经济时期可以有效地控制工程造价，但随着我国经济体制的改革，在市场经济体制下，传统定额计价模式暴露处越来越多的弊端，需要寻求新的计价模式。工程量清单计价采用综合单价的形式，实行企业自行报价，有效地解决了传统定额计价模式的弊端。

（五）工程量清单报价的组成

一般由总说明和清单计价表两部分组成。

总说明中需要包含以下内容：工程概况、工程量清单报价编制的依据、工程量清单在合同中的地位、计算原则、计费的详细内容概述以及编制的基本原则与注意事项等。清单计价表即表单的具体内容。

二. 机电安装工程量清单计价的需求分析

机电安装工程量清单计价是由拟建项目机电工程中的分部分项工程、措施项目、其他相关项目以及规费、税金项目和对应数目等详细内容组成。

机电安装工程量清单定价是一种机电工程造价计价方式。在机电工程招标投标过程中，招标人提供的工程量需依据我国规定的统一的工程量计算准则。投标人的自主报价也要依据工程量清单，中标的规则要按照评审结果合理低价中标。

机电安装工程量清单计价模式是各投标单位根据自己的实际情况，以市场为导向，自行报出合理价格，并由此来定标。由于经常会出现某些条件相同的情况，这时则主要是依据报价的高低。所谓合理的低价是一种理想报价，看谁的报价最低，这也是竞争的结果。机电工程量清单计价法有诸多优势：首先，机电工程造价的成本降低了，投资成本也会随之降低；其次，有利于增加招标投标的透明度，实现公平、公开、公正原则；最后，可促进施工企业提高自身实力，尽一切可能降低成本增加利润。可见，机电工程量清单计价法是市场经济下一种最好的计价模式。

（一）机电安装工程量清单计价的用途

1. 机电安装工程量清单计价的实施有利于形成良好、规范的市场秩序。在市场经济条件下，机电工程量清单计价有利于企业依据市场信息并根据自身的实际情况自主报价，这样企业定价不再依赖于政府而是由市场来引导定价。招标单位不会像过去一样盲目报价，真正体现了在招标过程中公正、公平、透明的原则。

2. 机电安装工程量清单计价的实施有利于形成公平竞争和企业健康发展的市场环境。机电工程量清单作为招标投标的过程招标文件里的重要组成内容之一，对于发包单位来说亦很重要，参加招标的企业必须要制定出正确的机电工程量清单，并对此附有相关的责任，这样也有利于促进招标企业的管理水平和业务水平。因为机电工程量清单对外是公开的，机电工程招标将会公开、公平、公正地进行。对于已把项目承包下来的企业来说，要以机电工程量清单报价为依据，充分研究成本、利润，制定出完善的施工方案，合理利用经费，最后定出投标价。机电工程量清单计价模式对控制机电工程造价成本卓有成效。

3. 机电安装工程量清单计价的实施有利于促进政府职能的转变。政府将重心放在宏观调控上，不再直接干涉，对机电工程造价实行依法监督。机电工程量清单计价的制定则依据市场经济规律来制定。

4. 机电安装工程量清单计价有利于加快我国的建筑市场融入国际市场。随着我国进出口贸易额的持续增大，我国的建材市场进一步对外开放。国内的建筑企业越来越多地参与到国际市场竞争中，国外的企业也越来越多地融入的中国市场。为了与国际接轨，提高国内建筑各方主体参与国际市场竞争的能力，就必须制定与国际通行的计价方式相适应的计价方式。

（二）机电安装工程量清单计价的计价形式

机电安装工程量清单计价的计价形式应采取综合单价的计价方式，主要包括直接费（人工费、材料费、机械费）和管理费、利润等，是指完成机电工程量清单中约定的计量单位工程项目利润和各项费用的总和，同时需考虑风险因素，计算公式如下：

机械费 = 机械的台班定额 × 机械的台班单价

材料费 = 材料消费定额 × 材料单价

管理费 =（机电工程量清单计价 + 材料费 + 机械费）× 34%

人工费 = 综合工日定额 × 人工工日单价

利润＝（人工费＋材料费十机械费）×8%

简化上述公式算得：

综合单价＝（人工费＋材料费＋机械费）×1.42

综合工日定额、材料消费定额及机械台班定额，对于机电安装工程可从《全国统一安装工程与预算定额》（GYD-201—203-2000，2003）中查询，人工工日单价需要参照所在地当时物价管理部门、建设工程管理部门等制定的标准，材料单价可从《地区建筑材料预算价格表》中查询，机械台班单价需要依据《全国统一机械台班费用编制规则》（2001）中查询。

1. 机电安装工程量清单计价使用的项目类型

对于全部资金投入来源于国有资金投资或以国有资金投资为主的建设工程项目，其工程的承包和计算报价过程中往往存在着政府干预的可能，通过推行工程量清单计价，有利于公平竞争和合理使用资金。

2. 机电安装工程量清单计价项目的使用阶段

（1）机电工程招标阶段，招标人或发包方在完成机电工程方案设计、初步设计、机电工程施工图设计后，可以自行编制机电工程量清单，也可委托招标代理人编制。

各投标人都会得到机电工程量清单。在制定标底的时候，以主管部门规定的相关机电工程项目造价计价方法为标准，根据机电工程量清单和相关规定，实地现场的情况、合理的实施方案来制定。

（2）在投标报价时，招标文件被传送给投标企业，施工单位以市场为导向，以机电工程量清单为依据，并按照相关规定、施工场所的实际状况和已拟好的施工设计，依据建设主管部门制定的社会平均的消费数额来制定标底。

（三）机电安装工程量清单计价与定额计价的比较

1. 清单计价与定额计价的差别

（1）两者使用判断价格方式不同。机电工程量清单采用的模式是量价分离。根据国家规定的机电工程量计算标准，企业根据设计好的图纸以及招标文件的相关规定来指导报价。招标人给出机电工程项目的工程量。投标企业根据自身的实际情况和市场信息，进行报价。而预算定额的计价受制于国家规定的预算定额，其得出的机电工程造价是社会平均价，因此没有竞争可言也体现不出市场的作用。

（2）两者的单价方式有所不同。工程量清单计价采用的是综合单价法，而定额计价采用的是工料单价法。综合单价法主要包含的是完成工程项目对应的计量单位项所发生的直接费（人工费、材料费、机械费）、管理费以及利润等，同时要将风险因素纳入报价的考虑范围，不包括规定的费用和税金。工料单价法包括直接费用和间接费用，项目利润和税金，其中直接费用指的是分部分项工程量的单价。

（3）二者计算结果的要求不同。机电工程量清单计价是指综合单价，一般保持稳定的情况下按照合同中事先规定的综合单价的要求执行，而且机电工程量也可以改变。机电工程预算定额计价是指按照定额更要求的工料单价结算，内容经常需要调整，程序复杂，工作量大，容易引起争论。

（4）二者采用的项目划分不同。机电工程量清单采用的按照机电工程项目进行实体划分，措施项目和实体是分开的，这样有利于企业充分发挥自己的优势和提高企业的市场竞争能力。机电工程预算定额计价划分是按照施工的顺序依次列项，实施机电工程项目和实体并不是分离的，这样就不能充分发挥市场的作用，也不能有效提高企业的竞争力。

（5）二者的工程项目合同亦不同。机电工程量清单计价的项目合同使用的是综合单价，其特点是相对直观和比较稳定，机电工程量发生改变时通常是不做调整的。机电工程预算定额计价通常采用的项目同是总价合同。

（6）二者计算工程量采用的不同的计算方法。机电工程量清单计价的机电工程量计算是按照机电工程项目的实体的净值来运算的。机电工程预算定额计价的机电工程量是按照实体和规定的预算量以及其他相关因素来计算的。

（7）二者处理风险的方式不同。机电工程量清单计价，发承包人双方和合理承担风险。投标人对自己报的机电工程成本、项目的综合单价承担所有风险，综合单价一旦确定除非机电工程量改变否则结算时不能调整。招标人必须计算准确机电工程量，这部分风险由招标人承担。而机电工程量预算定额计价，只有投资方才承担风险，风险在不确定因素中考虑。

（8）关于赔偿方面，由于机电工程量清单计价的内容十分明确，如果施工方没有按照机电工程量清单计价规定的要求施工，承包人则会要求赔偿。不按清单内容施工的，任意修改清单的，都会增加施工索赔事件。

2. 清单计价和定额计价的共同点

清单计价能够考虑到与国内规定机电工程预算定额衔接；

定额项目可以按照施工的工序划分的；

依据多数企业的施工方法来综合制定施工的工艺以及施工方案；

人工费、材料费、机械费的消耗量是依据"社会平均水平"综合测定；

平均测算收费的标准需要根据不同地区的进行测算。

三．机电安装工程量计价清单中各项费用的确定

工程量清单计价模式下的项目费用主要由机电工程所对应以下部分费用组成：分部分项的工程费用、措施项目的费用、其他项目的费用、对应的规费和税金等。

（一）分部分项工程费的确定

分部分项工程费由材料费用、机械费用、人工费用、企业管理费用和利润等项目的组成。

1. 人工费的确定

（1）人工费的组成。人工费是指用于机电安装工程施工的工人的各项开支。

（2）人工费的计算。按照机电工程量清单计算中的"完全放开价格"和"企业根据自身实际情况和市场信息自行报价"，结合国内建筑市场的状况，以及参与投标企业的投标报价策略，主要模式如下：

依据机电工程项目概、预算定额的计价模式，参照机电工程量清单中规定的分部分项工程量，计算出对应工程量清单子项的人工费，人工费需调整时可以按照企业自身的管理能力、利润预期和经济实力，得出整个投标项目的所有人工费。

其计算公式为：

人工费 ＝ 概预算定额中人工工日消耗量 × 相应等级的日工资综合单价

目前国内多数投标企业常用的人工计费方法，虽然具备简单、易行、快速，易于计算等特点，但其缺乏竞争，不能充分激发企业的优势。

2. 材料费的确定

材料费是指工程项目实施过程中组成机电安装工程实体的材料消耗使用所发生的费用，主要包含：原材料、半成品、成品、零配件等。另外，在项目实施过程中不是在机电工程项目实体的范围内，但却有利于形成机电工程实体的各材料费用也计算在内。

3. 机电工程项目的施工机械费使用的计算

机电工程项目的施工机械使用费指的是在建筑项目施工过程中的机械费，机械安、拆费用和机械进出现场费用。另外，管理人员的车辆和用于通勤任务的车辆等不参与施工生产的机械设备的台班费。

机电工程项目的施工机械使用费按照如下公式进行计算：

施工机械使用费 ＝（消耗的施工机械台班量 × 施工机械台班对应的综合单价）

4. 企业的管理费的确定

（1）企业管理费的组成：是指在组织工程项目的生产施工和经营管理过程中产生的相关费用，费用的高低在很大程度上取决于管理人员的多少。管理人员的多少，不仅反映了管理水平的高低，影响到企业的管理费，而且还影响临设费用和调遣费用（如果招标书中无调遣费一项，这费用应该计算到人工费单价中），由企业管理费开支的工作人员主要有管理人员、辅助服务人员与现场保安人员；管理人员有：项目经理、施工队长、工程师、技术员、财会人员、预算人员、机械师等；辅助服务人员有：生活管理员、炊事员、医务员、翻译员、小车司机和勤杂人员。

为了有效控制企业管理费开支，降低企业管理费标准，增强企业的竞争力，在投资初就应严格控制管理人员和辅助人员的数量，同时合理确定其他管理费开支项目的水平。

（2）企业管理费的计算

主要的两种计算方法：

公式计算法。利用公式计算企业管理费的方法是投标人经常采用的计算方法，也比较简单。公式为：

企业管理费＝计算基数 × 企业管理费率（%）

费用分析法。该方法是根据机电工程项目的情况，参考管理费的具体构成，计算各项费用。具体公式如下：

企业管理费＝管理人员及辅助人员的基本工资＋办公费＋差旅交通费＋使用固定资产费＋使用机械器具费＋保险费＋税金＋财务费用＋其他相关费用

在计算企业管理费之前，应确定以下基础数据，这些数据是通过计算直接工程费和编制施工组织设计和施工方案取得的，这些数据包括：

生产工人的平均人数；

施工高峰期的生产工人人数；

相关的管理人员及辅助服务人员总数；

施工现场平均职工人数；

施工高峰期施工现场职工人数；

施工工期。

5. 利润的计算

利润，是指施工方从完成的所承包的机电工程项目中得到的酬劳。从理论上讲，企业全部劳动成员的劳动，减去因支付劳动力按劳动力价格所得的报酬以外，还创造了一部分新增的价值，这部分价值包含在机电工程产品中，它们的价格形态就是企业获得的利润；利润不单独体现在机电工程量清单计价模式中，而是在措施项目费、分部分项工程费和其他项目费用中分别计入。利润的计算公式为：

利润＝计算基础 × 利润率（％）

其中计算基础为："人工费""人工费加机械费"或者"直接费"。

（二）措施项目费的确定

措施项目费指的是工程量清单中除清单项目费用外，为确保机电工程的实施，依据现行建设工程规范规程要求，必须完成的配套工程所发生的费用，措施项目费的计算方法有按费率计算、按综合单价计算和按经验计算三种。5.2.3.3 其他项目费的确定。

由于机电安装工程项目的复杂程度、组成内容、设置标准、工期长短等都不一样，并且它们会对其他机电安装工程项目清单内容产生直接的影响，不易在报价时对施工过程发生的变更预估。所以由招标人以其他项目费用形式将此类费用单独列出，需投标人按照规定组合报价，并将其计入在总价范围内。其中招标人部分不属于竞争项目，投标人报价要按照招标人给出的金额和机电工程数量，且投标人不能调整价格。投标人部分在其他项目费用中属于竞争项目，提供名称和数量并且自己决定价格。计价规范中所涉及的四项其他项目费，招标人可以对其进行补充，也可以作为参考，但投标人必须按招标人提供的机电工程量确定执行，不可以补充。

1. 招标人部分。暂列金额主要是指由于不确定因素而使机电工程量改变和费用增加而提前设定的项目费用。根据机电项目的体量、设计文件的深度、设计质量的优劣、项目的复杂程度以及风险的高低、工期要求等来确定暂列金额的比例和数目。一般情况下暂列金额为暂估机电工程全部造价金额的 3% ~ 5%。如果在设计的初步阶段，暂列金额至少要占暂估机电工程总造价的 10% ~ 5%。

2. 投标人部分。总承包其他项目费用主要包含协助管理招标人自行采购材料和自行分包工程所发生的费用。这里所说的工程分包是指除了投标人自行分包的费用外，国家允许分包的机电工程。投标方因为机电工程分包而产生的相关的费用，应计入相应的机电工程清单报价内。计日工表应当列出人工、材料、机械名称和消耗量的详细内容。人工费是按照工人的工种列项。材料费和机械费应按照相应的规格、种类列项。应当根据机电工程项目的复杂情况、机电工程的设计质量和熟练程度来确定人工、材料、机械计量的数量。通常情况下，机电工程其他费用的人工列项以人工计量为基础，取消耗量的 1%；材料消耗主要是按照不同的专业进行辅助材料消耗列项，计入时按照工人的日消耗量计取；机械列项和计量要综合考虑人工和不同单位机电工程机械的消耗类别，其取值占机械消耗的 1%。

（三）规费的确定

规费一般由基数与对应的费率相乘计算得出，是依据政府和建设管理部门规定必须缴纳的费用，一般按国家及有关部门规定的公式与费率标准进行计算。

（四）税金的确定

税金是指按照国家税法的有关规定，由需要计入机电安装工程造价范围内的营业税、教育费附加及城市维护建设税等几部分组成。由于税率与纳税地点有关，在计算税金时要进行相应选择。税率（综合计税系数）乘以直接费、间接费和利润之和，便得到税金。

四. 机电安装工程量清单的编制

招标人要参照《建设工程工程量清单计价规范》附录中的相关规定开展清单的编制，规定中包含：统一的编码、工程项目的名称、计量的单位和工程量的计算规则等，以便于标底编制和投标报价的使用。工程量体现工程的措施项目、分部分项工程项目、其他项目的名称和相应数目的详细数据。

在国际上工程计价使用工程量清单由来已久。西方国家在 19 世纪初开始出现工程量清单计价方式。由业主估价师提供工程量的计算和专业的工程量清单。为便于实际的投标结果具备可比性，所有的工程项目投标都必须在业主估价师提供的工程量清单基础上编制和报价。在西方工程量计算规则的基础上，依据工程合同与项目管理要求，英国皇家特许测量师学会指定的委员会于 1992 年编写了标准的 FIDIC 工程量计算规则并出版发行。

工程量清单的作为信息的载体能够使投标人充分了解工程的各项内容。以原建设部颁发的《房屋建筑和市政工程招标文件范本》为例，工程量清单由两部分组成：工程量清单总说明、工程量清单计价表。

（一）工程量清单总说明

是指拟建招标机电工程所对应的工程量清单进行说明的文件，内容要包括：

工程项目的概况：工程建设投资规模、工程建设的主要特征、工期方面要求、现场地上地下部分现状及自然地理情况、现场垂直水平交通及运输情况、环保部门的规定等；

工程项目的招标范围和甲方分包范围；

工程量清单编制的相关依据；

工程施工工艺、质量目标、原材料来源规格等的特殊规定；

招标人自行采购材料的种类、规格、数目金额等；

预留金的数量；

其他需补充说明的问题。

（二）工程量清单计价表

是工程量清单的重要组成内容之一，作为清单项目和工程数量的载体主要包含：分部分项工程对应的工程量清单、其他项目对应的清单以及措施项目的清单、计日工表。

（三）工程量清单的作用

1.为潜在的投标人提供所需要的相关信息

（1）有利于给投标人一个平等的市场环境。工程量清单要求招标人列出拟完成的工程项目以及相应的项目的实体数量，这样可以为投标人提供工程项目的基础信息。因此，在工程项目的招标、投标中，投标人就可以相同的起点参加竞争活动，各投标方机会均等。

（2）为支付工程进度款和结算提供依据。在支付工程进度款和进行结算时，主要是看承包方是否按投标时在工程量清单中所报单价以及是否完成工程量清单规定的内容。工程结算时，发包人应支付给承包人的工程款项，要按照工程量清单计价表中的序号对以实施的分部分项工程或计价项目，按合同单价和相关的条款进行计算。

（3）为工程量变更和工程索赔的提供依据。如果出现工程调整、索赔等情况时，制定调整或索赔的项目单价和相关费用，可以根据合同单价与工程量清单中计价项目或分部分项工程项目来进行。

对于发生增加新的工程项目、变更、索赔等时，可以选用或参照工程量清单中分部分项工程或计价项目与合同单价来确定变更或索赔项目的单价和相关费用。

（四）工程量清单的编制依据

1.《建设工程工程量清单计价规范》（GB50500-2005）；

2.国家或省市级、行业建设主管部门颁发的计价依据和办法；

3.经报批通过的建设工程设计文件；

4.工程项目相关的建设标准、规定、规范、技术信息等；

5．招标文件以及合同的主要条款、招标过程中的相关补充通知、答疑纪要等；

6．施工现场的情况、工程特征、工期及质量要求、施工方案；

7．其他与工程项目有关的资料等。

（五）工程量清单的编制

1．分部分项工程量清单

编制的主要内容：项目的编码、工程名称、工程量、项目特征、计量的单位；

各项内容应的编制应依据附录的规定来确定工程量清单的计算规则；

项目名称的确定应依据附录的拟建工程项目名称；

项目编码应使用十二位阿拉伯数字来表示：应当按附录的规定来设置一至九，拟建机电工程量清单项目名称的设置按照十至十二位进行编码，编码不得出现统一招标的项目发生重码现象；

工程量应以附录中规定的计算规则进行计算；

计量单位应按照附录中的计量单位为依据进行确定；

项目特征表述应根据附录规定并结合工程项目实际情况予以确定；

编制工程量清单出现附录中没有的项目，应由编制人做补充，并到主管部门备案。

2．措施项目清单

（1）专业工程的措施项目的列项应依据拟建机电工程项目的实际情况以附录中规定的项目为依据选择列项；通用措施项目可依据表 5-2-1 选择列项；如若所列项目未在该规范中出现，应根据实际情况做出必要补充。

表 5-2-1 通用措施项目一览表

编号	项目名称
1-01	安全文明施工（含文明施工、环境保护、临时设备、安全防范措施）
1-02	施工排水
1-03	冬雨季施工
1-04	二次搬运
1-05	施工降水
1-06	夜间施工
1-07	大型机械设备进出场及其安装、拆迁
1-08	已完工程及设备保护
1-09	地上、地下设施、建筑物的临时保护及防范措施

（2）在措施项目的计算中：能够计算出工程量的项目清单编制应当以分部分项工程量清单的方式计算；不能计算出工程量的项目清单编制应当采用"项"为计算单位的方式。

3．其他项目清单

（1）应包含以下内容列项：

计日工；暂估价；总承包服务费；暂列金额。

（2）出现（1）中未列项目可根据工程项目施工的实际情况补充。

4. 规费项目清单

（1）应包含以下内容列项：

工程排污费；住房公积金；危险作业意外伤害赔偿及保险；工程定额测定费；社会保障费（医疗与养老、失业保险费）。

（2）若出现①中未列内容应依据省级政府或相关权力部门规定进行补充。

5. 税金项目清单

（1）税金项目清单应当包含下列内容：

教营业税、育费附加及城市维护建设税。

（2）若出现①中未列内容应依据税务部门的有关规定进行补充。

五. 机电安装工程量清单计价

（一）工程量清单计价的一般规定

1. 工程量清单计价方式编制的工程造价主要由以下几部分费用组成：分部分项的工程费、其他项目费和措施项目费、税金、规费；

2. 分部分项工程量清单综合单价计价是通常采用的计价方式；

（1）投标人报价的基础是工程项目招标文件中约定的对应的清单工程量。已完工程的结算须依据发、承包方在合同中约定的内容并结合实际的工程量完成情况来结算；

（2）措施项目清单计价时应提报工程项目的实施方案和组织设计，并依据提报方案组织计算：措施项目工程量（包括除规费、税金外的全部费用）可计算的，按分部分项工程量清单采用综合单价的方式计价，不可计算的以"项"为单位计价。

（3）措施项目清单中的安全文明施工费应按招标文件要求、当地建设主管部门的规定报价，不得用作竞争费考虑；

（1）工程量清单中招标人依据合同提出的暂估价材料和专业分包工程：若依据相关规定属于依法须招标的，材料单价与专业工程分包价由承包人和发包人通过共同招标的方式来确定；若暂估价材料属于无须依法招标则其计价由招标人、承包人协商确认单价后确定；若专业工程属于无须依法招标的则其计价按照相关的计价规定由招标人、承包人、分包人协商确认。

（2）规费和税金应根据国家、省市级或建筑行业相关部门的规定进行计算，不得作为竞争性费用；

（3）对于工程量清单计价的工程中可能存在的风险因素及其范围，须在招标文件或合同条款中予以明确，无限风险、所有风险或类似语句来描述内容及其范围的情况均不得使用。

（二）招标控制价

1. 使用国有资金投资的机电工程建设项目招标应采用工程量清单方式组织，并且应编制招标目标控制价；若招标的目标控制价超出批准的概算价，发包人应报告至原概算审批部门审核确认后方可组织招标。若投标人报价超过控制价，须拒绝参与投标。

2. 招标控制价的编制应委托给经国家、省市级，或者行业建设单位主管部门认可具备资质的咨询单位；

招标控制价的编制应按照机电工程项目批准的设计文件、招标文件中的工程量清单及合同主要条款的相关规定、《建设工程工程量清单计价规范》的相关规定、有关部门颁发的计价方法和定额，与招标项目有关的规定、规范、标准等，项目所在地的建设工程造价管理机构公布的造价信息（未发布的工程造价信息应参照对应建设周期的市场价格）、其他的经政府部门公布的可参考造价资料为依据组织编制。

3. 根据拟建工程招标文件中关于分部分项工程量清单项的特征描述及相关要求，分部分项工程费的计算应参照本节"招标控制"中（3）的规定确定综合单价计取；招标文件中规定投标人承担的风险费用应当在综合单价中体现出来；招标文件明确约定暂估单价的材料，按其约定价格计入综合单价。

4. 措施项目费的计算应根据拟建工程招标文件中明确的措施项目清单，按工程量清单计价本节"一般规定"中（4）、（5）和"招标控制价"中的（3）计价。

5. 其他项目费计价规定：

结合拟建工程特征参照相关的计价规定估算暂列金额；

按照拟建工程有关的工程造价信息或市场价格估算暂估价中的材料单价；

按照招标文件中有关计价规定结合不同的专业计价规则计算专业工程金额；

按照招标文件中描述的工程特点和计价规定进行计日工计算；

按照招标文件中规定的相关内容和规定计算总承包的服务费。

6. 规费及税金的计价应依据本工程量清单计价一般规定中的第（8）条执行。

7. 招标人需将招标的控制价以及相关材料报送所在地的造价管理部门备审；招标控制价于招标时公布且不应上下浮动。

8. 若招标人公示的招标控制价经投标人研究认为没有根据本规范的要求编制，则投标人应当于开标的前5天内向工程造价管理机构或（和）招投标监督机构进行投诉。

（三）投标价

1. 除强制性规定外投标人应结合自身管理能力及利润需求自行报价，投标报价原则上不得低于建设成本。投标的报价由投标人自行组织人员编制或者委托具有相应资质的咨询机构组织编制；

2. 投标人的报价应依据合同有关规定及发包人提供的工程量清单编制。报价中项目名称、清单编码、工程量、工程特征等须与招标文件中的工程量清单一致；

3.投标报价编制应根据相关规范、计价方式、计价定额等相关的资料为依据组织。

4.分部分项工程费应按照发包人提供的招标文件中关于分部分项工程量清单项目的特征及对应综合单价组织编制。招标文件中规定需承包人承担的不可预见风险费应当考虑在综合单价的范围内。招标文件中提供了暂估单价的相关资料，按其计入综合单价。

5.根据招标人发包的工程项目实际情况及施工进度计划，投标人可以补充招标人所列的措施项目；应参照招标文件中约定的措施费项目清单、拟定的工程施工组织设计和方案、施工计划等，依据本节"一般规定"中（4）的约定自行确定措施项目费的计算，其中安全文明施工费的计算应按本节"一般规定"中（5）的约定确定。

6.其他项目费报价的要求：

（1）按照发包人列出的其他项目清单中的金额填写暂列金额；

（2）按照发包人列出的其他项目清中一种材料的单一价进行暂估，并计入综合中价；

（3）按照发包人列出的其他项目清单中专业工程金额，填写专业工程暂估价；

（4）按照发包人列出的其他项目清单中项目和数量自行确定计日工综合单价，并计算得出；

（5）按照发包人在招标文件的有关内容和要求，自行确定总承包服务费。

7.税金和规费的报价应按本节"一般规定"中的第（8）条规定执行。

8.投标总价应等同于"分布分项工程费、其他项目费、措施项目费和规费、税金"的合计。

第三节 机电安装工程造价管理系统设计

一．机电安装工程造价管理系统架构设计

（一）机电安装工程造价管理系统技术架构

系统的体系结构为客户机与服务器逻辑机构，即 C/S C Client/Server 结构。不同的计算任务可以根据其不同的属性分配到客户机端和服务器端进行具体的实现。而由于两端的处理逻辑、硬件配置以及应用环境的不同，我们可以基于此进行任务的合理划分，使得任务被高效率地计算执行。目前，大多数应用程序与系统软件的核心架构都是这种分层次的客户机与服务器结构，同时因为互联网技术的快速发展，分布式的应用已经向前推进一大步，结构中不同的逻辑模块以及应用组件都可以在此基础上进行分享，完成整个业务处理流程。

（二）机电安装工程造价管理系统逻辑结构设计

系统逻辑结构是指从整个系统出发，把系统规划成若干逻辑单元，对系统的逻辑结构及系统的开发起到重要的决定性作用。常用的结构主要有：资源层和表现层、业务逻辑层MVC三层架构。

表现层：对系统和用户的交互方式进行定义，即业务对象的表现形式并接受用户的输入。

业务逻辑层：定义应用系统的对象，包括这些对象的行为以及它们之间的关系。

资源层：提供了数据操作的功能。

（三）机电安装工程造价管理系统功能结构设计

机电安装工程量清单计价软件是为实现机电工程人员对项目工程的管理而设计的软件。主要功能包括：工程项目消耗量清单及其他数据的计算、工程项目特征的统计、资源组价、费用计算。

机电工程量清单计价软件设计有7个子模块，分别是：清单编辑、工程管理、消耗量、资源组价、费用计算、系统管理与报表打印。

工程管理：可以对系统的工程文件进行管理；

清单编辑：实现对工程量清单的编辑；

消耗量：可以在输入消耗量的具体量生成工程量清单；

资源组价：管理系统内的资源信息，例如可以对产地、品牌、单价等的相关信息进行修改；

费用计算：可以根据规定计算单位工程的费用；

报表打印：可以对清单报表进行生成、预览和打印等功能；

系统管理：管理系统用户，设置使用权限，以及加密等功能。

二．各模块设计

经过以上系统需求分析和总体架构设计，已经对机电工程造价管理系统的业务需求和流程有了一定了解。接下来，在此基础上进行系统的详细设计。

（一）工程管理模块设计

工程管理模块的主要功能是管理系统工程文件，删除工程的功能，可以对所编辑的清单工程进行加密，单文件。

新建工程包括工程的基本参数与工程的结构两部分，工程基本参数包含：文件的名称、建设单位、机电工程名称、工程施工的地点、清单编制单位、清单编制人员、证书编号、编制日期、选择的清单定额库文件，以及对工程进行进一步详细说明的总说明。

工程结构指的是工程项目的总设计示意图，由项目的各个单项工程组成；单项工程指的是具有独立的设计文件，并且在工程竣工后可独立发挥生产能力或者使用效益的工程；例如宅建工程的电气、空调等工程，为了适应建设项目的这些组成结构上的特点，系统设置了"工程结构"功能。

（二）清单编辑模块设计

清单编辑模块的功能是对机电工程量清单进行编辑，主要有录入清单项目、项目特征的描述、计算规则的描述、工程内容设置、工程量统计查阅、计算公式的设置等功能，该模块是工程量清单计价软件的主要部分．

录入清单项目：可以读取事先设计好的清单项目，快速生成工程清单项目，也可以手动输入或者从项目清单中选取录入，软件还设置有补充清单项目功能对清单进行补充。

项目特征描述：同一清单项目，机电工程具体情况也可能不同。软件提供了"项目特征"的功能，以便于快速地录入清单项目的相关特征。

计算公式设置与计算规则描述：将机电工程量录入清单项目时，常常需要进行一些简单的四则运算，程序提供了计算公式功能，可以方便用户使用。计算规则描述则是显示当前清单项目计算规则的具体内容。

机电工程内容设置与机电工程量统计查阅，对机电工程内容进行设置与机电工程量查看。

（三）消耗量模块设计

录入清单后，在消耗量页面，程序会自动在"清单编辑"中录入清单项目，根据清单规范划分级显示套取工程量、资源调整、子目调整、费用计算、注释说明、历史参考、补充定额子目、查看工程量，然后在清单项目中输入消耗量定额组成工程量清单，消耗量模块有套取消耗量、增加费用子目等功能。

套取消耗量，可以根据情况不同选择不同的录入方法，可以直接读取机电工程量，可以从定额库中选取，可以直接录入，可从相关子目列表中选取，可以直接套取工料机，也可直接给出清单的综合报价；资源调整，在输入实际资源和定额子目时，经常要对定额中的资源进行增加、删除、替换、修改等调整，资源调整功能的设计就是来满足这些功能的；子目调整，在机电工程中，经常会遇到工程的实际施工情况与定额的规定不一致的情况，可通过"子目调整"来进行增减调整；费用计算，计算机电工程清单费用；注释说明，对所选清单项目的计算规则以及工作内容进行注释说明；历史参考，就是该清单项目的历史记录，系统会将在机电工程管理界面进行"存为历史"机电工程出现过的清单项目自动保存下来；补充定额子目，可直接在编辑界面输入编号来补充定额子目，如果此编号不存在于定额库，将自动被设置成补充子目；查看机电工程结构，显示机电工程结构；增加费用子目，给出费用名称、单位，选择需要增加有清单项目，再指定此项费用在清单中占人、材、机费用的比例。

（四）资源组价模块设计

资源组价模块，负责管理系统内所有资源的单价与相关属性，可以直接在主窗口中修改材料的单价、产地、数量以及供应商等信息，可以根据需要对资源单价进行修改，资源组价模块可以显示系统内资源的基本参数与供应信息，有信息价参考功能，历史价参考功能，来源分析功能．

基本参数，显示的是资源的基本信息；供应信息，显示的是选定对应资源的备注信息，也可以由用户可自己输入；信息价参考，显示的是选定对应资源选择的参考定额所属地区政府建设行政主管部门公布的不同时期的当地市场价，以便用户作为参考；历史价参考，可以将输入的资源信息进行保存，存为历史信息，方便再次调用查看；来源分析，显示的是选定对应资源的用量，以及在"消耗量"中对应的清单项目和定额编号。

（五）费用计算模块设计

"费用计算"中程序默认的取费文件是按建设部发布的《建设工程工程量清单计价规范》规定来制定的，具体管理所有费用计算的信息，公式计算方法的设置，模板的调用与保存，规费与税金的设置等功能。

公式的设置是系统实现算法的主要部分，对于本系统的算法就是讲公式进行表达式求值，表达式分为逆波兰式、中辍表达式以及波兰式三种，系统公式设置中输入的是中辍表达式，二计算机对于中辍表达式的处理比较困难，而对于波兰式处理比较简单，所以系统要将输入的中辍表达式转换为波兰式。5.3.1.6 系统管理模块设计系统管理，主要有管理系统用户，设置使用权限，以及加密，系统维护等功能。

为保证系统的安全、完整和控制，防止数据的泄密和破坏，系统设计有加密和权限设置等功能。

用户进入系统时，系统对用户的身份进行鉴别，合法的用户允许进入系统；用户进入系统之后，DBMS 存储控制判别用户的使用权限，根据相应的权限进行操作。操作系统可以设定相应的用户和密码，取得机器的使用权限。

1.用户身份的识别，系统用户每次进入系统都要输入用户名和密码，为软件提供外层的加密与保护，密码与用户名都正确才能进入系统，用户可以更改自己的密码，安全起见，密码在输入时，以"*"代替。

2.用户的功能使用权限，在用户身份的识别后，根据用户的使用权限显示使用的功能菜单，对于仅限查看级别的用户，系统将部分使用功能设置为隐藏。

3.DBMS 存储控制，用于控制用户对于数据库操作的权限，具有相应权限的用户才能操作数据库。DBMS 存储控制，定义用户的操作权限和对用户的操作进行权限检查。定义用户的操作权限，即将用户权限存储到数据字典当中，由系统提供相应权限的 DCL。对用户的操作进行权限检查，用户进行操作时，DBMS 将将从数据字典中进行权限是否合法的检查。

第六章　基于 BIM 的全过程造价管理

第一节　BIM 相关理论

一. BIM 含义

BIM，一个最先运用于制造业，在制造业兴起并且带来巨大的利益的信息技术。BIM 在被应用到建筑业中最常用的解释就是 "Building Information Modeling"，通常被翻译为建筑信息模型，关于 BIM 的定义和解释一直以来也非常多，其中相对比较切合建筑业同时也比较简练的定义则是在 2009 年由 McGraw Hill 在名为 "The Business Value of BIM"（即 BIM 的商业价值）的市场调研报告中指出的，其认为 "在项目的设计、施工以及运营过程中使用数字模型来协助的过程就是 BIM"。

在对 BIM 的定义过程中，目前比较认可的是 BIM 标准中的，它是由美国提出的，它认为 BIM 就是一种数字表达，主要是表达出拟建项目的物理特性以及功能，同时它还是一个平台，一个可共享资源和分享信息的，同时也可以为整个项目的决策提供依据以及让各参与方协同作业的平台。

所以说 BIM 对于不同的参与方，不同阶段都有着不同的解读，但是其核心思想是不变的，其为建筑业带来的效益也是不可磨灭的。我国从古代开始就提倡阴阳之道，所以在这个思想之下我们也将 BIM 的运动变化规律可用此解释，"一阴一阳之谓道"，所以阴所以阳，构成的是一种互相交替循环的动态情况，这才称其为道。

二. BIM 特点

（一）模拟性

在 BIM 中的模拟性是指其相关软件可通过构件的属性来模拟真实事物的过程，在建设项目中可运用 BIM 的模拟性来指导施工过程。BIM 的模拟性不仅可以通过已经添加到模型的各种构件来模拟整个项目的施工过程，还可以通过模拟技术来模拟建筑周围的一些环境以及建筑本身的日照、通风等，以此来加强建筑的节能性。

（二）可视化

可视化是 BIM 的一个重要特点，从一个建设项目开始到完工，经历了从想法到图纸再到实体建成一个工程的过程，也就是经历了一个从二维到三维的过程。在只有 CAD 二维制图的情况下，三维模型很多时候靠的是人看着图形自我组合，但这往往会有很多错漏的地方。BIM 的可视化可以使整个设计在施工前体现出三维模型，从而更加直观地为我们展现建筑的面积、构件之间的相互关系等，弥补了人为二维向三维转化的难点。通过这种特点就可以更加高效地完成设计，同时也能减少后期的变更。

（三）优化性

建设项目是一个具有工程量大、技术含量高以及时间紧迫等特点的复杂工程，而且建设项目一旦开始动工，其已完成的部分修改麻烦或者根本无法修改。BIM 的优化功能可在建筑建模时检查出所设计建筑的缺陷部分进行修改，还能对建筑进行各方面的调整以及进行各种分析比较，最终优化出最好、最可行的方案。

（四）协调性

建设项目是一个由多方参与、多专业参与共同努力所形成的结果，所以各方的协调非常重要。BIM 可以将各个不同专业所设计的不同部分以及相关的信息集合在一个模型之上，然后通过其三维建模的特点来查看是否存在专业间与非专业间的冲突，然后进行解决，并且通过信息平台与各参与方之间进行信息的传播，保证沟通的及时性。所以，BIM 的协调性在很大程度上提高了信息的沟通，使建设项目的质量得到提高。

（五）可输出性

建设项目最终是参照着二维的施工图纸进行最后的施工，而 BIM 不仅能将二维设计转化为三维进行修改检查，同时也能在施工前将最终修改好的最佳设计转化成二维图纸输出。这种输出性，减少了后期绘制施工图纸的麻烦，同时也能输出各种与工程相关信息，如工程量清单、设备材料表等各种电子表格信息和相关的电子档信息等。

三．BIM 发展现状

（一）BIM 的应用现状

目前 BIM 的应用对于建筑的各参与方来说所应用的方面以及程度都是不同的，外国对于 BIM 的应用相对比较成熟，各参与方以及各个方面的人对于 BIM 应用都有着自己不同的见解。

对于业主来说他们所应用 BIM 时更加注重的是 BIM 的合约条款以及用户指南。美国联邦政府主管机构是业主中要求比较严格的代表，他要求所建立的 BIM 模型拥有自动检查功能从而可以更加精确的确定设计方案是否符合计划书的要求。而其他一些应用 BIM 的业主则有些关注重点在于 BIM 的管理方针，他们要求方针中要有项目各参与方的责任、共享模型以及协同作业等过程。业主在运用 BIM 时注重的是经济利益，而这些经济利益主要就是施工过程中运用 BIM 模型而取得的。而施工方面运用 BIM 则可以在各种建筑设计实务中减少绘图工作人员的工作量。现在许多建筑师、工程师以及施工方，都需要 BIM 进行建模，从而可以运用模型进行评估能源、成本以及价值等，或者让工程师们进行模型分析以及结构分析，从而改进建筑模型。

目前 BIM 发展的趋势主要被分成了过程和技术两方面的趋势。BIM 发展的过程中，需要先建立起 BIM 的合约条款这样才能方便业主在使用过程中导入使用，同时成功的 BIM 应用案例起到不可替代的作用，成功的经验可以得到更加好的借鉴，将 BIM 的各种优势作为信息共享的内容导入到模型中，从而形成利用的整体优势是目前 BIM 发展过程中需要做到的。而在技术方面，充分利用建筑模型中的自动检查以及施工性检讨评估功能，同时 BIM 软件厂商也在丰富 BIM 的使用平台，增加使用功能以及整合设计能力。在 BIM 发展过程中，国外也慢慢地更加多的使用预制构件，这样可以加强全球性制造的发展同时也更加有利于 BIM 在建筑业的发展。

从 2012 年以来 BIM 在我国越来越流行，建设项目上对 BIM 的使用也越来越广泛，但是所取得的效果却并不是都是好的，还是有很多失败的例子频繁出现。目前，我国对于 BIM 的应用主要集中在施工阶段，在施工阶段运用 BIM 来模拟施工过程同时检查出图纸所存在的管线碰撞等错误，以便在施工前提前进行修改，达到在工程建设活动过程中节省工期目的。所以和国际上 BIM 的应用相比，我国的 BIM 应用程度还远远比不上国外同时在应用广度方面也还有待加强。同时，BIM 是一个充分的分工基础上的大协作，这种大协作就要求行业集中度要高，而我国建筑业在这方面的不足也成了我国 BIM 发展缓慢的一个重要因素。我国的建材、施工队伍、咨询以及设计等领域的集中度尚处于前工业化阶段，主要的特征为散乱小，而且这些领域在近期内也无法走向集约化，这就使得 BIM 在我国建筑市场无法达到最好的普及，无法最好的适应市场。所以我国 BIM 的发展还需要经历一个漫长且布满荆棘的过程。

（二）BIM 的应用障碍

目前 BIM 的运用虽然比较成熟了，但是还是有很多障碍阻碍着 BIM 的发展。事实上，任何公司全面采用 BIM 也需要两到三年的时间才会有效，可是很多公司的急切心理导致在应用 BIM 后生产效益虽然有所提升但是无法达到预计的建造成本减少量，从而得出 BIM 对建筑业没有显著作用的错误定论。所以，BIM 所带来的巨大利益一度被认为是一种不切实际的想法，因为在目前科技以及预算限制了建设项目的发展。

国际上的 BIM 发展尚且碰到了阻碍，还有许多错误的认识有待改正。而我国 BIM 发展就更是极大部分都是走上了一条不正确的歪路，真正认识到 BIM 对建筑业将有贡献的人员却是极少一部分。在对比国外 BIM 发展的历程可以发现，我国 BIM 的发展存在着很多不足。

1. 对于 BIM 的理解，各学者在概念上存在一定差异，但普遍偏重于对 BIM 优点的宣传。无论是政府还是业主很多人都并没有真正去认识到 BIM，对 BIM 推行也就是看到国外 BIM 火且应用于建筑业有成功案例的基础上所以进行使用。但是这种并未对 BIM 进行充分了解的基础上就盲目地推行反而会为我国建筑业的发展带来无尽的麻烦同时也达不到预期的效果，只会造成资源和时间的浪费。反观国外的业主团队，在项目概念阶段就提出了 BIM 执行导则，从而可以明确各方的职责同时也让项目参与各方很清楚项目的各个阶段需要运用 BIM 做些什么，需要做到怎样的深度以及解决什么问题。这样就很有利于后期的设计和施工者清楚明确自己的目标，为业主节约费用。

2. 我国更注重对 BIM 推广以及普及导致建筑市场关于 BIM 的专家、顾问以及各种培训机构等层出不穷，但是真正称得上对 BIM 懂得的人却是凤毛麟角。很多人仅仅在阅读了 BIM 相关书籍并没有实际操作经验的基础上，认为自己对 BIM 有了足够的了解，冒充 BIM 专家，从而在实际工程中做出错误的决定。我国的 BIM 培训机构也开始越来越多，但是所谓的培训机构很多都是对 BIM 仅仅是一点了解，只能教会别人进行 BIM 建模而已，对于 BIM 在工程中的具体应用却毫不知情。这些都导致我国 BIM 的发展严重滞后。

3. 国内软件不统一。在 BIM 推行的同时，国内的软件厂家也发现了这是一块很大的市场，所以都在不顾实际情况下以自身利益为重点建立属于自己的平台，屏蔽竞争对手。但是，实际情况却是这样使得我国 BIM 市场变得更加混乱，更加不利于我国的建筑行业向健康的方向发展。

因此在存在诸多障碍的情况下导致我国的 BIM 发展严重滞后于国际水平，要想改变这种状况，就必须从政府开始自上而下在诸多方面都必须进行改革方能使 BIM 在我国建筑业发挥出最大的效用。

第二节　全过程造价管理中 BIM 的应用

一. 建筑业信息化的发展现状

（一）政府对建筑业信息化的推进

随着 BIM 提出与兴起，2002 年开始，我国也开始跟上时代的步伐逐渐接触 BIM 并接受其理念。我国在"十一五"期间就已经将 BIM 作为了未来解决建筑业问题的重点研究方向，同时 BIM 也被建设部认为"建筑信息化（BIM）是最佳的解决方案"。比较于其他国家，我国大陆建筑信息化的发展已经算是起步较晚的，虽然在 2002 年就已经接触了 BIM 但是直到近几年来，BIM才在我国有了明显的应用和发展。

在建筑业信息化在我国出现后，我国政府就印发了相关文件来推进我国建筑业信息化的发展，2003年11月14日中华人民共和国住房和城乡建设部（住建部）就印发了《2003-2008年全国建筑业信息化发展规划纲要》，提出要加大力度来推进社会的信息化进程以便促进国民经济的发展，而作为我国的传统且为支柱产业的建筑业，也必须尽快推进建筑信息化的发展，以信息化来改造传统产业以此加快实现传统建筑业的转型并且实现其持续健康发展。《纲要》提出要高度重视信息技术与传统产业的结合，发挥建设行政主管部门统筹规划、政策导向的指导作用，建立一个标准化的建设市场，主要按照总体规划、重点突破、分步实施以及注重效益等原则的基础上参照我国的基本情况来着重推进信息化以及结合互联网技术的协同建造系统在建筑企业的发展，从而来建设一个全新的建筑市场。加强对建筑信息化的重视，提高信息化在建筑业的应用的整体水平，加快实现建筑业的跨越式发展。在2008年前全部完成信息化在建筑业中基本设施的建设同时建立各种网络服务平台来推进建筑业的发展。

因受限于我国经济的发展情况以及建筑业对于信息化的接受程度，我国建筑业信息化自2003年发布《纲要》后依然发展缓慢，直到近年来我国政府开始着重推进建筑业的发展，重新对建筑业的信息化建设方面加入重视度并进行加强。住建部的第二份关于建筑信息化的纲要发布于2011年5月20日，此次纲要（《2011～2015年建筑信息化发展纲要》）提出要在"十二五"期间，要将建筑企业信息化系统进行普及和应用作为实现建筑信息化的基本方法，同时加快BIM即建筑信息模型和在互联网基础上的协同工作等新信息技术在实际工程项目中的应用，以此来推动建筑市场的信息化标准建设，使之形成一个具有知识产权软件的产业化形式，以此来促进我国建筑企业在信息技术方面的应用加快达到国际领先水平。重点加强建筑企业信息系统的建立以及完善同时加强专项的信息技术主要为BIM在建设项目设计和施工阶段的应用，并且加快建立和完善统一的建筑信息化标准。

近年来，由于我国对经济的重视加强所以经济发展加快从而也进一步地推动了建筑业的发展。虽然我国早就有出台关于建筑信息化的文件但是直到2013年我国政府才真正地开始重视起信息化在建筑行业的发展，因此推行BIM技术希望以此来改进建筑业。2013年8月29日，住建部颁发了一份《意见函》（《关于征求关于推荐BIM在建筑领域应用的指导意见》），该份文件中明确提出要在2016年以前在以下项目的设计以及施工中采用BIM，即申报建设的绿色项目以及在两万平方米以上并且是政府投资的大型公共建筑中，同时还要求在2020年前在完善BIM的实施指南以及应用标准的基础上来形成我国的BIM应用标准以及政策体系，在重要的建筑业奖项中要求应用BIM的条件，比如说：全国性的鲁班奖（国家优质工程奖）、优秀工程勘察设计奖以及各个地区或者行业的工程质量评审和勘察设计奖。2014年7月1日住建部又颁布了一份《意见》（《关于推进建筑业发展和改革的若干意见》），提出要将以BIM（建筑信息模型）为主的信息技术的应用推广到建设项目的设计、施工以及运营维护等全过程中，以此来提高建设项目的综合效益，同时积极探索并且开展数字化审图以及白图代替蓝图等工作。2015 年 6 月住建部针对加强 BIM 在设计施工等阶段的使用又颁发了名为《关于推进建筑信息模型应用的指导意见》的文件。

直到 2016 年之前，我国建筑信息化都将重点放在加强推进 BIM 在勘察设计施工以及后期维护中的使用。2016 年 8 月 23 日，住建部针对"十三五"规划提出了《2016-2020 年建筑业信息化发展纲要》，此《纲要》的提出为建筑业信息化增添了国家大数据战略以及"互联网+"行动等一些新的信息化内容来联合 BIM 改进我国传统建筑业，通过这些信息化内容来更好地优化我国的建筑业信息化的环境，同时加快推进我国建筑业发展和信息技术的深度融合，以此来充分发挥出信息化在建筑业的引领以及支撑作用，塑造建筑业新业态。此次纲要的提出使信息化在我国建筑业的发展不再局限于单一的 BIM，而是在专项技术应用方面加入了大数据技术、物联网技术、云计算技术、3D 打印技术以及智能化技术来丰富我国的建筑业信息化的内容以促进建筑业的持续健康发展。住房和城乡建设部于 2016 年 12 月 2 日发布第 1380 号公告，批准《建筑信息模型应用统一标准》（以下简称《标准》）为国家标准，编号为 GB/T51212-2016，自 2017 年 7 月 1 日起实施。至此，我国的第一部 BIM 应用标准出台，BIM 的使用也更加趋近规范化。

同时建筑业的发展问题也上升到一个更加高的层面，2017 年在我国建筑业依然是大而不强，许多制度以及水平问题突出的情况下，国务院办公厅也越来越重视建筑业的发展，为了促进其发展颁布了名为《国务院办公厅关于促进建筑业持续健康发展的意见》的文件，在此意见中专门提出要通过加强技术研发应用来促进建筑业的发展，同时提出要快速推进 BIM 在包括了规划、设计、施工等多阶段的全过程集成化的应用，以便实现项目在全寿命周期内的信息化管理和有效的数据共享，为拟建项目优选方案和做出科学决策提供有利的参考，为提高我国建筑业的质量和效益贡献力量。

至此，政府对我国建筑信息化的发展的重视程度也在一步步上升，而建筑信息化对建筑业的发展所带来的效益也在不断提高，为我国经济的发展增添了浓墨重彩的一笔。

（二）行业协会对建筑业信息化的引导

随着建筑信息化在我国的兴起，我国的建筑行业各协会也渐渐发现了建筑信息化所带来的利益，开始在建设项目中尝试使用以期获得更高的利益。中国建筑业协会可以说是我国最早察觉建筑信息化的作用以及进行引导使用的建筑行业组织。早在 2010 年协会就发现信息化是企业发展的一个重要战略，是新形势下提高企业竞争力的必然途径，只有借助新的信息技术才能改进传统企业的运作模式从而提高生产力，才可能也在未来越演越烈的经济竞争中争取一席之地。所以，2010 年 12 月 7 日，协会提出将信息技术与现代工程总承包管理进行结合，以期为建筑行业带来更大的生产力，同时在建筑业运用信息技术可以加强创新同时促进业务的改革和管理，这样便可以为整个建筑业在经济发展中取得生存条件的同时有更好的发展前景。2011 年，协会又提出将虚拟现实技术运用于施工组织设计及管理中，以此来改善建设项目的施工环境。将虚拟技术运用于施工组织和管理之中，以此来建立虚拟模型并且模拟出施工的全过程，这样便可极大地提高施工的效率同时也可提高工程管理的效率，在保证施工进度的条件下最大限度的实现成本的节约，同时也能提高工程施工过程中的安全性以减少工程项目的风险。随着信息技术发展的加快，其在建筑业的应用也将越来越普遍以及深入，将为我国建筑业翻开新的篇章。

从 2015 年开始，建筑业信息化中的 BIM 就成了整个建筑业的新宠儿。中国建筑协会开始举办中国建设工程 BIM 大赛以此来促进 BIM 技术在建设工程项目中的应用同时培养更多的 BIM 人才。同时，协会还与时俱进的将"互联网＋"等新型的信息技术加入建筑信息化过程中，提升其对建筑业贡献。至此，BIM 在建筑行业的应用程度需求与日俱增，成功的推动了建筑业向更好的方向发展。

中国施工企业管理协会在 2014 年 1 月 2 日为推广 BIM 在施工企业的应用，提出 BIM 就是一项革命性的工程技术的理论同时在协会中对 BIM 的含义以及其在施工企业中运用后将带来的巨大利益进行了阐述，极大地推动了 BIM 在施工企业的发展。协会在 2016 年开始更加注重在新型的建筑业发展过程中运用 BIM，这种新型的发展就是建筑的工业化发展，这是一种区别于传统建造方式的建筑建造，建筑工业化对于信息技术的传播和互联上的表现更加紧密，新兴起的 BIM 则刚好为大量而准确的信息传递提供了更加快捷的方式。通过将 BIM 与建筑工业化结合可以极大地促进和加强建筑业的发展。

中国公路学会也提出运用 BIM 就是多方面的改变。BIM 就是建筑行业竞争格局中的数字革命。BIM 给了我们一个从不同角度看资产，以使我们将资产的设计、定价、建造以及终身维护等方面做出改变。也就是说，BIM 运用它的数字化的功能使我们这种和资产进行交换的人可以优化自己的行动从而达到最佳的利益。

北京绿色建筑产业联盟于 2016 年 10 月 8 号在《"BIM＋互联网"改变建筑业》中提出在建筑业如果只有互联网技术是远远不够的，必须加上 BIM 才能使建筑产业链变得更加的透明化。互联网技术可以使建筑项目的各种价格透明化，从而使投资方更加清楚每项投资的具体去向，有利于控制项目造价。"BIM＋互联网"是加快建筑业革命的一大动力，即使目前碰到了诸多阻碍但也不妨碍其对建筑业发展的推进。

（三）建筑企业对建筑业信息化的响应

我国虽然早在 2002 年就使建筑业逐步接触了到了 BIM 技术同时政府也早在 2003 年就将 BIM 技术在我国范围内进行了推广。但是，我国建筑业受传统建造方式影响较大，建筑业的保守而谨慎的心态，导致即使一直倡导使用 BIM 技术，各个建筑企业还是不敢尝试，执着于传统的建造方式。这也是成为我国建筑业多年来还是属于投资浪费较大的产业的原因之一。直到近年来，国外对于 BIM 技术运用于建筑业的尝试取得了巨大的成功又加上我国近年来对于建筑业信息化推行力度的加大，我国建筑企业开始接受并尝试将 BIM 技术运用于建筑建造中。

参与了 2008 年奥运会场馆鸟巢的北京城建集团是我国国内最早开展 BIM 和数字化建造技术研究和推广应用的单位。2013 年北京城建集团研究开发的"基于 BIM 的昆明新机场机电安装管理系统"更是补充了我国这块的空白，使我国在信息化方面的技术达到了国际先进水平。

中国建筑总公司是我国早期接受并在工程上运用 BIM 的企业之一，2012 年 12 月 19 日，中国建筑总公司发布了《关于推进中建 BIM 技术加速发展的若干意见》，文件中指明了将 BIM 技术运用于工程项目的设计、施工以及运营维护过程中可以缩短工程的工期同时提高工程项目的质量，是节约工程项目造价的一个有效手段，提倡各个企业加强将 BIM 技术运用于建设项目中。这份意见为 BIM 技术在建筑企业的发展拉开了重要的序幕。2013 年，中建二局在呼应总公司号召的情况下在天津的天津光大银行后台服务中心项目中运用 BIM，并取得了为业主节约了数百万资金的巨大成功。同年，中建三局参与了建筑信息模型（CBIM）协会主办的 BIM 标准的编写。2014 年 12 月，中国建筑工程总公司召开了首批的 BIM 示范工程的验收会，这次会议极大地促进了 BIM 的应用，进一步的推进 BIM 在我国范围内的发展，从整体上推进了中国建筑的 BIM 应用水平，提升了建筑企业的核心竞争力。2016 年，中国建筑主编了关于 BIM 的国家标准并且使其成果地通过了审查等待实施，即《建筑工程施工信息模型应用标准》，说明我国建筑企业在 BIM 的应用方面趋向成熟，BIM 也逐渐成为建筑企业的一项先进技术，活跃在每一项优秀而出色的建设项目中。

各大房地产企业也在积极促进建筑信息化的发展。碧桂园集团在 2015 年就组建了自己的 BIM 团队，要求将 BIM 以及"互联网+"技术运用于建筑设计过程中。通过 BIM 技术可以让客户进行自主选择设计，从而设计出客户满意并且拥有自己特色的室内设计。万达集团也开始自己的 BIM 特色模式，其提倡将 BIM 运用于总发包管理模式中，WD 模型是其中的基础，同时自主研发 BIM 总发包管理平台同时推行 BIM 总发包管理模式，将 BIM 与总发包管理的结合做到成熟而完美，为集团节省投资。

BIM 不仅在房屋建筑中的应用取得了明显的效果，同时在各个行业也取得了喜人的成果。周红波、王再军等（2016）就提出将 BIM 运用于既有桥梁建筑模型中有利于对既有桥梁建筑运用维护并对桥梁建筑进行改造升级，成功的解决其在维护过程所产生的诸多问题并且减少了费用。刘宏志、靳书栋等（2016）提出运用 BIM 可以加强输变电工程造价管理中的信息交流和共享，对 BIM 在输变电工程造价管理中的运用以及适用性进行了分析，从而推进输变电工程造价管理的工作发展，更加精确地控制输变电工程造价。陈楠、徐照等（2016）提出利用 BIM 所提供的全寿命周期工程建设的相关数据可计算在不同阶段对环境的影响，通过分析影响来优化能源燃烧减少其对环境的影响。至此，说明 BIM 已经不再局限于建筑项目造价管理，其价值已经远远超过预期。

建筑企业近年来在建筑信息化发展中的表现极大地推进建筑信息化使之成为真正实用的工具而不再是理论上的知识，为我国建筑业的发展做出了不可磨灭的贡献。

二. BIM 在造价管理中的价值

工程项目的造价管理就是一个过程，有着多方参与且历时周期长的特点，同时也是与拟建的工程项目相辅相成的存在。建设项目的复杂性也就造就了造价管理的复杂性，在传统的造价管理中，因为项目参与方众多无法协调以及信息传递缓慢等造成的造价失控现象时有发生。所以如何协调众多参与方之间的关系并且加强信息之间的传递成为造价管理中需要解决的主要问题。

BIM 的提出使建筑业迎来了一个新的历程，也将工程项目的管理推上了一个新的台阶。将建设项目进行全过程的造价管理过程中会发现其是一个系统性的工程，它的每个阶段都不是孤立存在的而是相互影响，互助共存的。前期策划阶段的决策决定着设计阶段设计的形式以及规模，设计阶段的设计则影响着施工阶段施工难易程度，施工阶段的后期及维护运营则又会反过来影响前期决策阶段的决策成功性。如图 6-2-1 所示，运用 BIM 作为一个协作平台可以很好协调三个阶段之间的关系，使各个阶段呈现一个相互循环、不断上升的过程。

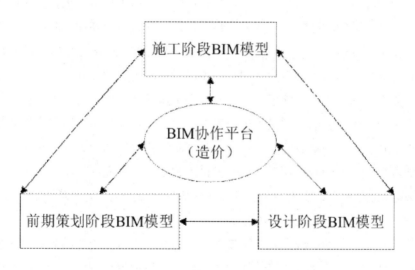

图 6-2-1 建设项目全过程造价管理阶段与 BIM 的联系

三. BIM 在造价管理中的应用

在建设项目的全过程中运用 BIM 而不是单一运用于某一阶段成为目前 BIM 运用的新趋势。全过程的造价管理也意味着要从项目的前期策划阶段开始对拟建项目的造价进行全方位的管理并且有效控制其造价直到施工阶段的结束。

在前期策划阶段注重对造价影响因素的分析从而得出影响度并以此作为在 BIM 信息库中筛选类似历史工程的条件，从而得出比较精确的投资估算。设计阶段则在筛选的类似历史工程数据库中提取相关的设计模块来加快设计同时利用 BIM 进一步地将设计进行建模优化。最后的施工阶段则是将图纸进行虚拟施工，在此基础上结合 BIMSD 来虚拟出整个建设项目施工的大概工期以及资金投入情况，同时做投资的动态分析管理和控制，以期达到节约成本与工期的目的。

第三节　前期阶段工程造价管理中 BIM 的应用

一．建设项目前期策划的造价影响因素

（一）建设项目前期策划

建设项目前期策划是指在建设项目总目标的前提下，策划人员通过对拟建项目进行不同角度的系统分析并且完成对整个建设活动的运筹和规划，以便寻找出一个能在建设活动中将空间、时间以及结构三者的三维关系结合的最佳点，以此进行资源重组和开展项目运作，从而为保证项目的社会效益、经济效益和环境效益提供科学的依据。所以建设项目前期策划对整个项目的影响比较大，据有关数据显示，项目的前期策划阶段对整个工程项目造价的影响达到了 75% ~ 95%。在建设项目的前期策划阶段首先开始进行的是对项目的立项，项目的立项成功与否直接关系到整个项目最终能否顺利实施，是否会导致整个建设项目的投资失败。这就决定了前期策划阶段对整个建设项目投资有着举足轻重的地位。前期策划阶段是对整个项目的费用投入影响最大的阶段，在前期策划阶段所需要投入的资金量是整个项目建设过程中最少的，但是前期策划阶段所决定的内容却是对整个项目的投资影响最大的部分，并且随着后期对项目资金投入的增加，后面几个阶段对项目总投资的影响程度却逐渐减小。所以建设项目的前期策划阶段在项目的全生命周期中具有主导的地位，在此阶段的微小失误都有可能导致项目的失败，从而产生不可挽回的损失。

因为建设项目在前期阶段主要是以投资计划为主，所以，资金的投入情况都是在建设项目前期阶段就已经有了比较具体的规划和估算。在建设项目中，一个好的前期规划，决定着是否有好的投资估算，而准确的投资估算，则是项目决策准确的关键数据。工程造价管理的起点就是工程项目的前期策划阶段，同时工程项目前期策划阶段决策的正确性以及准确性是合理确定和控制工程造价的前提。所以必须保证投资估算的真实度和准确度，而要做这点就必须在建设项目的前期阶段做好资料的收集并且保证资料的真实性，以及做好市场研究，结合这些内容是一个建设项目是否必要的关键性论证。只有做好了投资估算，才能使建设项目达到最好的投资效益。

（二）建设项目的前期策划造价管理存在的问题

建设项目的前期策划用所用的时间较长，所包含的过程也较复杂。它的主要工作是在

产生项目构思和确立目标后对项目的目标进行论证，以此为整个项目的批准提供参考。工程项目前期策划阶段过程比较复杂，同时其所包含的任务也比较繁杂，包括：环境调查和分析、营销策划、项目定义和论证、管理策划、项目策划、技术策划、合同策划、环境文化策划和风险策划。这些任务所组成的重点之一就是在考虑这些因素的基础上最大限度地控制工程项目的投资。目前我国许多建设项目工程造价管理的重点都集中在了施工阶段，忽略了对前期策划阶段造价方面的管理，投资方在有些时候会为了加快项目的进程，使项目立项而做出不够深入的可行性研究报告以及粗略的投资估算，这些都将对后期的造价管理工作产生重大的影响，从而使项目出现"三超"现象，使项目的投资额远远超过预期。不够深入且完整的可行性研究报告同样会导致项目遭到质疑，项目的定位和实施方面的决策出现明显的缺陷，同时还将导致项目的技术方案实施缺乏科学的依据，增加设计变更，最终导致整个项目在开工前就"流产"，造价失控。所以我国因为工程项目前期策划做得不够好所造成的投资失控、资源浪费已经比比皆是。根据国家统计局发布的《中国固定资产投资统计年鉴》显示，我国城镇的固定资产投资在 2008 年到 2014 年之间的失误率达到了 38% 左右。太大投资失误率说明我国的工程项目造价管理还不够，资金使用效率低，同时也在很大程度上损害了投资方的利益，对资金造成了浪费。

工程项目在前期阶段存在的工程造价管理问题主要形成的原因有：建设项目在前期的论证不够充分同时初步设计方案也不够先进，即在项目的前期阶段项目建议书做得不够完善，可行性研究报告缺乏准确性，缺少科学依据，最终导致前期的投资估算不准确；建设项目前期阶段的管理理念不够强，缺少专业的前期管理人员，在决策时无法提出有益的建议，使决策考虑不全面，造成后期投资失控；技术手段不先进也是造成工程造价失控的主要原因之一，没有先进的技术手段，导致无法分析所得到的数据的准确性以及合理性，同时也缺少高效的工具对项目的信息进行处理、更新、交流以及更新，致使无法得到最新的最行之有效的造价管理手段，造成最终的投资失控。

二. 建设项目的前期策划造价影响因素

（一）工程项前期策划与工程造价的关系

工程项目的前期策划是一个项目的开端，一个好的开端则预示着有可能有一个好的结果，所以工程项目的前期策划和工程造价管理有着不可分割的关系。

与工程项目的定义正确与否有直接关系的便是工程项目造价的合理性。项目的定义就是指以书面形式提出对想要达到的项目目标系统的描述，同时初步提出实现这个目标的方式。项目的定义是对项目目标研究后的成果总结，是我们对项目的目标设计结果是否满足要求的检查和阶段决策的基础，所以项目定义相对比较详细。项目定义不仅关系到对项目目标的说明以及对项目提出可能的解决方案和实施的总体建议，而且还是项目的经济性说明的开始，对项目投资总额的总估算期。所以项目的定义对于项目能否拥有最合理的投资组合以及最优的资源配置起到了决定性作用。只有在进行了做合理的投资组合和进行了最优资源配置的情况下才能保证项目的工程造价能有效控制。

工程项目的决策内容是工程造价的基础，工程项目决策内容是整个项目的主体，其影响着整个项目建设的全部过程。所以工程项目的决策内容同样也关系到后期项目的投入多少，无论是资源还是资金的投入多少都是前期的工程项目的决策内容所决定。即工程项目在前期阶段的投入资金虽然是最少的，但是它所做的决策却是对整个工程造价影响最大的，决策正确与否，合理与否至关重要。

影响全过程工程造价的控制效果的还有一个重要因素就是工程项目的策划深度，同时工程项目的策划深度也极大地影响着项目投资估算的精确性。工程项目前期策划阶段确定着拟建工程项目的融资，以及工程项目进行过程中资金的投入情况。而项目融资方案编制的一个基础就是造价的高低以及资金的投入顺序，所以，工程项目前期策划阶段影响着项目的融资，而项目的融资精确程度以及资金的到位情况则影响着项目的造价和工程的施工进度。

制定项目总目标以及将总目标细化到小目标的一个重要基础就项目的定位，项目的定位关系到项目的目标是否明确是否容易实现。工程项目决策阶段对项目的定位不明确将直接影响到后期项目在实施工程中指令更改频繁而没有根据，由此将导致项目在实施过程中设计变更增加，现场签证增多，最终导致工程项目造价的失控，超出预算。

（二）前期阶段的造价影响因素

通过总结近年来有关建设项目前期策划阶段造价管理的研究，并借鉴林志宏、王广斌、董倩、汪再军等的研究，将建设想前期策划阶段的造价影响因素进行了分类整理，从而得出前期阶段的造价影响因素主要可以分为经济因素、技术因素、环境因素和社会因素这四大类的因素，每个大类因素里面又包含了诸多的小因素，以此来分层次研究造价影响因素。

1. 影响工程项目前期阶段造价管理的经济因素

每一个工程项目的成立几乎都有其自己的价值，投资方都有其想得到的利益，所以工程项目的成立本身就是以经济目标为主的。经济性目标贯彻着整个工程的全过程，而工程项目的前期策划阶段则是经济目标真正介入工程的开始。在工程项目中几乎每一个因素都影响着经济目标，都透过经济目标来间接影响工程造价。但是，在诸多细小因素中，最直接的经济因素主要还是有：市场需求、市场经济、建筑成本和基础设施成本。这是对工程造价影响因素中从经济因素里提取的影响程度相对较大的四个小因素。

2. 影响工程项目前期阶段造价管理的技术因素

工程项目开始前，为了做好前期策划工程，做好投资估算，都需要将工程项目的实施方案进行反复的研究、论证。而技术与经济是论证的关键的点，在工程项目中，都要求邀请的进行项目论证的技术专家拥有经济方面的知识，而经济方面的专家拥有技术方面的知识，这样才能对项目进行充分的研究和论证。所以技术因素对工程造价的控制间接起到了较大的作用，在工程项目中，技术方案的比选也成了前期阶段的一项重要工作。通过分析工程项目前期阶段的工作，得出的属于技术因素方面对工程造价造成较大影响的因素有：工艺技术、建筑面积、建筑规模和建设地点。

3.影响工程项目前期阶段造价管理的环境因素

工程项目在前期阶段需要研究确定场址以及相关的技术方案，同时需调查周围的环境条件。在项目开始建设前对环境进行调查评估，减少后期建筑对环境的影响以及了解建筑对环境的影响，这些都是前期策划阶段的重要工作。环境因素对工程造价的影响则体现在环境对建筑的影响上或者环境与建筑结合时对工程造价所造成的影响。属于环境方面的因素主要选取了：交通、电气、天然气和给排水、污水排放的因素，以环境与建筑结合所产生的造价影响因素为主。

4.影响工程项目前期阶段造价管理的社会因素

建筑业是我国的支柱产业，建筑业的发展在促进经济的发展的同时还消耗了大量的劳动力，为我国的就业率做出了巨大的贡献。所以一个工程项目在拟建的同时不单单考虑到利益问题，同时还应该考虑社会因素，在考虑社会因素时就会因考虑这个因素而对投资额度及方式产生影响。社会因素中对工程造价管理产生影响的因素主要有：就业人数、就业机会以及 GDP 贡献额度。

将前期策划阶段的工程造价影响因素进行分析，建立递阶层次结构，从方案层开始分析，运用层次分析法进行分析，以影响度来定义最终的影响因素的影响程度。

三.影响度结合 BIM 的运用

（一）BIM 在前期阶段的运用

1.项目开始前场地分析

工程项目在开始前要考虑的不单单是项目的整体造型，如果一个工程项目想要拥有良好的投资收益，对于项目周围环境的考察也是不可或缺的。BIM 的可视化功能，就是通过创造的图像或者动画以及图表等来进行信息沟通，从而可以为我们展现一个逼近真实的环境。BIM 的可视化可以直接从 BIM 模型中抽取需要的几何、光源、材料和视角等信息。而在工程项目的前期策划阶段我们所需考虑的影响项目的因素还包括场地的地貌，当地的气候条件以及已经存在的植被等情况，这些数据我们都必须进行详尽的分析和研究，以保证拟建项目和周围环境达到最契合的程度。同时在决策阶段对决策产生影响的不只是自然环境固有的景观和日照等自然形态，还包括拟建项目周围的社会环境，包括周边的商业环境、交通流量、该地区的人口数量以及相应的基础设施情况、市场的整体租售情况等环绕在拟建项目周围的社会环境都会对项目决策产生影响。

所以我们在工程项目的决策阶段，利用 BIM 的可视化功能能够使我们在既有数据的情况下最大限度地还原建筑周围的环境，然后模拟出拟建项目最佳最真实的初步方位，同时可以和目前现有的谷歌实时地图的功能最大程度将实时的社会环境和自然环境结合，并且和拟建项目结合，以期使建筑周围达到最佳的环境。

在工程项目的前期策划阶段使用 BIM 的可视化，更能充分地表达出业主方的要求，对项目的判断也将更加准确而高效。同时利用 BIM 能更较快速的做出决策，减少时间的浪费，也能更加合理的规划布局，避免了场地的浪费，节约资源。即在前期策划阶段利用 BIM 协助场地分析，可以加快前期阶段的决策速度，节约时间，节省了成本，提高了资金的利用率。

2. 编制合理投资估算

投资估算是在工程项目的前期策划阶段，在投资决策过程中，根据现有收集到的数据和资料结合特定的方法，所做的对项目投资数额的一个估计，它是工程项目决策的重要依据之一。投资估算涉及的费用构成囊括从项目的筹建到最终的竣工投入使用的全部过程，所以工程项目的投资估算是一个复杂的工作，因为不能保证数据的准确性又加上项目前期不确定性因素太多，所以大大地影响项目投资估算的准确性，对投资估算的精度也是一大考验。

通过 BIM 技术的模型构建，基于建立的模型数据可运算的特点，可以直接而完整的计算出所需构件的数量以及价格，从而能快速而准确的得出工程项目的总造价。同时基于企业数据库中现有的 BIM 模型，可以调用出与拟建工程相似度较高的历史工程来确定工程模型，在稍作修改的情况下，借助历史模型来做投资估算，使工程项的投资估算依据更加真实、准确。BIM 技术的信息更新作用，可以使我们更加快速地掌握市场材料的信息，从而更加准确的计算出所需材料费用，为投资估算的准确性奠定基础。

3. 协助方案比选

工程项目建设方案的选择以及投资方案的选择是前期阶段的一项关键性工作，我们在选择方案时在充分考虑成本、工程量等指标，只有这样才能选出拟建工程项目的最佳方案。

通过 BIM 技术的信息库以及现有历史模型存储的功能，可以从中根据投资方的要求，对以往的类似工程项目进行抽取、修改以及更新，使其形成的模型更加符合投资方的要求，同时也可找出不同方案之间的优缺点，进行有利的组合，帮助投资方选择最佳的方案，提高工程项目前期阶段的决策速度，节省资源，节约前期成本的投入。

（二）影响度在BIM控制造价中的运用

BIM 的构建可以完整地体现出建筑的各种结构特征以及建筑面积等，更胜者它能充分考虑建筑所在地质条件、环境等各个非建筑实体本身对建筑的影响。目前有提出对于造价管理方面运用更加精确的 BIM SD，SD 就是在 BIM3D 的基础上再加上时间和成本维度。基于 BIM 的这些功能可以在项目的前期策划阶段为精确投资估算提供有利的帮助。黄华2012 年提出通过 BIM 的参数化建模软件来分析建筑的日照，光、热、风环境，以及可视度等的分析、模拟仿真，从而更加准确地控制建筑项目的前期造价。同时 BIM 能够将所有的建设项目信息进行综合，所以利用 BIM 的构件可运算的特点可以借助之前已有的类似工程数据，SD 技术中的时间维度能更加精确地根据类似工程计算出拟建工程的工期，减少工程变更以及工期拖延，从而加强对工期的控制，减少费用损失，节约工程造价。而其中的成本维度则使工程对各个阶段的成本有了更加清楚的对比、估算，从而得出较为准确的投资估算。所以 BIMSD 能更加精确地模拟拟建工程和类似工程在时间和成本上的差异性，利用 BIMSD 对拟建工程的工程量进行准确估算的同时能结合造价管理软件提前估算出更精确的投资估算指标，在无图样的情况下更好地编制项目的投资估算，同时也能从类似工程中得出工程实施中成本及时间进度上的控制。

随着 BIM 的发展，各个企业使用 BIM 的频率也逐渐增高，这就为每个企业建立属于自己的 BIM 企业数据库提供了可能，能使每个企业都保留更多的历史工程项目的各种信息，而这些信息就成为新项目在前期策划阶段参考的重要数据。即在建筑企业将已经完成工程项目的全寿命周期内的所有信息利用 BIM 建模保存下来，这样就形成了每个自己的企业数据库。当企业开始拟建新的项目时，在项目的前期策划阶段进行项目决策时就可将企业数据库中的历史类似工程调用而出进行分析对比，选择最佳方案。

对工程项目前期策划阶段造价影响因素的分析，计算出的影响度与 BIM 技术调用企业信息库的方式结合。根据对项目前期策划阶段造价影响因素进行分析的结果显示，对造价影响比较大的分别是经济因素和技术因素，所以在运用 BIMSD 以及类似工程数据的过程中可以在编制投资估算时选取类似工程时，以经济因素和技术因素类似度高的为主来估算工程造价以及找出在建造过程中发生成本投入量大的时间点加以改善，从而提高投资估算的准确性，同时可以运用 BIMSD 寻找四类影响因素分别相同的类似工程，根据影响度来选取各类因素相关的造价，从而使投资估算数据来源更加准确。在调用企业数据库选取历史类似工程时，按照影响度的大小因素来按先后选取部最适合的类似工程，利用历史的类似工程来估算拟建项目的工程造价，最终得出最合理的投资估算。

第四节　设计阶段工程造价管理中 BIM 的应用

一．设计阶段的工程造价管理

（一）造价管理

建筑设计就是指在工程项目开始施工前，投资方要求设计师按照设计任务书以及对项目具体的技术和经济要求来为拟建项目规划建筑、安装以及设备等各方面的工作并且给出相应的图纸和数据作为施工的具体标准。设计是使一个建设项目从想法到现实的过渡阶段，是具有决定性意义的阶段。

由于建设项目是一项周期性长且参与方众多的工作，所以为了便于建设项目的管理，我国将建设项目的全过程分成了几个阶段。设计阶段是建设项目的前期策划阶段和施工阶段之间的衔接阶段，同时也是关键性的阶段。建设项目的设计阶段主要是将前期策划阶段的各种考虑好的建设因素进行结合并根据各种规范将思想转化为具体的可执行的文件，使施工阶段拥有工作的指示性文件。

（二）设计阶段的工程造价管理理论

设计阶段是工程造价管理的关键阶段，设计阶段是一个投入资金少但是对整个建设项目的造价影响却是最大的阶段。从已有的国内外的资料研究可得，设计阶段的费用占全过程工程造价的费用大概为百分之一到百分之三之间，但是其对整个建设项目的工程造价影响程度却在百分之七十五以上，由此可以看出，工程项目造价管理的重点阶段就是设计阶段。最终设计阶段的投资控制是最有利于实现投资效益和社会效益的方法。

相比于前期策划阶段的造价管理因为不确定性因素比较多，所以造价管理做得比较粗略。设计阶段因为有了具体的设计要求，以及各种规范要求明显，所以其造价管理相对会比较有根据也比较精确。设计阶段的投资控制就是在按要求设计的基础上以及规定的投资估算范围内做出最好的设计或者是最为节约投资的设计。

由于设计阶段在造价管理的重要性，一般将设计阶段又分为几个阶段来分阶段控制建设项目的造价，以此来达到最佳的造价管理效果。

方案设计阶段是设计阶段的最初始阶段，即根据前期策划阶段拟定的要求对拟建工程项目周围的环境进行了解，初步解决工程项目与周围环境的关系，对工程项目进行布局，完成场地设计。方案设计阶段的造价为估算价，是最为接近但又不超过投资估算的价格，进行方案设计阶段的造价管理可以说是对投资估算价格的进一步优化。

初步设计阶段是对方案设计进一步深化的过程，在此阶段整个项目的构思将基本形成。在初步设计阶段需确定设计的原则、标准以及重大的技术问题等并同时考虑设计的经济合理性以及技术可行性。在初步设计阶段，整个拟建项目的雏形基本出现，包含建筑、机电以及水电等各方面的因素都被考虑到设计过程中。所以，初步设计确定以后，其所产生的设计概算将成为整个工程项目的最高限额。

技术设计阶段并不是每一个工程项目都具备的，一般会将技术比较复杂且比较重大的工程项目的技术方面提出进一步的讨论。技术设计就是将初步设计进行进一步的深化、修整并且最终定案，所以技术设计阶段的工程造价其实就是将初步设计阶段造价的修正，即为修正概算。

施工图设计是连接设计和施工的最后阶段，该阶段是最终确定将项目如何从图纸向实体转化的过程。施工图设计阶段的设计深度要求能满足按图施工的目标，在这个阶段需给出施工过程、用料以及工艺做法等各种具体施工的设计图纸。施工图设计阶段所做的最后的工程造价预算是最为接近最终工程花费的造价，是一个经过反复的论证、比较以及协调后的结果。

随着设计进程和深度的不断加深，根据图纸所做的工程造价的控制也在不断地细化、深化。整个设计阶段的不同阶段的造价管理都是衔接紧密的，是一个由后者补充前者欠缺的内容而前者却又牢牢的控制后者的造价所形成的一个有机联系的整体。

（三）设计阶段造价管理所存在的问题

虽然设计阶段的工程造价管理相当重要，但是目前我国在设计阶段的工程造价管理仍然存在诸多问题，主要分成两大类的问题，分别为技术方面和管理方面的欠缺。

技术方面主要是出现了设计与造价脱节和设计与施工脱节等现象，工程造价人员在进行工程项目的概预算时都习惯于在设计图纸完成后再进行，而目前的设计一般都还是运用CAD 技术的纯图纸设计，也就是说造价人员是通过设计人员提供的图纸来进行概预算，这样就在出现造价偏高的情况下往往会因为工期而无法修改，最终造成造价失控。同时由于设计人员缺乏施工方面的经验和知识，也容易导致所做出的设计脱离实际情况，纯粹成了"纸上谈兵"之作，在现实施工中可操作性差，导致频繁的进行变更，因此就带来了造价的提高以及工期的拖延，严重者还会出现一系列的质量问题。

管理方面主要是设计人员与各方沟通欠缺以及信息传递缓慢所造成的设计方案出错，无法满足业主要求。设计人员与投资方缺少沟通将导致无法充分了解投资方的意图，因此设计出来的方案往往需要修改和变更的方面过多，造成时间上的浪费。同时目前所采用的CAD 画图设计使各方面的设计人员在信息沟通上不够及时，最终在图纸做最后整合时出现各种的管线碰撞以及错漏等情况，这些都将影响工程项目的进度以及项目的质量也将受到不同程度的威胁。

二. 设计阶段造价管理中 BIM 的运用

目前 BIM 在设计阶段的运用价值是最明显的同时也是运用最成功的。在设计阶段运用 BIM 可以有效地提高设计的质量以及在设计阶段所做的概预算的精确度，从而来控制工程项目的造价，使投资方的投资得到最大化地利用。运用 BIM 可以有效地解决设计过程中的"错、漏、碰、缺"等问题，以此提高建筑设计的可靠性同时也可以最大限度地减少设计变更的出现。

BIM 的加入改变了传统的设计流程。传统的设计流程中，设计师运用 CAD 技术进行绘制图形，如果出现变动，则设计师需要做大量的重复的修改工作，又加上有工期的限制，往往到了后期会出现设计师为了赶工期而不再变更设计，使投资方无法得到最优的设计方案，同时也导致后期的工程项目变更大。在设计阶段运用 BIM 后，其流程有了很大的变动。建筑、结构、机电等各方面的设计师可分别在 BIM 模型中设计相关部分，最终将模型共同整合到一起，确定标准模型。若考虑到为了施工方便，则根据施工应用要求来建立标准模型的模板，以此提供给设计师，这样可最大限度上节约时间同时得到最优的设计。

整个设计阶段由主要由三个阶段组成，分别为：方案设计阶段、初步设计阶段以及施工图设计阶段。而 BIM 在每个阶段的运用也各自有不同的侧重。在方案设计阶段主要是进行场地的分析以及在对比历史工程数据的基础上选定类似设计方案；初步设计阶段则是对已有的方案进行各方面的优化设计，由此来减少后期的设计变更，节约投资；施工图设计阶段则是对模型进行三维设计协调同时可以计算工程项目的工程量以及材料等并最终出图。

（一）方案设计阶段

在方案设计的阶段，主要是根据前期策划阶段给出的项目任务书以及拟建的场地、气象气候等设计信息来对设计方进行初步的比选。设计师可利用 BIM 与 GIS 等相关分析软件相结合来对设计条件进行判断，对设计结果进行整理和分析，这些可以使设计师在最短的时间内找出设计的焦点，在充分利用已有的各种条件来判断设计方向，以便在最开始就找到最准确的方向并以此做出适当的设计决定，从而避免潜在的失误。方案设计阶段将设计出拟建项目的初步雏形，运用 BIM 则可以通过其保存的历史数据来调用类似工程。

每个建设项目都有其唯一性与独特性，但是同时也存在共性，BIM 可以加强不同项目之间的信息沟通，同时也保存着每个项目从拟建初期到维护期的所有相关信息，这就使各个项目之间的共性之处借鉴成为可能。

1. 地形分析

详细的地形分析是设计师在地形复杂情况下进行规划设计的重要前提，BIM 和 GIS 技术的结合成了对地形分析最重要的工具，它可以快速地对地形的高程、坡向以及坡度等空间信息进行分析，并且能为山地建筑的设计进行有利的初步探索，提供一些新的方法和思路。

GIS 模拟技术的提出让设计师可以更方便快捷的生成透视图从而可以对地形的变化进行多角度的观察并且更快的得出建筑物之间的体量关系，同时，GIS 模拟出的数据可以进行保存并且传输，为下一步的工作提供依据

BIM 可以集合每个工程的各项数据，形成专有的数据库，所以在进行地形分析时可利用 BIM 数据库查找类似工程的地形数据以及在此基础上所做的设计，作为方案设计阶段拟定设计草图的参考依据。

2. 景观线及可视度分析

我们在一般情况下会将周围一定范围中的规定建筑物的可见程度称为规划可视度。可视度的影响因素囊括了周围环境的形态以及所指建筑物的集合特征，这些都是所指定建筑的可见程度指标。设计师在最初的方案设计过程中就可以运用 BIM 的可视度分析功能，来寻找拟建建筑被遮挡严重的区域从而对其进行修改和优化。

3. 场地自然通风条件与潜力分析

利用 CFD 类软件对场地自然通风条件及潜力进行分析，以便为建筑的布局、朝向等

设计提供依据。同时可以运用BIM数据库来调用历史数据库来参考周围建筑的朝向、布局，以此来减少设计分析的时间。

在方案设计阶段运用BIM模型将设计模型整合并且对拟建的模型进行日照分析、体形系数分析以及空间布局分析等来进一步优化。随即转入初步设计阶段对设计进行深层次的优化。方案设计阶段同时也通过提取BIM模型中的造价相关信息来编制工程造价，以确定所设计的方案其造价在投资估算范围内，降低造价失控的可能性。

（二）初步设计阶段

初步设计阶段是设计师对方案设计阶段得出的成果进行进一步深化的过程，目的是来论证拟建工程项目的经济合理性以及在技术上的可行性。初步设计阶段是整个设计构思的最终形成阶段，设计成果在这一阶段将得到最大化的优化并且最终确定其技术方案的可行性。初步设计阶段最终形成的成果也是施工图设计的基础。

初步设计阶段作为最后深化阶段，需要考虑的因素比较多且全面，包括拟定的设计原则、重大技术问题以及标准等。同时在初步设计阶段不仅要考虑建筑的设计，还应结合考虑结构设计以及机电设计，并最终将所有设计进行整合。

1.BIM设计建模

BIM的设计建模功能在初步设计阶段得到充分的运用。通过BIM进行3D设计建模使整个工程项目能够更加直观地呈现出来，同时也能更加直观和全面地呈现出建筑构件的空间关系。借助BIM建模改变了传统的CAD二维设计图纸的方式，可以更加高效且清楚地表达出整个设计的效果，同时由于建模方式为三维可视化的建模，所以可以在模型中清楚地看到各个部分的关系以及各个构件的组成关系。同时在结合GIS模拟技术的基础上，还可以对BIM模型进行渲染，对周边环境以及室内环境进行实时的布置以此来观察所设计建筑是否与周围环境融合，可添加人群、车辆以及绿化等真实的参照，体现出比传统设计更加真实的效果和形象。

整个工程项目设计的完成是各个不同专业设计整合的结果，运用BIM建立的模型可以将各专业的设计进行融合，从而实现专业内与专业之间的综合协调，在设计过程中先解决各专业之间出现的碰撞问题以及设计冲突问题，以此来减少后期的施工变更，大幅度地提升了设计的质量。Revit是一个很好的信息共享平台，它的"工作共享"功能可以支持图元共享、工作集以及模型链接等，从而加强设计团队之间的协同工作，及时的识别更新，这一功能在各专业设计协调的优势十分显著。BIM不仅能为设计师提供三维的实体模型同时也可以引入包含材料、工艺设备以及进度等的相关信息进行交流，从而让不同的专业之间可以利用模型和信息进行更加合理的计算分析，也使得专业之间的协同度达到一个新的境界。

2.BIM限额设计

目前我国在设计阶段实行的最有效的、最成熟的投资控制管理措施就是实行限额设计。

限额设计就是在保证工程项目满足投资方的各种使用要求的情况下，以投资估算控制初步设计，按投资方分配的投资来控制设计，使设计达到最佳的效果，控制不合理的变更。最好的实现限额设计的方法就是将整个设计分为多个部分工程，同时指定各部分工程的工程造价，这样设计人员在设计时便能更加好的配合造价人员控制工程造价。BIM 设计建模的运用使设计时对部分工程的设计造价更加明确。因为，一方面，企业使用 BIM 后可将参与的工程项目的数据全部利用 BIM 进行保存，形成历史数据库，当进行新的工程项目设计时，可在历史数据库中调用类似的部分工程，作为设计的参考依据，在设计过程中就能快速而准确地获取所设计部分对应的工程量，以此结合相关的造价估算指标，即得这部分工程造价，同时也可以进行对比分析，根据设计的结果进行调整，最终可使这部分设计得到优化的同时得到最清晰的工程造价；另一方面，企业累积的历史数据库中拥有所有项目的造价指标，包括各种材料指标以及区域指标等，这些已知的指标可以更加方便设计人员在设计前对限额设计目标的确定。因此 BIM 为限额设计提供了更加科学而快速的数据支持，使得项目投资在不突破投资估算的前提下得到最大的控制。

3.BIM 建筑性能分析及碰撞检查

BIM 可以对已经建立的模型通过 IFC 数据格式对接建筑性能分析的软件来对建筑进行分析，主要是对建筑的自然采光进行模拟，以此来改进建筑的室内采光效果，对应调整室内的照明布置情况；对建筑的自然通风模拟则是用于提高建筑室内的舒适程度；还有对噪声情况的模拟，日照环境的模拟等，这些模拟都可以改进设计方案，使所设计建筑达到一个最佳最优化的状态，也可以使建筑达到最大限度的节能，节约资源。

BIM 模型建立后，各专业的设计成果也随之可以集成，由此可以完成各专业设计之间的管线综合以及碰撞检测。通过对模型中的各个构件进行比较，来解决不同专业与本专业之间的冲突点，以此来重新设置高度或者重新纠正设计。碰撞检查可以最大限度地将不合理的设计在施工前进行更改，减少后期的设计变更，降低了返工以及工期延误的风险，在很大程度上可以节约工程造价，有效地控制了工程项目在实施前的投资。

初步设计阶段是 BIM 运用最为完整的一个阶段，由此所带来的对投资的控制也是最大的。

（三）施工图设计阶段

施工图设计阶段是建筑设计在施工前的最后一个阶段。施工图设计阶段的成果要求最终提供的图纸满足施工要求，在该阶段要解决施工中即将出现的技术措施、用料以及工艺做法等问题，同时给出设备及配件的安放与制作等所有施工中出现设施或者结构的详细施工图纸。

目前提出的 BIMSD 可以在设计建模的基础上模拟出整个施工过程，同时模拟出施工所需的时间以及大概费用。所以在施工图设计阶段的 BIM 主要用于设计深化并将施工过程进行模拟，特别是一些技术要求复杂的工艺，根据模拟的结果进行最后的图纸修改。在这一阶段 BIM 模拟出的工期和施工图预算是施工过程中时间分配以及造价管理的依据。目前施工过程中都是三维建筑模型和二维图纸相结合来配合施工，所以在运用 BIM 建模的同时还需将建筑模型导出成二维图纸用于施工过程。不过，目前的 BIM 的运用还不够成熟，所以将其导出的二维图纸无法直接用于施工中，需将其再导入 CAD 等二维设计环境中进行进一步的图纸加工处理。

第五节　施工阶段造价管理中 BIM 的应用

一． 施工阶段的造价管理

（一）建筑施工阶段造价

施工阶段是将整个建设项目由图纸转化为实体的阶段，也是建设过程中资金投入最多的一个阶段。施工阶段虽然是涉及资金使用最多的阶段，但是此阶段的造价管理是否成功还要取决于前期策划阶段编制的投资计划的完善程度，以及设计阶段对于设计概算的控制程度，可以说施工阶段是整个工程造价管理的收尾阶段，是对全过程工程造价管理做最后的努力。但是，如果在施工阶段不注重造价的管理，资金使用不当，则容易造成整个工程项目的烂尾，最终使所以投入付诸流水。

施工阶段使用的资金量大，所以其造价管理所涉及的方面也比较多，主要有工程价款的结算和审核，资金的使用计划编制，施工索赔控制，工程变更控制以及最后的竣工决算和保修。

资金的使用计划的编制是在施工阶段筹集资金以及确定合理的建设项目投资额的依据，同时资金的使用计划也能在施工过程中作为检查分析投资偏差并提出合理控制方法的依据。编制资金使用计划，可以在施工过程中对资金的投入和进度的控制之间有一定的预见性，减少资金使用的盲目性，预防在施工过程中出现过多的资金浪费现象以及因此引发的工程进度失控。

工程变更是一种发生后必然对工程的进度、质量以及投资等都会产生影响的事件，所以我们需要在变更发生的第一时间进行处理以便减少损失。

（二）施工阶段造价管理所存在的问题

施工阶段的造价管理的成功与否关系到了建设项目是否成功，目前我国的工程造价管理有很大部分精力的投入到了施工阶段，但是每年仍然还有很多建设项目因为造价失控出现烂尾，烂尾楼在各个城市也屡屡发生。究其原因还是我国的施工阶段造价管理存在许多问题。

1. 施工组织设计不合理或实施不到位

施工组织设计是施工前必须编制的用于指导施工的纲领性文件，在实际的工程中许多施工企业为了加快工期会选择在施工准备不充分时进行开工，这样就不能对建筑设计的标准、建设项目投资额以及设计图纸进行深入的了解，充分理解投资方所以达到的要求，最终导致在施工过程中变更多，工程造价增加。更有胜者，虽然编制了精确是施工组织计划，但是在施工过程中，为了赶进度，完全不按照计划进行，使施工组织设计形成虚设，施工组织设计的实用性不强，编制人员未到现场勘察而凭空编制，导致施工组织设计指导性功能失效，现场出现场地布置不合理，材料和设备混杂等情况，这些都将给建设项目的工程造价带来严重的影响。

2. 现场材料浪费严重以及工程变更大

投资方在节省投资时会选择由甲供材料的方式将建设项目承包给施工企业，而施工企业在进行施工时不能妥善地处理好施工现场的材料同时对材料也不进行合理的使用，造成材料极大的浪费，比如出现许多可能节省的费用浪费、用料过多等现象，导致工程造价的增加，投资方的投资加大。

由于施工企业在工程开始前未仔细研读承包合同，对投资方的要求理解不透彻，就会造成在施工过程中许多项目不达标，最终引发工程变更，增加工程造价和工期。目前在我国的建设项目中由于投资方与施工方以及设计方三方之间协调不当而造成一些不必要的工程变更行为时有发生，由此导致工程造价得不到有效控制，造成投资的浪费。

3. 施工中动态投资控制理念不足

建设项目的周期较长，而社会的经济也是在不断的发展变化，所以导致在施工过程中需要消耗的人、材、机的价格以及利率、汇率等因素也随之变化；另外，由于施工中会出现各种问题或者投资方会改变要求等，都会使施工中出现局部的材料、工艺、设计以及工程量的改变，最终引起造价的变动，这些都说明施工阶段的造价管理是动态的而非一成不变的。由于施工阶段工程造价管理的动态性，投资人员很难及时而准确的搜集到相关的工程费用变更的资料，这就要求投资人员要有动态控制造价的思想，随时准备搜集相关数据进行分析和预测可能出现的各种问题并且及时给出解决方案，使得工程造价的动态控制得到落实。

4. 造价管理不规范

施工过程中由于产生变更以及进行工程的竣工结算、决算都需要签证等资料，签证是建设工程中一种非常常见的现象，但是由于现场管理人员的失误，经常会出现签证资料不全、缺乏有效性和准确性的现象，这就为建设项目的造价管理带来不少麻烦。投资方和承包方会就签证内容出现大的意见出入，经常出现大量的扯皮现象，这就导致了竣工结算以及决算的拖延，最终导致工期的拖延，使建设项目无法准时的移交使用。

二. 在施工阶段造价管理中 BIM 的应用

（一）施工阶段BIM 的应用研究

BIM 在施工阶段的应用是目前我国应用 BIM 最为广泛的一个阶段。在施工阶段 BIM 的应用点比较多，比如施工模拟、碰撞检查、进度管理以及全方位辅助施工现场管理等。也有许多学者对 BIM 在施工阶段的应用做了很多研究：

Porwal（2013）的研究比较全面，他在文章中对 BIM 在全过程工程中的应用要点都做了说明，分别有：项目的计划阶段、设计阶段、协作阶段以及施工阶段都做了详细的研究。

Banish 等（2012）在参考实际工程数据的基础上，提出了将信息请求数量、更改命令数量、设计费用、施工计划安排合理性以及施工费用作为评价指标来建立了 BIM 净效益的评价技术框架体系。

Anderson 等（2012）在以华盛顿大学的 Foster（斯福特）学院的商业二期工程为例子，应用了 COBie BIM 技术，从而发现这种技术可以加强施工方的 BIM 软件与甲方的信息系统之间的数据交换，由此提高信息传输的效率。刘占省等（2012）在概括了 BIM 在工程项目中所具有的可视化、模拟性、优化性和执行性等特点后，对其在工程项目的施工过程中以及管理过程中的主要应用进行了叙述。Chen 和 Wang.C（2013）提出了将 BIM 应用于施工阶段的投资控制以及进度管理有良好的效果。吴轩（2012）提出了在采用 Navisworks 软件的基础上可应用 Net API 和 COM API 技术来实现 BIM 对工程进度的管理以及幕墙工程的备料管理。顾海玲和归谈纯（2012）在上海中心大厦项目的给排水设计中应用 BIM 解决了管线综合、协同设计以及碰撞检查等方面的问题。龙志文（2011）在上海世博会的上海案例馆工程项目中将 BIM 的碰撞检查、可视化技术、二维图纸与三维图纸之间的互相转化等功能投入应用。

综上，BIM 在施工阶段的研究应用以及相对成熟，国内外的对于这方面的研究也比较完善，在实例应用方面也越来越多地体现出 BIM 的优势。

（二）BIM 在施工阶段的应用点

总结 BIM 在施工阶段造价管理的应用，主要是分为了两个大的部分，即在施工的事前控制和施工过程中的控制两大方面。

1. 事前控制

施工阶段的事前控制就是在衔接设计阶段的基础对施工前做最后的准备工作，将施工过程中所需要使用的图纸资料等做整理、检查，确保一切资料数据齐全而准确，这样也可以减少施工过程中出现工程变更的风险。

在开始施工前应用 BIM 最后对三维模型进行碰撞检查以及净高检查等，尽量将隐藏的影响工程造价管理的问题进行解决，以减少后期的返工，节约成本。同时在开始施工前，应用 BIM 在建立的三维模型的基础之上加上时间维度，以动态的方式进行虚拟施工，将整个工程的建设过程进行模拟，有利于找出施工过程中将影响工程的问题进行解决。柳娟花（2012）就对虚拟施工技术的概念和理论实践做了系统的分析，并且使用了 Revit 系列软件来建立全过程的 BIM 模型，以此来进行工程建造过程的三维模拟。同时，可在施工前应用 BIM 对施工组织设计内容进行审核，应用 BIM4D 模型对场地布置进行预先模拟，如图 6.1，找出最佳的场地布置方案，方便后期的施工进行。

2. 事中控制

在施工进行时，资金的投入也随之开始增大，这一阶段中其造价管理也开始呈现动态性。目前提出的 BIMSD 是在 4D 的基础上加入了成本维度，所以目前的 BIM 信息库涵盖了建设项目的工程量、价以及时间等多种的可计算信息，这就使得在对工程项目进行资金使用计划的偏差分析时有更加有利的条件。通过 BIMSD 模型，可以更加直观地对工程项目将要实施的工程中需要资金的投入量进行预测并且通过对已完工程项目的造价信息对比分析，形成多算对比的文件以便对可能发生的进度偏差提出修正意见，从而更加方便投资方编制合理有效的资金使用计划，使工程造价的控制更加有依据。

基于 BIM 的 SD 施工模拟使工程项目的每个构件成为带有时间和价值的构件，通过 WBS 将建设项目按照规定的进度计划对其进行分解，就可以将模型中的每个构件、进度计划以及价格信息进行关联，从而形成联动机制，可以让人更加直观的了解每个构件的时间和价格信息以及随意某个时间点的造价信息，这样就可以加强投资方对资金的控制。